現代講座・磁気工学 5

パワーマグネティクスのための
応用電磁気学

日本磁気学会 編
早乙女英夫 他著

共立出版

（社）日本磁気学会・出版ワーキンググループ

大嶋 則和　（ルネサスエレクトロニクス株式会社）
小野 寛太　（高エネルギー加速器研究機構）
小野 輝男　（京都大学）
高梨 弘毅　（東北大学）
三俣 千春　（物質・材料研究機構）

現代講座・磁気工学シリーズ刊行にあたって

　日本磁気学会では設立30周年を迎え，磁気関連分野の研究をますます発展させるため，学術講演会の国際化や学会誌，論文誌の拡充などさまざまな活動を行ってきました．この30年間には，学会誌に掲載された解説記事や連載記事，また学会主催の教育活動として実施されてきました初等磁気工学講座やサマースクールなど膨大な著作が蓄積されております．過去において，これら著作物の書籍出版について検討されたことがあったようですが，今日まで具現化には至りませんでした．今回，共立出版株式会社との共同により，日本磁気学会編纂による書籍出版の道が開かれることになりました．

　今日の科学技術の発展はますます加速しており，磁気の分野においても新しい研究分野が次々と開拓されています．日本磁気学会の学術講演会を見ても，そのセッション構成は年々変わっており，巨大磁気抵抗効果やスピンエレクトロニクス，ナノ磁性など従来にはないキーワードが用いられるようになりました．また新分野だけでなく，これらを支える基礎分野においても研究の進展は急速であり，新たな参考書や新分野への導入を意識した教科書が必要な場合があるように思われます．これまでに磁気分野の教科書としては定番の本などもありますが，現在において十分な改訂がなされているとは限らず，これを補って時代に即した新規分野の解説や基礎を整理するという取り組みは学会主導の編纂ならではの有意義な事業と考えられます．また，JABEEなどの認定制度も整備され始めているなか，学会編纂による教科書などの必要性が高まりつつある現状もあり，学会主導の出版事業が磁気関連の研究分野の発展に少しでも寄与できればとの思いからこの企画を進めてまいりました．

　本シリーズの発刊にあたり，日頃の日本磁気学会の活動を支えてくださった関係各位に感謝するとともに，学会編纂企画の目的を理解いただき快く協力し

てくださった著者各位に感謝申し上げます．シリーズ企画では教科書としての側面だけでなく，専門分野の解説書やハンドブックなど幅広い分野で展開されます．続巻を含めこれらのシリーズが多くの読者に興味をもっていただけるよう希望しております．最後に，本シリーズの編集においてさまざまな形でご支援頂いた共立出版編集部の石井徹也氏に感謝し，シリーズ刊行の挨拶といたします．

（公社）日本磁気学会・出版ワーキンググループ　一同

序　文

　電磁気学をベースにした磁気応用技術をまとめた教科書を出版したいと，日本磁気学会・出版ワーキンググループから2014年のはじめに相談を受けたのが本書誕生のきっかけである．一言で磁気応用技術といっても幅広いイメージを持つ方が多いと思うが，ここでは，主としてパワーマグネティクス（電力変換，電気・機械エネルギー変換など）や磁気を利用した非破壊検査などを指し，磁性材料そのものを研究開発する分野，磁気記録，生体磁気などとは異なる分野を意味している．また，周波数で言うと，光や電磁波を利用する分野とは異なり，変位電流を考えない周波数範囲と理解していただければ幸いである．

　本書の特長は，読者に単に応用技術を知ってもらおうとしていることだけではなく，それらの技術開発に取り組む研究者の根底には電磁気学との関わりの意識が必ずあることを理解していただくよう配慮した点である．そこで，まず第1章では，大学の学部の電磁気学を一通り学んだ大学院生や社会人技術者を想定した磁気に関する電磁気学の復習を内容とした．たとえば，変圧器（トランス）の動作は，ファラデーの電磁誘導の法則とアンペールの法則を連立させて理解できるということを読者に再確認していただき，電磁気学で学んだ物理法則の理解の上に第2章以降の応用技術があるという立場で技術開発に挑むことの重要性を感じてもらうことを狙った．本書の第2章以降の各執筆者は，その技術の最先端研究をしている当事者である．

　第2章「スイッチング電源に用いる高周波パワー磁気デバイス」では，電力変換装置に実装する磁気デバイスは，コンデンサのように選択する部品ではなく，設計する部品であるという考えに基づいて各種のスイッチング電源と磁気デバイスの機能について解説している．また，磁気回路を用いた解析法，複合機能を有する磁気デバイスなどについても具体的で詳細な説明をしている．

第3章「ワイヤレス給電」では，さまざまなワイヤレス給電方式の基本原理について解説した後に，医療分野への応用，直流電源から負荷までのシステムとしての捉え方などについて，実現した具体例を用いて詳細に説明している．

第4章「電磁エネルギー変換」では，電気エネルギーと力学的エネルギーとの間のエネルギー変換装置として利用されている磁気デバイスについて解説している．磁気デバイスに適用される磁性材料特性のモデル化，デバイス内の電磁界解析法の例，デバイスの等価回路などが示されている．

第5章「電磁気応用非破壊検査」では，広く実用化されている渦電流試験の原理，等価回路，表皮効果の考慮などに加え，最近多くの研究成果が発表されている磁粉探傷試験について解説している．

本書が磁気応用技術に携わる大学院生や技術者に少しでもお役に立つことができれば幸いである．最後に，本書の校正にご尽力を頂いた三菱日立パワーシステムズの高橋和彦氏，足利工業大学の土井達也教授，日本磁気学会・出版ワーキンググループの大嶋則和博士と三俣千春博士，そして適宜迅速な対応をしていただいた共立出版の石井徹也氏に深く感謝したい．

2015年9月

著者一同

目　次

第 1 章　電磁気学の基礎　1
1.1　アンペールの法則 1
1.2　ストークスの定理 10
1.3　電磁力 12
1.4　ファラデーの電磁誘導の法則 16
1.5　媒質定数と境界条件 22
1.6　ガウスの定理 30
1.7　マックスウェルの方程式と電磁界の方程式 31
1.8　変圧器 39
1.9　勾配，発散，回転 44
1.10　まとめ 46
　　第 1 章　演習問題 49

第 2 章　スイッチング電源に用いる高周波パワー磁気デバイス　51
2.1　電力変換回路と双対電磁回路解析法 52
　　2.1.1　スイッチング電源と高周波パワー磁気デバイス 52
　　2.1.2　磁気回路と電気回路の類似性 57
　　2.1.3　電気と磁気の双対回路 67
　　2.1.4　双対電磁回路解析法 76
　　2.1.5　まとめ 82
2.2　スイッチングコンバータにおける磁気応用技術 ... 83
　　2.2.1　フライバックコンバータ 84
　　2.2.2　フォワードコンバータ 88

		2.2.3 スイッチングコンバータに用いる磁気部品	97

目次内容

- 2.3 複合機能磁気デバイスを備えたコンバータと磁束解析 98
  - 2.3.1 ハイブリッド型 DC-DC コンバータの基本動作 . . 99
  - 2.3.2 4脚トランスの磁気回路 100
  - 2.3.3 磁気回路から電気回路への変換 102
  - 2.3.4 出力平滑チョーク機能 104
  - 2.3.5 磁気抵抗の導出 105
  - 2.3.6 4脚トランスの磁束責務 107
- 2.4 複合トランスを用いた DC-DC コンバータ 108
  - 2.4.1 複合トランスを用いた出力チョークレス同期整流 ZVS コンバータ 109
  - 2.4.2 複合トランスの解析 120
  - 2.4.3 実験結果 123
  - 2.4.4 まとめ 127
- 第2章 演習問題 130

第3章 ワイヤレス給電　　135

- 3.1 ワイヤレス給電基本原理 135
  - 3.1.1 はじめに 135
  - 3.1.2 ワイヤレス給電の基礎原理 137
  - 3.1.3 エネルギー伝搬 138
- 3.2 さまざまなワイヤレス給電方式 140
  - 3.2.1 マイクロ波送電方式 140
  - 3.2.2 電界共振結合送電方式 143
  - 3.2.3 磁界共振結合送電方式 145
  - 3.2.4 電磁誘導型送電方式 147
- 3.3 医療分野への応用 154
  - 3.3.1 はじめに 154
  - 3.3.2 体内埋込人工臓器への構成例 155
  - 3.3.3 体内治療機器へのワイヤレス・エネルギー伝送技術 . . . 159

  3.3.4 生体計測機器へのワイヤレス・エネルギー伝送技術（ワイヤレス通信） 162
 3.4 ワイヤレス給電のシステム化と直流共鳴システム 165
  3.4.1 高周波パワーエレクトロニクスと共鳴ワイヤレス給電 . 166
  3.4.2 直流共鳴ワイヤレス給電システム 173
  3.4.3 共鳴結合回路の統一的設計法（MRA/HRA/FRA 手法） 179
  3.4.4 GaN FET を用いた 10 MHz 級動作実験 184
  3.4.5 まとめ 187
 第 3 章 演習問題 189

第 4 章　電磁エネルギー変換 193
 4.1 電磁エネルギー変換の基礎 193
  4.1.1 基本方程式 193
  4.1.2 磁気回路のエネルギー 197
  4.1.3 磁気エネルギーと機械的仕事 199
  4.1.4 電気系と機械系のアナロジー 206
 4.2 モータ 208
  4.2.1 直流モータ 209
  4.2.2 交流モータ 210
  4.2.3 PM モータ 212
  4.2.4 リラクタンスモータ 216
  4.2.5 直流モータの電気的等価回路 219
 4.3 磁気回路法とリラクタンスネットワーク解析 220
  4.3.1 磁気回路法の基礎 221
  4.3.2 回路シミュレータを用いた磁気回路の計算 224
  4.3.3 リラクタンスネットワーク解析 227
 4.4 振動発電 237
  4.4.1 はじめに 237
  4.4.2 磁歪材料 238
  4.4.3 発電デバイスの構造と原理，特徴 239

	4.4.4 デバイスの試作例	240
	4.4.5 デバイスの等価回路	241
	4.4.6 振動発電の応用	244
4.5	非線形磁気応用と可変インダクタ	246
	4.5.1 非線形磁気応用とは	246
	4.5.2 可変インダクタの動作原理	248
	4.5.3 系統電圧制御用可変インダクタとしての応用	253
第 4 章 演習問題		258

第 5 章 電磁気応用非破壊検査　　263

5.1	非破壊検査とは	263
	5.1.1 非破壊検査の目的	263
	5.1.2 非破壊検査の種類	264
	5.1.3 きずと欠陥	266
5.2	渦電流試験	266
	5.2.1 概要	266
	5.2.2 渦電流試験の原理	268
	5.2.3 渦電流試験装置	274
	5.2.4 応用例	281
5.3	磁粉探傷試験	285
	5.3.1 磁粉探傷試験の基礎と原理	286
	5.3.2 試験体およびきずの種類	287
	5.3.3 磁粉探傷試験の手順	297
	5.3.4 各種磁化方法	306
	5.3.5 磁粉探傷試験の実際	314
第 5 章 演習問題		317

演習問題解答　　319

索引　　333

第1章

電磁気学の基礎

　本書は，大学の理工系学部で開講されている電磁気学を一通り学習した学部4年生，大学院生または企業の技術者，研究者を対象としている．学部の電磁気学の講義では，静電界に始まりマックスウェルの方程式（Maxwell's equations）や電磁波（electromagnetic wave）で締めくくられるのが一般的であり，本書の読者は，マックスウェルの方程式がアンペールの法則（Ampère's circuital law）とファラデーの電磁誘導の法則（Faraday's law of electromagnetic induction）に基づいていることを理解していると思う．本章では，磁気と電流の関係および電磁誘導の要点を復習し，第2章以降の磁気応用技術の原理を物理現象の基本から理解するための準備をする．

1.1　アンペールの法則

　図 1.1 に示すように，磁性体が局在していない空間を流れる無限長直線電流 I によって生ずる磁界（magnetic field）は，同心円状となってその大きさ H が

$$H = \frac{I}{2\pi r} \tag{1.1}$$

となることを高等学校の物理で学んだ[†1]．ここで，r は電流からの距離である．電流が磁界を発生させるというこの法則の視覚的体験方法の1つを紹介する．用意するものは方位磁石だけである．ただし，電車（新幹線などの交流き電方

[†1] 高等学校の物理の教科書を見ると，(1.1) 式を「・・・と表される．」というような表現で紹介されているが，(1.1) 式は実験から導かれる物理法則であることを認識していなければならない．大学入試問題を解くことだけに重点を置いた学習をしてきた学生の中には，（物理の）法則を（数学の）公式という者がいるが，これは物理現象の理解の仕方が間違っている．実験により観測される物理現象の客観的記述方法として数学を用いているわけである．

2　第1章　電磁気学の基礎

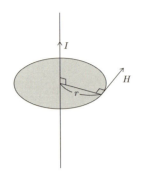

図 1.1　無限長直線電流による磁界

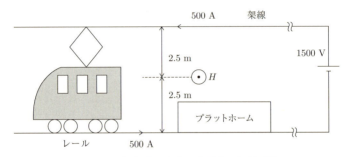

図 1.2　方位磁石を動かす電車の架線電流

式を除く）が通っている街に行く必要がある．図 1.2 に示すように，電車が力行（加速）するときには，架線 – 電車 – レールに 500 A 以上の直流電流が流れる．駅のプラットホームで方位磁石を見ていると，電車の発車時やその後に方位磁石の向きが変化する様子が見られることがある．たとえば，架線電流が 500 A で，架線とレール間距離を 5 m とした場合，それらの中間に方位磁石が置かれたとすると，架線とレールに流れるそれぞれの電流による (1.1) 式で計算される磁界の和は，64 A/m となる．これに真空の透磁率（permeability of vacuum）$\mu_0 = 4\pi \times 10^{-7}$(H/m) を乗ずると，磁束密度（magnetic flux density, magnetic induction）として 80 μT となる．これは地磁気の大きさの 2 倍程度なので，方位磁石の向きが変わる．

図 1.1 に示した磁界をベクトル $\boldsymbol{H}$ として考え，(1.1) 式をより一般的に表現

すると，

$$\oint_C \boldsymbol{H} \cdot \mathrm{d}\boldsymbol{s} = I \tag{1.2}$$

となる．ただし，d$\boldsymbol{s}$ は図 1.1 の円周方向の線素ベクトルである．(1.1) 式は，(1.2) 式において半径 r の円周に沿って線積分を行った結果となっている．(1.2) 式で表現される物理法則（実験事実）をアンペールの法則と呼んでいる．この法則は，図 1.1 の場合に限らず，一般的に成立し，空間に磁性体があってもよい．つまり，空間に磁性体があろうとなかろうと，磁界ベクトルの閉路の線積分値とその閉路を貫く電流の合計値との関係は一意的に決まっている．

(1.2) 式の計算例として，図 1.3(a) を考えよう．半径 R で無限に長い円柱形導体中を電流 I が均一に流れている．円形断面の中心 O からの距離を r として半径 r の円を考えると，導体内（$r < R$）では，この円内の電流は $I\{(\pi r^2)/(\pi R^2)\}$ で与えられるので，(1.2) 式を適用すると，導体内の磁界の大きさ H は

$$H = \frac{Ir}{2\pi R^2} \tag{1.3}$$

となる．一方，導体外では，磁界の大きさは (1.1) 式で与えられる．したがって，H を r に対して図示すると図 1.3(b) の如くなる．ここで，演習問題 1.1 を解いてみるとよい．

(1.2) 式の左辺に数学のストークスの定理（Stokes' theorem，この定理の簡単な証明を 1.2 節で述べる．）を適用すると，

$$\oint_C \boldsymbol{H} \cdot \mathrm{d}\boldsymbol{s} = \int_S (\mathrm{rot}\,\boldsymbol{H}) \cdot \mathrm{d}\boldsymbol{S} = \int_S (\nabla \times \boldsymbol{H}) \cdot \mathrm{d}\boldsymbol{S} \tag{1.4}$$

となる．本書の読者は rot $\boldsymbol{H}$ または $\nabla \times \boldsymbol{H}$ で示されるベクトルの回転（ローテーション）の定義についてはすでに学習済みと思うが，1.9 節に記載したので適宜参照していただきたい．(1.4) 式の右辺の積分は左辺の線積分経路で囲まれる任意の開曲面 S に対する面積分であり，d$\boldsymbol{S}$ は面素ベクトルである．一方，(1.2) 式の右辺にある電流 I は，(1.4) 式の右辺の面 S を貫く電流であるから，この面の各点における電流密度ベクトル（current density vector）を $\boldsymbol{J}$ とすると，

$$I = \int_S \boldsymbol{J} \cdot \mathrm{d}\boldsymbol{S} \tag{1.5}$$

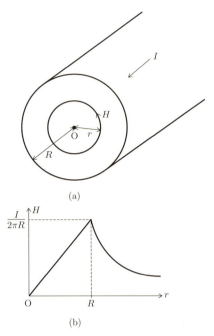

図 1.3 電流 I が半径 R 内に均一に流れた時の磁界

と書ける．(1.4) 式および (1.5) 式より，

$$\int_S (\nabla \times \boldsymbol{H}) \cdot \mathrm{d}\boldsymbol{S} = \int_S \boldsymbol{J} \cdot \mathrm{d}\boldsymbol{S} \tag{1.6}$$

を得る．

以上を整理して考えよう．まず，(1.2) 式は積分経路に依存しない常に成り立つ物理法則である．次に，(1.4) 式は数学として常に成立する．この 2 つと (1.5) 式から (1.6) 式が導出された．したがって，(1.6) 式の面積分は，どの面においても成立する．(1.6) 式を変形して

$$\int_S \{(\nabla \times \boldsymbol{H}) - \boldsymbol{J}\} \cdot \mathrm{d}\boldsymbol{S} = 0 \tag{1.7}$$

と書くと，(1.7) 式がどの面に対しても成立するためには，

$$\nabla \times \boldsymbol{H} = \boldsymbol{J} \tag{1.8}$$

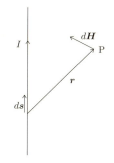

図 **1.4** ビオ・サバールの法則

でなければならない．(1.8) 式は，演習問題 1.1 の解と整合していることを確認してほしい．空間の磁界ベクトル分布が既知の場合には，ベクトルの回転と呼ばれる空間に対する偏微分を実行することでその空間の電流密度ベクトルが求まる．通常そのような課題は少ないが，電磁界解析を行った結果として磁界ベクトル分布が求まった場合に，(1.8) 式を適用して各部の電流密度ベクトルを算出することは多々ある．

これとは逆に，空間の電流分布が既知のときに磁界分布を求める方法としてビオ・サバールの法則（Biot-Savart law）がある．ビオ・サバールの法則は，図 1.4 のように，電流 I が流れている位置から磁界ベクトル $\boldsymbol{H}$ を求めたい点 P への距離ベクトルを $\boldsymbol{r}$，その大きさを r とし，また，電流の経路に線素ベクトル $\mathrm{d}\boldsymbol{s}$ を考え，

$$\boldsymbol{H} = \frac{I}{4\pi} \oint_C \frac{\mathrm{d}\boldsymbol{s} \times \boldsymbol{r}}{r^3} \tag{1.9}$$

と書ける．あるいは，積分を実行する前の形で

$$\mathrm{d}\boldsymbol{H} = \frac{I \mathrm{d}\boldsymbol{s} \times \boldsymbol{r}}{4\pi r^3} \tag{1.10}$$

と書ける．ただし，この法則が成立するのは，空間の透磁率（permeability）が均一である場合に限ることを知っておかなければならない．通常は，磁性体が局在しない真空中や空気中の場合である[†2]．実用的には，問題としている空間

[†2] ただし，磁性体をそれと等価な電流（磁化電流）で置き換えることができる場合には，その限りではない．本章では，磁性体を磁化電流ではなく，透磁率で扱う．

から磁性体が十分離れているところにある場合である．問題空間に磁性体が局在する場合には，電磁界の方程式を解くことになる．また，電磁界の方程式の解析解が得られない場合には，計算機を用いて数値解析を行うことになる．数値解析法には，有限要素法，境界要素法，あるいは第 4 章で述べる RNA 法など，いくつかの手法がある．学部用の電磁気学の教科書では，(1.9) 式を適用して，有限長直線導体を流れる電流によって生じる磁界，あるいは正方形コイルや円形コイルに流れる電流による磁界を計算する例題や演習問題が掲載されており，本書の読者は，それらによりビオ・サバールの法則の有用性を確認していると思う．一方，(1.10) 式を見ると，微小磁界ベクトル $\mathrm{d}\boldsymbol{H}$ が生ずる源を $I\mathrm{d}\boldsymbol{s}$ と考えることができる．ビオ・サバールの法則は，電流とそれが流れた距離との積を磁界源と考えた場合，磁界の大きさはその磁界源と磁界を求めたい位置との相対距離の 2 乗（(1.10) 式の分子に $\boldsymbol{r}$ がある）に反比例し，磁界の向きは磁界源ベクトル $I\mathrm{d}\boldsymbol{s}$ の向きに進む右ねじが回転する方向であることを意味している．

アンペールの法則といった場合，通常は (1.2) 式を指すが，アンペールの法則と数学のストークスの定理から導出される (1.8) 式もアンペールの法則と呼ぶことができる．一方，ビオ・サバールの法則を適用して有限長直線電流による磁界を求め，有限長から無限長への極限を計算すると，(1.1) 式が得られる．(1.2) 式で表されるアンペールの法則と (1.9) 式で表されるビオ・サバールの法則は，磁性体が局在しない場合には整合している．すなわち，(1.9) 式で与えられる $\boldsymbol{H}$ は，電流が流れている点（$r=0$）を除いた空間に対して求めた $\boldsymbol{H}$ であるので，この $\boldsymbol{H}$ に (1.8) 式を適用すると，$\nabla \times \boldsymbol{H}=0$ となる．

ここで，ベクトルポテンシャル $\boldsymbol{A}$ について触れておこう．磁束密度ベクトル $\boldsymbol{B}$ は

$$\nabla \times \boldsymbol{A} = \boldsymbol{B} \tag{1.11}$$

として与えられる．この両辺を面積分してストークスの定理を適用すると，左辺は

$$\int_S (\nabla \times \boldsymbol{A}) \cdot \mathrm{d}\boldsymbol{S} = \oint_C \boldsymbol{A} \cdot \mathrm{d}\boldsymbol{s} \tag{1.12}$$

となり，一方，(1.11) 式の右辺は

$$\int_S \boldsymbol{B} \cdot \mathrm{d}\boldsymbol{S} = \phi \tag{1.13}$$

となって，(1.12) 式の右辺の線積分閉路を貫く磁束 ϕ を与える．したがって，

$$\phi = \oint_C \boldsymbol{A} \cdot \mathrm{d}\boldsymbol{s} \tag{1.14}$$

である．一方，空間の透磁率が均一で μ_0 とし，すなわち，空間のどこでも $\boldsymbol{B} = \mu_0 \boldsymbol{H}$ として，(1.11) 式の両辺の回転を取ると，

$$\nabla \times \nabla \times \boldsymbol{A} = \nabla \times \boldsymbol{B} = \mu_0 \nabla \times \boldsymbol{H} = \mu_0 \boldsymbol{J} \tag{1.15}$$

となり，

$$\mathrm{div} \boldsymbol{A} = \nabla \cdot \boldsymbol{A} = 0 \tag{1.16}$$

とすると，任意のベクトル関数に対して $\nabla \times \nabla \times \boldsymbol{A} = \nabla(\nabla \cdot \boldsymbol{A}) - \nabla^2 \boldsymbol{A}$ なので，

$$\nabla^2 \boldsymbol{A} = -\mu_0 \boldsymbol{J} \tag{1.17}$$

となる．これは，ベクトルポテンシャル $\boldsymbol{A}$ に対する 2 階の偏微分方程式となっている．(1.17) 式をたとえば $x-y-z$ 座標の各成分で記述すると，

$$\nabla^2 A_x = -\mu_0 J_x, \ \nabla^2 A_y = -\mu_0 J_y, \ \nabla^2 A_z = -\mu_0 J_z \tag{1.18}$$

と書ける．ここで，∇^2 は div grad を意味する．(1.17) 式の解は

$$\boldsymbol{A} = \frac{\mu_0}{4\pi} \int_v \frac{\boldsymbol{J}}{r} \mathrm{d}v \tag{1.19}$$

となるが，これは以下に述べるアナロジーから理解できる．

誘電体がない場合，静電界中の電荷が与える電位（electrostatic potential）V は，電荷密度（volume charge density）ρ および真空の誘電率（permittivity of free space）ε_0 を用いて

$$\nabla^2 V = -\rho/\varepsilon_0 \tag{1.20}$$

で与えられる．この形の方程式をポアソンの方程式（Poisson's equation）とい

う．また，右辺が零であれば，ラプラスの方程式（Laplace's equation）と呼んでいる．さて，(1.20) 式の解 V について考える．点電荷 q から r だけ離れたところにある点の q による電位は，

$$V = \frac{q}{4\pi\varepsilon_0 r} \tag{1.21}$$

である．電荷が空間に任意に分布している場合には，重ね合わせの原理（principle of superposition）を使い，上式の q に代えて微小体積 $\mathrm{d}v$ 中の電荷 $\rho\mathrm{d}v$ を用いると

$$V = \frac{1}{4\pi\varepsilon_0} \int \frac{\rho}{r} \mathrm{d}v \tag{1.22}$$

となる．ここで，r は電位を求めたい点と各 $\rho\mathrm{d}v$ との距離である．(1.20) 式に対して (1.22) 式が解であることを利用すれば，同じスカラー関数である (1.18) 式に対する解が各成分に対して求まり，それらをベクトルとして表示したものが (1.19) 式である．

(1.2) 式，(1.8) 式，(1.9) 式および (1.19) 式はすべて，電流によってその周りに磁界が発生するという物理現象を記述したものである．ただし，(1.9) 式および (1.19) 式の適用は，均一媒質に限る．ここで，演習問題 1.2 を解いてみるとよい．(1.9) 式と (1.19) 式は本質的に同じ意味であることがわかる．

(1.2) 式，(1.8) 式，(1.9) 式および (1.19) 式は，電流が直流でも交流でも成立する．また，変位電流（displacement current）に対しても成立する．例として，図 1.5 に示すように，直流電流源 I によってコンデンサを充電している場合を考える．コンデンサにも直流電流を流すことはでき，このときのコンデンサ電圧は時間と共に直線的に増加する．この電圧はコンデンサに蓄えられる電荷 q によるもので，コンデンサ内の電束密度ベクトル（electric displacement vector）$\boldsymbol{D}$ の大きさは q に比例し，コンデンサ電極の面をベクトルとして考えて $\boldsymbol{S}$ とした場合（ベクトルの方向は電極面の法線方向），q は $\boldsymbol{D}$ を $\boldsymbol{S}$ に対して面積分を行った

$$q = \int_S \boldsymbol{D} \cdot \mathrm{d}\boldsymbol{S} \tag{1.23}$$

で与えられる．一方，I は q の時間微分で与えられ，

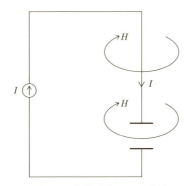

図 1.5　変位電流による磁界

$$I = \frac{dq}{dt} \tag{1.24}$$

である．コンデンサの電極間には自由電子の移動による電流はないが，(1.24)式の右辺で与えられる変位電流が流れている．図 1.5 に示すように，この変位電流も電線を流れる I と同様に磁界 H を生じさせる．(1.23) 式および (1.24) 式より，変位電流は

$$\frac{dq}{dt} = \int_S \frac{\partial \boldsymbol{D}}{\partial t} \cdot d\boldsymbol{S} \tag{1.25}$$

となり，この変位電流による磁界も考慮するため，(1.2) 式のアンペールの法則の右辺に (1.25) 式の右辺も加えると，(1.5) 式も使って

$$\oint_C \boldsymbol{H} \cdot d\boldsymbol{s} = \int_S \left(\boldsymbol{J} + \frac{\partial \boldsymbol{D}}{\partial t} \right) \cdot d\boldsymbol{S} \tag{1.26}$$

と書ける．上式の右辺の面積分は，左辺の線積分を行う閉路に依って囲まれる任意の開曲面に対して行うものであり，図 1.5 の電線を囲む面では第 1 項のみで，一方，自由電子の移動がないコンデンサ電極間を囲む面では第 2 項のみとなっている．後者の面積分で得られる変位電流に対して前者の面積分で与えられる電流を伝導電流（conduction current）と呼ぶこともあり，どちらの電流も同様の磁界を与える．ここまで，具体例なイメージが湧きやすいように I を直流電流として説明したが，(1.26) 式の導出過程において I は直流である必要はない．(1.26) 式の積分は，実験事実として積分領域によらずに常に成立し，左

辺にストークスの定理を用いて

$$\nabla \times \boldsymbol{H} = \boldsymbol{J} + \frac{\partial \boldsymbol{D}}{\partial t} \tag{1.27}$$

が常に成立する．実際，(1.27) 式の右辺第 2 項がないと真空中を光速で伝搬する電磁波の説明ができないので，(1.27) 式は実験事実に基づいて成立していると考えてよい．

1.2 ストークスの定理

(1.4) 式または (1.12) 式などで表現されるストークスの定理は，任意のベクトル関数に対して成立する数学の定理である．ここでは，(1.4) 式の磁界ベクトル $\boldsymbol{H}$ を任意のベクトル関数と見て，ストークスの定理の簡単な証明を示す．

まず，図 1.6(a) のような 6 面体を考え，各辺の長さをそれぞれ dx，dy および dz とする．この 6 面体の底面に当たる $dx\,dy$ 面を S_{xy} とし，この底面の各頂点を A，B，C および D とする．次に，S_{xy} に対し，図 1.6(b) に示すように，A 点でのベクトル $\boldsymbol{H}$ の x および y 成分，H_x および H_y を考え，これらの距離変化 dy および dx に対する変化分をそれぞれ $(\partial H_x/\partial y)dy$ および $(\partial H_y/\partial x)dx$ とする．これらより，A 点，B 点，C 点および D 点からなる 4 辺に沿った $\boldsymbol{H}$ の線積分は

$$\begin{aligned}\oint_{\mathrm{ABCDA}} \boldsymbol{H} \cdot d\boldsymbol{s} &= \oint_{\mathrm{ABCDA}} \left\{ H_x dx + \left(H_y + \frac{\partial H_y}{\partial x} dx\right) dy \right. \\ &\quad \left. - \left(H_x + \frac{\partial H_x}{\partial y} dy\right) dx - H_y dy \right\} \\ &= \iint_{\mathrm{ABCDA}} \left(\frac{\partial H_y}{\partial x} - \frac{\partial H_x}{\partial y}\right) dx dy\end{aligned} \tag{1.28}$$

と書ける．(1.28) 式に現れた面積分は $\boldsymbol{S}_{xy}$ に対して行われるが，この面積分の被積分関数は，1.9 節に示す xyz 座標におけるベクトルの回転の定義を見ると $\nabla \times \boldsymbol{H}$ の z 成分に相当していることがわかり，

$$\oint_{\mathrm{ABCDA}} \boldsymbol{H} \cdot d\boldsymbol{s} = \iint_{\mathrm{ABCDA}} (\nabla \times \boldsymbol{H})_z\, dx\, dy \tag{1.29}$$

となる．

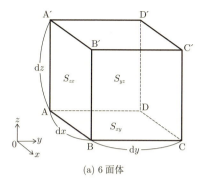

(a) 6面体

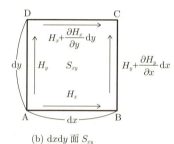

(b) $\mathrm{d}x\mathrm{d}y$ 面 S_{xy}

図 **1.6** ストークスの定理の証明

同様のことを S_{yz} および S_{zx} に対しても行うと，それぞれ

$$\oint_{\mathrm{BB'C'CB}} \boldsymbol{H} \cdot \mathrm{d}\boldsymbol{s} = \iint_{\mathrm{BB'C'CB}} (\nabla \times \boldsymbol{H})_x \, \mathrm{d}y\mathrm{d}z \tag{1.30}$$

および

$$\oint_{\mathrm{BAA'B'B}} \boldsymbol{H} \cdot \mathrm{d}\boldsymbol{s} = \iint_{\mathrm{BAA'B'B}} (\nabla \times \boldsymbol{H})_y \, \mathrm{d}z\mathrm{d}x \tag{1.31}$$

を得る．ここで，(1.30) 式および (1.31) 式の左辺の線積分経路は，(1.29) 式の S_{xy} の 4 辺に沿って積分を行ったときと同じように，6 面体の外側から S_{yz} および S_{zx} を見たときに右回りとなる方向に選んだ．(1.29)～(1.31) 式の各左辺の和を取り，線積分の経路について考察すると，A–B，B–C および B–B′ の 3 辺の積分は重複しており，しかも積分方向が互いに逆であるので，これら 3 辺の線積分の和は零となる．したがって，(1.29)～(1.31) 式の各左辺の和をとっ

た線積分経路は，A–A′–B′–C′–C–D–A と考えてよい．一方，(1.29)〜(1.31) 式の各右辺の和を取ると，3 面 S_{xy}，S_{yz} および S_{zx} に対する $\nabla \times \boldsymbol{H}$ の面積分を与える．以上より，任意のベクトル関数 $\boldsymbol{H}$ に対して，3 面 S_{xy}，S_{yz} および S_{zx} に対する面積分とこの 3 面を囲む 6 辺 A–A′–B′–C′–C–D–A に対する線積分との関係

$$\oint_{\text{A–A′–B′–C′–C–D–A}} \boldsymbol{H} \cdot \mathrm{d}\boldsymbol{s} = \int_{S_{xy}, S_{yz}, S_{zx}} (\nabla \times \boldsymbol{H}) \cdot \mathrm{d}\boldsymbol{S} \tag{1.32}$$

を得る．

　本証明の導入で 6 面体を示したが，証明に必要なのは 6 面ではなく，互いに法線ベクトルが直交している S_{xy}，S_{yz} および S_{zx} の 3 面である．たとえば，$\boldsymbol{H}$ を磁界ベクトルとして見ると，アンペールの法則より，(1.32) 式の左辺はこれら 3 面を貫く電流を与える．その電流をベクトルとして見ると，その x, y および z 方向の各成分はそれぞれ S_{yz}，S_{zx} および S_{xy} の各面を垂直に貫くと考えてよい．したがって，この電流ベクトルの密度を $\boldsymbol{J}$ とすると，変位電流がない場合のアンペールの法則は

$$\oint_C \boldsymbol{H} \cdot \mathrm{d}\boldsymbol{s} = \int_S \boldsymbol{J} \cdot \mathrm{d}\boldsymbol{S} \tag{1.33}$$

と書ける．変位電流も考慮する場合は，(1.26) 式となる．

1.3　電磁力

　本節では，磁気に起因する力，すなわち電磁力（magnetic force）について述べる．

　磁束密度がベクトルとして $\boldsymbol{B}$ で与えられている磁場（磁界）があり，図 1.7 に示すように，その中にある電荷 q が観測者に対して速度 $\boldsymbol{v}$ で運動している場合，電荷 q は磁界から

$$\boldsymbol{F}' = q(\boldsymbol{v} \times \boldsymbol{B}) \tag{1.34}$$

の力を受ける．ここで，$\boldsymbol{B}$ は電流によって生じていると考えてよいが，その電流は q とは別の電荷 Q の荷電粒子の運動に依るものと考え，また，空間に磁性

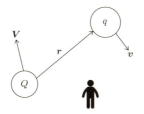

図 1.7　ローレンツ力の発生

体が局在していない（$\bm{B} = \mu_0 \bm{H}$）とすると，ビオ・サバールの法則が適用でき，

$$\bm{B} = \frac{\mu_0 Q \bm{V} \times \bm{r}}{4\pi r^3} \tag{1.35}$$

となる．ただし，$\bm{V}$ は，図 1.7 に示すように，観測者に対する Q の速度である．また，$\bm{r}$ は Q から q への距離ベクトルであり，その大きさを r とした．(1.35)式の導出は簡単なので各自で行ってみるとよい（演習問題 1.3）．(1.35) 式より，(1.34) 式は

$$\bm{F}' = \frac{\mu_0 Q q}{4\pi r^3} \{\bm{v} \times (\bm{V} \times \bm{r})\} \tag{1.36}$$

と書ける．また，q と Q の間には静電界でのクーロン力（Coulomb force）が働くので，Q による電界ベクトル（electric field vector）を $\bm{E}$ とすると，Q によって q に及ぼされる力は

$$\bm{F} = q(\bm{E} + \bm{v} \times \bm{B}) \tag{1.37}$$

となる．これをローレンツ力（Lorentz force）という．つまり，ローレンツ力は，第 1 項も第 2 項も電荷間に働く力として説明できることになる．

　磁束密度 B 中を運動する q の速さは観測者の慣性系に依存してしまい一意に決まらず，(1.34) 式の $\bm{v}$ が任意に取れるので $\bm{F}$ が一意に求まらないように思うかもしれないが，$\bm{B}$ の発生は q とは別の荷電粒子の観測者に対する運動が原因であることに気づけば，そのような錯覚に陥らずに済む．すなわち，q と Q の相対運動に依って q にローレンツ力の第 2 項が生じていると考えればよい．ただし，(1.37) 式の $\bm{v}$ は q と Q の相対速度ではないことに注意しなければならない（図 1.7 参照）．$\bm{v}$ は任意の観測者または任意の固定座標系に対する速度であ

り，B を生じる Q の速度 V を与える座標系と同じでなければならない．

ところで，観測者が Q と共に同じ速度で移動している（両者は互いに静止している）とすると V が零となり，その結果 (1.35) 式の B も零で (1.34) 式の力が生じない．これはどういうことなのだろうか．実際には (1.37) 式が観測者の座標系によらず同じ値を与える．本書では触れないが，特殊相対性理論（またはローレンツ収縮）の導入に依って (1.37) 式の不変性が説明できるので，興味がある読者は調べてみるとよい．観測者の座標系により E, B および v の値が異なるが，(1.37) 式の値は不変である．

話がやや難しくなったが，ここで押さえておきたいことは，ある固定座標系に対して速度 v で移動する電荷 q は，その座標系に生じている E および B によって (1.37) 式で表される力を受けるという単純な実験事実である．もっと実務的に言えば，E および B がわかっている座標系があるとき，q に生じる力は，その座標系に対する q の速度 v を用いて (1.37) 式で計算できるということである．図 1.7 を見ながら，再度，このことを確認してほしい．

クーロン力を及ぼす E が複数の電荷に依って生じている場合には，E を各電荷による電界ベクトルの重ね合わせによって求める．同様にして，導体中を流れる電流など，B が（無数に近い）複数の電荷 Q_1, Q_2, $\cdots$, Q_n の移動によって生じる場合には，その B は各電荷の移動によって生じる各磁束密度ベクトル B_1, B_2, $\cdots$, B_n の和であると考えればよい．さらに言えば，導体中の伝導電流に加えて磁性体がある場合や永久磁石による磁束密度であっても，電子スピンによる電荷の移動をその原因と考えることができる．

さて，以下では電荷の移動を電流と捉え，マクロな目で見てみよう．qv は電荷の移動であり，これは Ids であるので，(1.34) 式にこれを適用すると，B が Ids に及ぼす力は

$$d\boldsymbol{F}' = I d\boldsymbol{s} \times \boldsymbol{B} \tag{1.38}$$

である．(1.38) 式はフレミングの左手の法則（Fleming's left-hand rule）を定量的に示したもので，たとえば，電動機や発電機に生じるトルクの計算などに用いられる．(1.38) 式の積分は，力を計算したい部分の線路について行えばよい．また，硬磁性体，すなわち永久磁石に働く力やトルクを求める際にも，磁石を

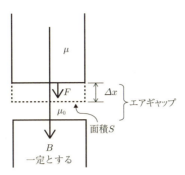

図 **1.8** 軟磁性体に働く力

等価電流で置き換えれば (1.38) 式を適用できる.

次に，磁界中の軟磁性体に働く力について述べる．比透磁率（relative permeability）μ_s は，磁性体を扱う際のマクロ的視点に立った概念であり，μ_s と μ_0 の積を磁性体の透磁率（permeability）μ としている．図 1.8 に示すように，透磁率 μ の 2 つの磁性体の間に透磁率 μ_0 のエアギャップがあり，上側の磁性体は上下方向に移動できるものとする．また，磁性体およびエアギャップ中を上から下に磁束密度 B の磁束が貫いていて，上側の磁性体が移動しても B は変化しないものとする．仮に上側の磁性体が Δx だけ下方に移動して点線で示す体積まで透磁率 μ の磁性体が占めたとすると，この移動の前後で μ_0 から μ に変化した領域の体積 $S\Delta x$ に蓄えられる磁気エネルギーの差 ΔW は，

$$\Delta W = \frac{B^2 S}{2\mu_0} \left(\frac{1}{\mu_s} - 1 \right) \Delta x \tag{1.39}$$

となる．ここで，$\mu_s > 1$ なので，$\Delta W < 0$ である．エネルギー保存の法則 (law of conversation of energy) に基づく仮想変位の方法（principle of virtual displacements）によれば，上側の磁性体に働く力 F は

$$F = -\frac{\Delta W}{\Delta x} = \frac{B^2 S}{2\mu_0} \left(1 - \frac{1}{\mu_s} \right) \tag{1.40}$$

と与えられる．これは，たとえば，軟磁性体を利用した直動アクチュエータの電磁力解析および同期機やリラクタンス・モータなどの回転機の突極性トルク（リラクタンス・トルク）の解析などに利用できる.

1.4 ファラデーの電磁誘導の法則

図 1.9 に示すような思考実験を行う．永久磁石により 1 ターンのコイルに磁束 ϕ が鎖交している．スイッチ S が開いているときに永久磁石をコイルから遠ざけた結果，コイルの鎖交磁束が時刻 t に対して

$$\phi = \Phi \exp(-\alpha t) \tag{1.41}$$

となった．ここで，Φ および α は定数とする．スイッチ S が開いていると，S の両端に現れる電圧 e は，ファラデーの電磁誘導の法則から

$$e = -\frac{d\phi}{dt} = \alpha \Phi \exp(-\alpha t) \tag{1.42}$$

となる．ここで，e の符号は，磁束の変化を妨げる向きに電圧が発生するというレンツの法則（Lenz's law）に従い，図 1.9 に +− で示した向きを正とした．つまり，磁石の移動によって ϕ が減少するので，仮に S が閉じて電流 i が流れる場合に，鎖交磁束を増やす向きに i を生じさせる電圧を正とした．次に，S を閉じ，同じ実験を行ったときの i を求める．このとき，コイルに時間的に変化する電流が流れるので，抵抗 R に加えてコイルのインダクタンス L にも電圧が発生することを忘れないでほしい．つまり，i を未知数とする電圧方程式は

$$L\frac{di}{dt} + Ri = \alpha \Phi \exp(-\alpha t) \tag{1.43}$$

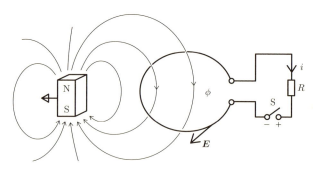

図 **1.9** ファラデーの電磁誘導の法則

となる．初期条件 $t=0$ で $i=0$ より，

$$i = \frac{\alpha \Phi}{R - \alpha L} \left\{ \exp(-\alpha t) - \exp\left(-\frac{R}{L} t\right) \right\} \tag{1.44}$$

を得る．これは，1階線形微分方程式を解くだけなので，各自で確認してほしい（演習問題 1.4）．この思考実験を行った理由は，繰り返しになるが，本書の読者には，コイルにはインダクタンスがあるということを必ず念頭に置いて課題に取り組む習慣を身につけてもらいたいからである．高等学校の教科書では，自己誘導（self-induction）や自己インダクタンス（self-inductance）について学習しているにもかかわらず，電磁誘導の解説や例題ではこれらを考慮していない．その理由は，高等学校では習わない1階線形微分方程式の解法が必要になるためと思われる．

図 1.9 について，さらに考察してみよう．抵抗器 R を考える代わりに，コイルの巻線抵抗値が R であったとしよう．この場合には，S を閉じるということは，抵抗値 R のコイルを短絡させることを意味する．このとき，巻線に沿って電界ベクトル $\boldsymbol{E}$ を1周積分すると，

$$\oint_C \boldsymbol{E} \cdot d\boldsymbol{s} = -\int_S \frac{\partial \boldsymbol{B}}{\partial t} \cdot d\boldsymbol{S} \tag{1.45}$$

となる．ただし，$\boldsymbol{B}$ は磁束密度ベクトルであり，右辺の面積分は左辺の線積分経路を囲む面（開曲面）に対して行う．ここで，1つ注意が必要である．(1.45) 式は (1.42) 式と同値であるかのように見えるが，(1.42) 式の ϕ はコイルの自己誘導を考慮していない $i=0$ の状態でのコイルの鎖交磁束であるのに対し，(1.45) 式の右辺で与えられるコイルの鎖交磁束（負符号を除いた面積分部分）の時間微分は，(1.41) 式の磁束とコイルの自己誘導による電流によって発生した磁束との和（正味の磁束）の時間微分である．つまり，(1.45) 式で与えられる電圧は，(1.43) 式の左辺第1項を右辺に移項したコイルの巻線抵抗に印加される分で，巻線内の各部の電流密度は，

$$\boldsymbol{J} = \sigma \boldsymbol{E} \tag{1.46}$$

となっている．ただし，σ は巻線材料の導電率（conductivity）である．(1.46) 式はオームの法則（Ohm's law）ある．

(1.45) 式の左辺にストークスの定理を適用すると,

$$\oint_C \boldsymbol{E} \cdot \mathrm{d}\boldsymbol{s} = \int_S (\nabla \times \boldsymbol{E}) \cdot \mathrm{d}\boldsymbol{S} \tag{1.47}$$

となる. よって, (1.7) 式と同様に

$$\int_S \left\{ \nabla \times \boldsymbol{E} + \frac{\partial \boldsymbol{B}}{\partial t} \right\} \cdot \mathrm{d}\boldsymbol{S} = 0 \tag{1.48}$$

を得るが, (1.45) 式は積分領域によらずに実験事実として常に成立するので,

$$\nabla \times \boldsymbol{E} = -\frac{\partial \boldsymbol{B}}{\partial t} \tag{1.49}$$

である. (1.49) 式はファラデーの電磁誘導の法則を表している.

コイルにはインダクタンスがあることを念頭に置いた上で, (1.43) 式の左辺第 1 項に対して第 2 項が十分大きい場合には, コイルの自己誘導または自己インダクタンスを無視できる場合がある. この要件を満足（自己インダクタンスを無視）した図 1.10 に示す思考実験をしてみよう. 3 つの 1 kΩ の抵抗からなるループを考え, この図の外部にある磁界源（たとえば, コイルに流れる電流など）によってこのループ内に磁束の時間変化率 $\mathrm{d}\phi/\mathrm{d}t$ が生じているとする. 簡単のため, $\mathrm{d}\phi/\mathrm{d}t$ は一定（ϕ は時間 t に対して 1 次関数）とし, たとえば, その値が 3 V（直流）とする. この場合には, この直流電圧 3 V が 1 kΩ の 3 直列回路に印加されるので, 図 1.10 に示した電流 I は直流 1 mA である. ここで直流電圧計を用意し, そのマイナス端子をアースしてある O 点に接続し, プラス端子を P 点に接続すると, 直流電圧計は 1 V を示す. 次に, 直流電圧計のマイナス端子はそのままで, プラス端子を Q 点に接続すると, 直流電圧計は何 V を示すだろうか. 2 V だろうか, それとも O 点から Q 点に向かって 1 mA 流れているので -1 V だろうか. この一見矛盾する問題の本質は, (1.49) 式で与えられる電場（電界）が保存力の場ではないことにあり, 次のように説明できる.

まず, 最初に正解を示しておこう. たとえば, 直流電圧計のマイナス端子をアースしてある O 点に接続し, プラス端子を P 点に接続するとき, $\mathrm{d}\phi/\mathrm{d}t$ を左に見ながら直流電圧計の測定ケーブルを $\mathrm{d}\phi/\mathrm{d}t$ の外側から P 点に接続すると 1 V となり, 一方, $\mathrm{d}\phi/\mathrm{d}t$ を右に見ながらプラス端子を $\mathrm{d}\phi/\mathrm{d}t$ の外側から P 点に接続すると直流電圧計は -2 V を示す. 同様にして, O 点に対する Q 点の電

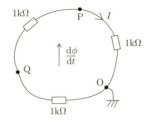

図 1.10 抵抗を流れる誘導電流

圧は，2 V にも −1 V にもなる．明確な説明をしよう．直流電圧計のマイナス端子をアースしてある O 点に接続したままプラス端子も O 点に接続（両端子を短絡）するとき，測定ケーブルを $d\phi/dt$ を囲まないように接続すれば直流電圧計は 0V を示すが，プラス端子側の測定ケーブルを I と同方向および反対方向に $d\phi/dt$ を囲むようにしてプラス端子を O 点に接続すれば，測定ケーブルの経路には $d\phi/dt$ による誘導起電力が発生し，直流電圧計はそれぞれ −3 V および 3 V を示す[†3]．つまり，(1.49) 式で与えられる場では，各点の電位は一意には決まらず，電界の積分経路に依存している．

一方，たとえば図 1.12 に示すような，各点の電位が電界の積分経路によらずに一意に決まる保存力の場では，

$$\oint_C \boldsymbol{E} \cdot d\boldsymbol{s} = 0 \tag{1.50}$$

である．このとき，ストークスの定理から，

$$\int_S (\nabla \times \boldsymbol{E}) \cdot d\boldsymbol{S} = 0 \tag{1.51}$$

であるので，(1.50) 式が成り立つ電界ベクトル $\boldsymbol{E}$ の回転は常に零となり，

$$\nabla \times \boldsymbol{E} = 0 \tag{1.52}$$

である．言い換えれば，(1.52) 式が保存力の場の定義である．たとえば，地球

[†3] 少しややこしいので，手元にデジタルマルチメータなどを用意するか，測定ケーブルの代わりにひもを 2 本用意するなどして，レンツの法則を考慮して考察してほしい．あるいは図 1.11 に示すような簡単な実験をしてみるとよい．同じ点間の電圧測定であっても，電圧プローブをコアにくぐらせたときとそうでないときに電圧が異なることがわかる．同図右下の写真では，電圧プローブを短絡（同点の電圧測定）して 1 ターンの巻線を構成し，そこに誘導電圧が発生したというだけのことである．

20　第1章　電磁気学の基礎

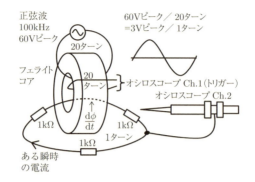

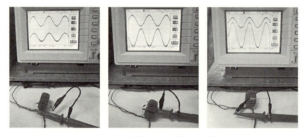

図 1.11　非保存力の場の確認実験

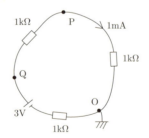

図 1.12　保存力の場の例

などの重力加速度をベクトル g として考えた力学的な場は，$\nabla \times g = 0$ なので保存力の場である．保存力の場である静電界の電位 V に対して，$E = -\operatorname{grad} V$ で与えられる電界ベクトルに対して回転を取ると，数学的に (1.52) 式が成立する．これに対し，(1.49) 式で与えられる電磁誘導に依る電場（電界）は非保存力の場と考えられ，電位が一意に定まらない．

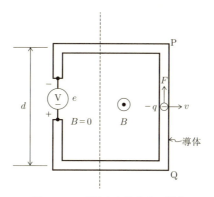

図 1.13　磁界中を移動する導体

ここで，電界ベクトル E をベクトルポテンシャル A を用いて表すことを考えよう．(1.49) 式の B に (1.11) 式を代入すると，$\nabla \times E = -\nabla \times \partial A/\partial t$ であり，これを満足する E は，

$$E = -\frac{\partial A}{\partial t} - \operatorname{grad} V \tag{1.53}$$

となる．これは，観測者に対して静止している電荷と電磁誘導の両方による電界ベクトルである．

3 つめの思考実験として，図 1.9 に似ているが，図 1.13 に示す問題について考えよう．図に示した点線から左側には磁界はないが，右側には磁束密度 B の磁界があり，この中を図に示す導体が速さ v で右側に移動している．また，e は導体と共に移動している直流電圧計の読み値である．磁界中にある PQ 間の自由電子 $-q$ は速さ v で右側に移動しているので，これに働くローレンツ力は，Q 点から P 点に向かう方向で，大きさは qvB ある．その結果，Q 点および P 点がそれぞれ正および負に帯電し，この間に大きさ vB の電界が生じる．この電界の値に PQ 間の距離 d をかけると e となる．$e = vBd$ は，磁界中の導体の運動によって生じるので，速度誘起電力（motional electromotive force）と呼ばれる．速度 v で移動する任意の形状の導体がある場合には，

$$e = \int_C (\boldsymbol{v} \times \boldsymbol{B}) \cdot d\boldsymbol{s} \tag{1.54}$$

となる．e による電流がある場合には，閉回路となるので，(1.54) 式は周回積分になる．

図 1.13 の問題を別の視点から考察してみる．導体と電圧計からなる閉じた経路を貫く磁束 ϕ の時間変化率 $d\phi/dt$ は Bdv であり，電圧計が図の点線を横切るまでは磁束が増加する．レンツの法則により図に示した電圧計の極性で考えると，電圧計の値は $e = Bdv$ となり，速度誘起電力の値と一致する．しかし，導体と電圧計と共に移動している観測者の視点から見ると，観測者は速さ v で移動していることは知らず，単に磁束が時間的に変化したので，その結果として電圧が誘起したと考える．観測者に対して導体と電圧計は静止しており，観測者は，この電圧は速度誘起電力ではなく，磁束の時間変化による変圧器起電力（transformer electromotive force）であると考える．図 1.9 の思考実験では，変圧器起電力として考察した．

図 1.13 の磁束密度 B は時間によらずに一定としたが，交流電流によって生じる磁界のように B 自体が時間的に変化する場合もある．そこで，コイルに生じる起電力 e は，一般に，

$$e = \oint_C (\boldsymbol{v} \times \boldsymbol{B}) \cdot d\boldsymbol{s} - \int_S \frac{\partial \boldsymbol{B}}{\partial t} \cdot d\boldsymbol{S} \tag{1.55}$$

と書ける．ここで注意する点がある．まず，速度 $\boldsymbol{v}$ はコイルと $\boldsymbol{B}$ を生じさせている磁界源（永久磁石やコイル電流など）との相対速度ではなく，任意でよいがある固定座標系に対する速度であり，この座標系で観測される B を用いる．次に，図 1.13 のような課題を検討するとき，(1.55) 式の右辺にある 2 つの項の重複に気をつける必要がある．たとえば，図 1.13 の場合，速度誘起電力に加えて変圧器起電力をも考慮してしまうと，実験値と整合しない 2 倍の値を得てしまう．

1.5 媒質定数と境界条件

電気および磁気に関わる物質は，導体，誘電体および磁性体であり，これらの物質はそれぞれ特有な電子の振る舞いを有し，それらによって各物質のそれぞれの特性が生じている．電磁気学では，これらの特性をそれぞれ導電率 σ，誘

電率 (permittivity) ε, および透磁率 μ を用いて表現している. また, 電界, 磁界, 電流密度, 電束密度および磁束密度の各ベクトルは, 媒質が変わる境界面で屈折する. これも物質内の電子の振る舞いによって生じると考えられるが, 電磁気学では, 通常, これらの屈折を σ, ε または μ を適用したマクロな視点で扱う. 本節では, まず σ, ε および μ について触れ, 次に異なる媒質の境界面における境界条件 (boundary condition) について述べる.

(1.46) 式は, 先に述べたように, オームの法則である. 図 1.14(a) に示すように, 電流経路の断面積 S と長さ d を考えれば, d 間にかかる電圧と電流の比である抵抗 R は,

$$R = \frac{d}{\sigma S} \tag{1.56}$$

となり, 電圧を d で割った大きさの電界ベクトル $\boldsymbol{E}$ と, 電流を S で割った大きさの電流密度ベクトル $\boldsymbol{J}$ との関係は (1.46) 式となる. また, (1.56) 式の逆数はコンダクタンス (conductance) で, これを G とすると,

$$G = \frac{\sigma S}{d} \tag{1.57}$$

である.

図 1.14(b) に示すような電極面積 S, 電極間距離 d, 電極間の誘電率 ε のコンデンサを考える. このコンデンサの電荷 q と電圧 v との関係は, 静電容量 (capacitance) を

$$C = \frac{\varepsilon S}{d} \tag{1.58}$$

として,

$$q = Cv \tag{1.59}$$

である. 図 1.14(b) の q を S で割った大きさの電束密度ベクトル $\boldsymbol{D}$ と v を電極間距離 d で割った大きさの電界ベクトル $\boldsymbol{E}$ との関係は, (1.58) 式および (1.59) 式から

$$\boldsymbol{D} = \varepsilon \boldsymbol{E} \tag{1.60}$$

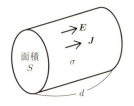

(a) $J = \sigma E$

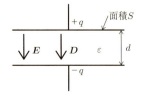

(b) $D = \varepsilon E$

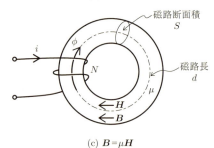

(c) $B = \mu H$

図 1.14　媒質定数

となる．つまり，(1.59) 式と (1.60) 式は本質的に同じであり，後者はコンデンサの寸法によらない表現になっている．

図 1.14(c) に示すようなインダクタの巻線 N に電流 i が流れ，起磁力（magnetomotive force）$\mathcal{F} = Ni$ によって磁束 ϕ が生じているとする．i と ϕ の比例関係の表し方には 2 種類あり，起磁力の次元では

$$\mathcal{F} = \mathcal{R}\phi = Ni = Hd \tag{1.61}$$

と書ける．ここで，H は図 1.14(c) のコア内の磁界ベクトル H の大きさ，d は磁

路長で，$Ni = Hd$ はアンペールの法則である．また，$\mathcal{R}$ は磁気抵抗（magnetic resistance, magnetic reluctance）で，

$$\mathcal{R} = \frac{d}{\mu S} \tag{1.62}$$

である．ここで，S は磁路断面積である．一方，i と ϕ の比例関係は，磁束鎖交数（linked flux）λ の次元では

$$\lambda = N\phi = Li \tag{1.63}$$

と書ける．ここで，L はインダクタンスで，(1.61) 式と (1.63) 式から ϕ を消去して，

$$L = \frac{N^2}{\mathcal{R}} \tag{1.64}$$

となる．コア内の磁束密度ベクトル $\boldsymbol{B}$ の大きさは ϕ/S であるので，(1.61) 式と (1.62) 式から，

$$\boldsymbol{B} = \mu \boldsymbol{H} \tag{1.65}$$

を得る．すなわち，(1.61) 式，(1.63) 式および (1.65) 式の本質的な意味は同じであり，(1.65) 式はコアの寸法や巻線の巻数によらない表現となっている．

ここで，境界条件について述べる前に，境界条件の説明のために事前に理解しておく必要がある電流密度ベクトル，電束密度ベクトルおよび磁束密度ベクトルの各性質について述べる．

まず，電流密度ベクトルについて述べる．空間に電荷の蓄積がない場を考えると，(1.8) 式が成立しており，任意のベクトル関数 $\boldsymbol{f}$ に対して $\nabla \cdot \nabla \times \boldsymbol{f} = 0$ なので，(1.8) 式の両辺の発散を取ると，

$$\nabla \cdot \boldsymbol{J} = 0 \tag{1.66}$$

である．一方，次節でその簡単な証明を示す数学のガウスの定理（divergence theorem）を用いると，任意の閉曲面とそれが囲む体積に対して

$$\int_v \nabla \cdot \boldsymbol{J} \, \mathrm{d}v = \int_S \boldsymbol{J} \cdot \mathrm{d}\boldsymbol{S} \tag{1.67}$$

となる．ここで，(1.66) 式はすべての点において成立するので，任意の閉曲面に対して

$$\int_S \boldsymbol{J} \cdot \mathrm{d}S = 0 \tag{1.68}$$

である．(1.68) 式は，電荷の蓄積がなければ電流は連続（閉ループ）で，始点も終点もないことを意味しており，(1.66) 式も同様である．

次に，電束密度ベクトルについて述べる．空間に電荷の蓄積がある場合，すなわち (1.27) 式が成立している場合を考え，この式の両辺の発散を取ると，左辺の発散は数学的に零なので，

$$\nabla \cdot \left(\boldsymbol{J} + \frac{\partial \boldsymbol{D}}{\partial t} \right) = 0 \tag{1.69}$$

となる．ここで，ガウスの定理を適用すると，

$$\int_v \left\{ \nabla \cdot \left(\boldsymbol{J} + \frac{\partial \boldsymbol{D}}{\partial t} \right) \right\} \mathrm{d}v = \int_S \left(\boldsymbol{J} + \frac{\partial \boldsymbol{D}}{\partial t} \right) \cdot \mathrm{d}\boldsymbol{S} \tag{1.70}$$

となる．(1.69) 式は常に成立するので，(1.70) 式の左辺は零となり，

$$\int_S \left(\boldsymbol{J} + \frac{\partial \boldsymbol{D}}{\partial t} \right) \cdot \mathrm{d}\boldsymbol{S} = 0 \tag{1.71}$$

を得る．ここで，(1.71) 式の面積分は閉曲面に対して行われる．この閉曲面を出ていく $\boldsymbol{J}$ を正とすると，この閉曲面で囲まれる空間に蓄えられた電荷 q の時間微分は，

$$\frac{\mathrm{d}q}{\mathrm{d}t} = -\int_S \boldsymbol{J} \cdot \mathrm{d}\boldsymbol{S} = \int_S \frac{\partial \boldsymbol{D}}{\partial t} \cdot \mathrm{d}\boldsymbol{S} \tag{1.72}$$

となる．一方，この閉曲面で囲まれる空間内部の各点の電荷密度を ρ とすると，

$$q = \int_v \rho \mathrm{d}v \tag{1.73}$$

であるので，(1.72) 式は

$$\frac{\partial}{\partial t} \int_v \rho \mathrm{d}v = \frac{\partial}{\partial t} \int_S \boldsymbol{D} \cdot \mathrm{d}\boldsymbol{S} \tag{1.74}$$

と書ける．閉曲面内部に電荷がないときに右辺の面積分が零，すなわち，この閉曲面を出る電束を正とし，閉曲面に入る電束を負として，それらの総計が零

1.5 媒質定数と境界条件　27

であったとすると，

$$\int_v \rho \mathrm{d}v = \int_S \boldsymbol{D} \cdot \mathrm{d}\boldsymbol{S} \tag{1.75}$$

となる．ここで，(1.75) 式の右辺にガウスの定理を適用すると，

$$\int_v \rho \mathrm{d}v = \int_v \nabla \cdot \boldsymbol{D} \mathrm{d}v \tag{1.76}$$

と書ける．ここまでの導出過程では，積分領域を任意の閉曲面またはそれによって囲まれる体積としたので，(1.76) 式の両辺の体積分の結果は，積分領域に依存せずに常に等号が成り立つ．したがって，

$$\nabla \cdot \boldsymbol{D} = \rho \tag{1.77}$$

を得る．(1.77) 式は，電束は正の真電荷を始点，負の真電荷を終点にしていて，導体中の電流のような閉じたループにはならないことを示している．また，静電界の電界や電位分布を定める (1.77) 式は，(1.27) 式から導かれることがわかる．

最後に，磁束密度ベクトルについて述べる．(1.49) 式の両辺の発散を取ると，左辺の発散は数学的に零なので，

$$\frac{\partial}{\partial t} \nabla \cdot \boldsymbol{B} = 0 \tag{1.78}$$

となる．ここで，ガウスの定理を適用すると，任意の閉曲面とそれが囲む体積に対して

$$\frac{\partial}{\partial t} \int_v (\nabla \cdot \boldsymbol{B}) \mathrm{d}v = \frac{\partial}{\partial t} \int_S \boldsymbol{B} \cdot \mathrm{d}\boldsymbol{S} \tag{1.79}$$

となる．(1.78) 式は常に成立するので，(1.79) 式の左辺は零となり，

$$\frac{\partial}{\partial t} \int_S \boldsymbol{B} \cdot \mathrm{d}\boldsymbol{S} = 0 \tag{1.80}$$

である．(1.80) 式が恒等的に成立するということは，この式の面積分が時間によらないことを意味している．ここで，十分遠い過去において，この面積分を行う閉曲面を貫く正負の磁束の総計が零であったとすると，

$$\int_S \boldsymbol{B} \cdot \mathrm{d}\boldsymbol{S} = 0 \tag{1.81}$$

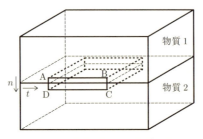

図 1.15 特性が異なる物質の境界

となり，ガウスの定理と閉曲面の取り方の任意性から

$$\nabla \cdot \boldsymbol{B} = 0 \tag{1.82}$$

を得る．(1.81) 式および (1.82) 式は，磁束の連続性（始点も終点もないこと）を示しており，別の表現をすると，単磁極（magnetic monopole）はないことを意味している．この点が電束と大きく異なる点である．

以上で境界条件を説明するための準備ができたので，図 1.15 を用いて導体中，誘電体中および磁性体中における境界条件についてそれぞれ以下に述べる．

まず，図 1.15 に示した物質 1 および 2 が導体で，それぞれの導電率を σ_1 および σ_2 とする．電流は，両導体の境界面を任意の方向に貫いて流れているものとする．両導体の境界面を含む薄い直方体を考え，その手前の面を ABCD とする．ここで，両導体の境界面に平行および垂直な座標をそれぞれ t および n とする．この直方体が十分薄く，境界面付近において (1.49) 式の右辺が零の場合には，AB 間および CD 間の電圧は等しくなるので，これら両区間の t 方向の電界の大きさをそれぞれ E_{1t} および E_{2t} とすると，

$$E_{1t} = E_{2t} \tag{1.83}$$

である．一方，この直方体の AB がある上面，および CD がある底面をそれぞれベクトルと考えて $\boldsymbol{S}_1$ および $\boldsymbol{S}_2$ とする．直方体の表面に対して (1.68) 式を適用すると，直方体は十分薄いとしているので，$\boldsymbol{S}_1$ および $\boldsymbol{S}_2$ 以外の面に関する積分は無視でき，

$$\boldsymbol{J}_1 \cdot \boldsymbol{S}_1 - \boldsymbol{J}_2 \cdot \boldsymbol{S}_2 = 0 \tag{1.84}$$

を得る．ただし，J_1 および J_2 は，それぞれ導体 1 および 2 の電流密度ベクトルである．したがって，$J_1 \cdot S_1 = J_2 \cdot S_2$ なので，

$$J_{1n} = J_{2n} \tag{1.85}$$

を得る．(1.83) 式および (1.85) 式にそれぞれ (1.46) 式を適用して

$$\frac{J_{1t}}{\sigma_1} = \frac{J_{2t}}{\sigma_2} \tag{1.86}$$

および

$$\sigma_1 E_{1n} = \sigma_2 E_{2n} \tag{1.87}$$

をそれぞれ得る．これらより，σ_1 と σ_2 の境界面において電界ベクトルおよび電流密度ベクトルが屈折することがわかる．

次に，図 1.15 に示した物質 1 および 2 が誘電体で，それぞれの誘電率を ε_1 および ε_2 とする．電束は，両誘電体の境界面を任意の方向に貫いているものとする．導体のときと同様に，両誘電体の境界面を含む薄い直方体を考え，境界面に平行および垂直な座標をそれぞれ t および n とする．この場合も AB 間および CD 間の電圧は等しくなり，(1.83) 式は成立する．また，導体のときと同様に，S_1 および S_2 を考え，直方体の表面に対して (1.75) 式を適用すると，直方体内に真電荷がなければ，

$$D_1 \cdot S_1 - D_2 \cdot S_2 = 0 \tag{1.88}$$

を得る．ただし，D_1 および D_2 は，それぞれ誘電体 1 および 2 の電束密度ベクトルである．したがって，$D_1 \cdot S_1 = D_2 \cdot S_2$ なので，

$$D_{1n} = D_{2n} \tag{1.89}$$

を得る．(1.83) 式および (1.89) 式にそれぞれ (1.60) 式を適用して

$$\frac{D_{1t}}{\varepsilon_1} = \frac{D_{2t}}{\varepsilon_2} \tag{1.90}$$

および

$$\varepsilon_1 E_{1n} = \varepsilon_2 E_{2n} \tag{1.91}$$

をそれぞれ得る．これらより，ε_1 と ε_2 の境界面において電界ベクトルおよび電束密度ベクトルが屈折することがわかる．

最後に，図 1.15 に示した物質 1 および 2 が磁性体で，それぞれの透磁率を μ_1 および μ_2 とする．磁束は，両磁性体の境界面を任意の方向に貫いているものとする．ここでも同様に，両磁性体の境界面を含む薄い直方体を考え，境界面に平行および垂直な座標をそれぞれ t および n とする．直方体内に伝導電流および変位電流がないとし，(1.2) 式を ABCDA の閉ループに適用すると，磁性体 1 および 2 の AB 方向の磁界の強さ H_{1t} および H_{2t} に対して

$$H_{1t} = H_{2t} \tag{1.92}$$

を得る．また，この場合も $\boldsymbol{S}_1$ および $\boldsymbol{S}_2$ を考え，直方体の表面に対して (1.81) 式を適用すると，

$$\boldsymbol{B}_1 \cdot \boldsymbol{S}_1 - \boldsymbol{B}_2 \cdot \boldsymbol{S}_2 = 0 \tag{1.93}$$

を得る．ただし，$\boldsymbol{B}_1$ および $\boldsymbol{B}_2$ は，それぞれ磁性体 1 および 2 の磁束密度ベクトルである．したがって，$\boldsymbol{B}_1 \cdot \boldsymbol{S}_1 = \boldsymbol{B}_2 \cdot \boldsymbol{S}_2$ なので，

$$B_{1n} = B_{2n} \tag{1.94}$$

を得る．(1.92) 式および (1.94) 式にそれぞれ (1.65) 式を適用して

$$\frac{B_{1t}}{\mu_1} = \frac{B_{2t}}{\mu_2} \tag{1.95}$$

および

$$\mu_1 H_{1n} = \mu_2 H_{2n} \tag{1.96}$$

をそれぞれ得る．これらより，μ_1 と μ_2 の境界面において磁界ベクトルおよび磁束密度ベクトルが屈折することがわかる．

1.6 ガウスの定理

(1.67) 式，(1.70) 式，(1.79) 式，また (1.75) 式の右辺を (1.76) 式の右辺へ書き

1.7 マックスウェルの方程式と電磁界の方程式　31

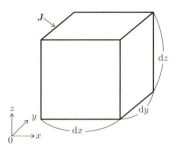

図 1.16　ガウスの定理

換え，さらには (1.81) 式から (1.82) 式の導出などで利用したガウスの定理は，任意のベクトル関数に対して成立する数学の定理である．ここでは，(1.67) 式の電流密度ベクトル $\boldsymbol{J}$ を任意のベクトル関数と見て，ガウスの定理の簡単な証明を示す．

図 1.16 に示すように，空間中にベクトル関数 $\boldsymbol{J} = (J_x, J_y, J_z)$ の分布と，各辺がそれぞれ dx，dy および dz で，これらが $x-y-z$ の各座標軸に平行な 6 面体を考える．(1.67) 式の右辺の面積分について考えると，$\boldsymbol{J}$ の x，y および z 成分はそれぞれ $dy\,dz$ 面，$dz\,dx$ 面および $dx\,dy$ 面を垂直に貫くので，この面積分を行う閉曲面から出ていく $\boldsymbol{J}$ を正とすると，6 面に対する面積分は

$$\int_S \boldsymbol{J} \cdot d\boldsymbol{S} = -\int_S J_x dy\,dz + \int_S \left(J_x + \frac{\partial J_x}{\partial x}dx\right) dy\,dz$$
$$-\int_S J_y dz\,dx + \int_S \left(J_y + \frac{\partial J_y}{\partial y}dy\right) dz\,dx$$
$$-\int_S J_z dx\,dy + \int_S \left(J_z + \frac{\partial J_z}{\partial z}dz\right) dx\,dy$$
$$= \int_v \left(\frac{\partial J_x}{\partial x} + \frac{\partial J_y}{\partial y} + \frac{\partial J_z}{\partial z}\right) dx\,dy\,dz$$

(1.97)

となり，ベクトルの発散の定義（1.9 節参照）から，(1.67) 式の左辺を得る．

1.7　マックスウェルの方程式と電磁界の方程式

マックスウェルの方程式とは，(1.27) 式と (1.49) 式のことである．つまり，物

理現象としてはアンペールの法則とファラデーの電磁誘導の法則である．マックスウェルの方程式として (1.77) 式および (1.82) 式を含めることが多いが，これらはそれぞれ (1.27) 式および (1.49) 式の発散を取ることで得られることを 1.5 節で述べた．アンペールの法則とファラデーの電磁誘導の法則による現象が同時に生じている場合には，(1.27) 式と (1.49) 式を連立した方程式を立てて解かなければならない．その例として，本節では，鉄などの導体であり，かつ磁性体である物質における表皮効果（skin effect）と真空中を伝搬する電磁波の波動方程式（wave equations）について述べる．

　鉄などの金属磁性体は，通常，導電率 σ と透磁率 μ のみで扱い，誘電的特性は考えない．そこで，(1.27) 式で変位電流を考えない (1.8) 式の両辺の回転を取り，(1.46) 式および (1.49) 式を適用すると，

$$\nabla \times \nabla \times \boldsymbol{H} = \nabla \times \boldsymbol{J} = \sigma \nabla \times \boldsymbol{E} = -\sigma \frac{\partial \boldsymbol{B}}{\partial t} \tag{1.98}$$

となり，さらに，最左辺に (1.65) 式を適用すると，

$$\nabla \times \nabla \times \boldsymbol{B} = -\sigma\mu \frac{\partial \boldsymbol{B}}{\partial t} \tag{1.99}$$

を得る．ここで，任意のベクトル関数に対して $\nabla \times \nabla \times \boldsymbol{A} = \nabla(\nabla \cdot \boldsymbol{A}) - \nabla^2 \boldsymbol{A}$ であり，また，(1.82) 式を適用すると，

$$\nabla^2 \boldsymbol{B} = \sigma\mu \frac{\partial \boldsymbol{B}}{\partial t} \tag{1.100}$$

となる．左辺は空間に関する微分であり，右辺は時間微分であるので，一般には，境界条件および初期条件を課して (1.100) 式を解かなければならない．また，(1.100) 式の解である磁束密度ベクトルの空間的・時間的分布が求まれば，磁界ベクトル，電流密度ベクトルおよび電界ベクトルを順々に計算することができる．

　ここでは，(1.100) 式の左辺を 1 次元とし，また，磁束密度の時間変化は正弦波状とし，過渡現象を考えずに定常状態としてフェーザを用いることにする．すなわち，磁束密度ベクトルは z 方向成分のみとし，y および z 方向には一様で x 方向のみの関数（図 1.17）と考え，z 方向成分をフェーザ $\dot{B}$ とする．この設定では，(1.100) 式は

1.7 マックスウェルの方程式と電磁界の方程式

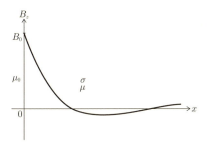

図 **1.17** 1次元の表皮効果

$$\frac{\mathrm{d}^2 \dot{B}}{\mathrm{d}x^2} = j\omega\sigma\mu\dot{B} \tag{1.101}$$

となる．ここで，$j = \sqrt{-1}$ で，ω は $\dot{B}$ の角周波数である．この方程式の一般解は，

$$\dot{B} = K_1 \exp\left(\sqrt{j\omega\sigma\mu}\,x\right) + K_2 \exp\left(-\sqrt{j\omega\sigma\mu}\,x\right) \tag{1.102}$$

となる．ただし，$x \to \infty$ で $\dot{B}$ は有限の値なので $K_1 = 0$ である．また，$x = 0$ での境界条件として，$\dot{B}(0) = B_0$（実効値）とすると，

$$\dot{B} = B_0 \exp\left(-\sqrt{j\omega\sigma\mu}\,x\right) \tag{1.103}$$

を得る．ここで，

$$\sqrt{j} = \frac{1}{\sqrt{2}} + j\frac{1}{\sqrt{2}} \tag{1.104}$$

を用い[†4]，また，磁束密度の瞬時値を得るために (1.103) 式に $\exp(j\omega t)$ を乗じると，

$$\dot{B}\exp(j\omega t) = B_0 \exp\left(-\sqrt{\frac{\omega\sigma\mu}{2}}\,x\right) \cdot \exp\left\{j\left(\omega t - \sqrt{\frac{\omega\sigma\mu}{2}}\,x\right)\right\} \tag{1.105}$$

となる．ここで，$x = 0$ における磁束密度の大きさの時間変化が $\mu H_0 \cos\omega t$ であるとすると，各点の磁束密度の瞬時値 B は (1.105) 式の実部を取ることで得られ，

[†4] オイラーの公式を用いると，$\sqrt{j} = j^{1/2} = \exp(j\pi/4) = \cos(\pi/4) + j\sin(\pi/4)$ である．

$$B = \mu H_0 \exp\left(-\sqrt{\frac{\omega\sigma\mu}{2}}x\right) \cdot \cos\left(\omega t - \sqrt{\frac{\omega\sigma\mu}{2}}x\right) \tag{1.106}$$

となる．磁束密度が求まると，電流密度が計算できる．(1.8) 式より，この場合の電流密度ベクトルは y 方向成分のみとなり，その大きさを J とし，z 方向の磁界の大きさを $H = (B/\mu)$ とすると，

$$J = -\frac{\partial H}{\partial x} \tag{1.107}$$

となる．この計算を行うと，

$$J = \sqrt{\omega\sigma\mu}H_0 \exp\left(-\sqrt{\frac{\omega\sigma\mu}{2}}x\right) \cdot \cos\left(\omega t - \sqrt{\frac{\omega\sigma\mu}{2}}x + \frac{\pi}{4}\right) \tag{1.108}$$

を得る．B と J の位相差は $\pi/4$ であることがわかる．以上では，(1.8) 式の両辺の回転を取ることから始めたが，(1.49) 式の回転を取って (1.8) 式と連立させると電流密度ベクトルに対する支配方程式が導出され，それを解くことで J と B に対して同様の結果が得られる．位相の基準は異なっても，B と J の位相差は $\pi/4$ となる．ω, σ または μ が大きいほど，磁束や電流が金属の表面に集中する．表面での B や J の値に対して $1/e$ になる x 値

$$\delta = 1/\sqrt{\frac{\omega\sigma\mu}{2}} = \sqrt{\frac{2}{\omega\sigma\mu}} \tag{1.109}$$

を表皮の深さ（skin depth）と呼び，表皮効果の程度の目安にすることもある．ただし，(1.109) 式は 1 次元問題に対する目安であり，問題としている金属幅などが (1.109) 式に対して十分大きくない場合には注意を要する．

よくある実務的な問題の例として，円形断面の導線に生じる表皮効果について述べる．図 1.18 に示すように，半径 a, 長さ d, 導電率 σ の円形断面導体（円柱形導体）を考え，長さ方向に交流電流 $\sqrt{2}I\exp(j\omega t)$ が流れているとする．透磁率は，銅またはアルミニウムなどを想定して μ_0 とする．円柱座標系を採用し，断面円の中心を O として半径方向に座標 r を取り，電流密度 J を r の関数と考える．本問題は軸対象であるので，J は円柱の円周方向および長さ方向には一様である．$\dot{J}$ を J のフェーザとし，円柱座標系において (1.49) 式の回転を取って (1.8) 式と連立させると，$\dot{J}$ に関する支配方程式

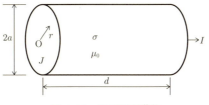

図 1.18 円形断面導体

$$\frac{\mathrm{d}^2 \dot{J}}{\mathrm{d}r^2} + \frac{1}{r}\frac{\mathrm{d}\dot{J}}{\mathrm{d}r} - j\omega\sigma\mu_0 \dot{J} = 0 \tag{1.110}$$

を得る．微分方程式

$$\frac{\mathrm{d}^2 y}{\mathrm{d}x^2} + \frac{1}{x}\frac{\mathrm{d}y}{\mathrm{d}x} - k^2 y = 0 \tag{1.111}$$

の一般解は，0次第1種および第2種変形ベッセル関数 $I_0(kx)$ および $K_0(kx)$ を用いて

$$y = \alpha I_0(kx) + \beta K_0(kx) \tag{1.112}$$

と書ける[1]．ここで，α および β は問題の設定条件で決まる任意定数であるが，$K_0(kx)$ は $x = 0$ で ∞ となり，円形断面の中心（$r = 0$）で電流密度が有限値となることから，(1.110) 式の $\dot{J}$ に対しては $\beta = 0$ である．よって，$\dot{J}$ の一般解は

$$\dot{J} = \alpha I_0(kr) \tag{1.113}$$

となる．ただし，

$$k = \sqrt{j\omega\sigma\mu_0} \tag{1.114}$$

である．電流密度分布 (1.113) 式を円形断面にわたって積分した値が電流実効値 I であるので，

$$I = 2\pi \int_0^a r\dot{J}\,\mathrm{d}r = 2\pi\alpha \int_0^a rI_0(kr)\,\mathrm{d}r = 2\pi\alpha \frac{a}{k}I_1(ka) \tag{1.115}$$

となる．ただし，$I_1(kr)$ は1次第1種変形ベッセル関数である．(1.115) 式より，

$$\alpha = \frac{kI}{2\pi a I_1(ka)} \tag{1.116}$$

を得る．これを (1.113) 式に代入して

$$\dot{j} = \frac{kI}{2\pi a I_1(ka)} I_0(kr) \tag{1.117}$$

を得る．ただし，$I_0(kr)$ および $I_1(ka)$ は，それぞれ

$$I_0(kr) = \sum_{m=0}^{\infty} \frac{(kr)^{2m}}{2^{2m}(m!)^2} = 1 + \frac{(kr)^2}{2^2(1!)^2} + \frac{(kr)^4}{2^4(2!)^2} + \frac{(kr)^6}{2^6(3!)^2} + \cdots \tag{1.118}$$

$$I_1(ka) = \sum_{m=0}^{\infty} \frac{(ka)^{2m+1}}{2^{2m+1}(m!)(m+1)!} = \frac{ka}{2} + \frac{(ka)^3}{2^3 1!\, 2!} + \frac{(ka)^5}{2^5 2!\, 3!} + \frac{(ka)^7}{2^7 3!\, 4!} + \cdots \tag{1.119}$$

である．導体の導電率が 60×10^6 S/m で周波数を $50\,\mathrm{kHz}$ としたときの (1.117) 式に示したフェーザ $\dot{j}$ の大きさ $|\dot{j}|$ と位相角 φ の r に対する変化を図 1.19 に示す．ただし，φ は電流 I を基準フェーザとした位相角である．励磁周波数，すなわち ω が十分小さい場合には，$|\dot{j}|$ は r に対して一定で，φ は r によらず零，すなわち $\dot{j}$ は r によらず I と同相である．電流密度の各点に対する瞬時値は，(1.117) 式に $\sqrt{2}\exp(j\omega t)$ を乗じ，その実部または虚部を取ることで得られる．

(1.117) 式から，図 1.18 に示した円形断面導体の交流抵抗 R_{ac} を算出する．$r = a$ における電界に d を乗ずれば d 間の電圧 $\dot{V}$ が得られ，

$$\dot{V} = \frac{\dot{j}}{\sigma}d = (R_{\mathrm{ac}} + j\omega L_{\mathrm{i}})I \tag{1.120}$$

と書ける．ここで，L_{i} は d に対する内部インダクタンスである．(1.120) 式が成立するのは，$\dot{V}$ を円形断面導体の外部インダクタンス，すなわち電線の外側の磁束を考慮しない場合の電圧としているためである．つまり，$r = a$ における表面電流は円形断面導体の内部磁束との鎖交はなく，単純にオームの法則だけを考え，$\dot{V}$ は $r = a$ における $\dot{j}$ と同相になっている．(1.120) 式の $\dot{j}$ に (1.117) 式の $r = a$ における値を代入すると，

$$\dot{V} = \frac{dkI}{2\pi a \sigma}\frac{I_0(ka)}{I_1(ka)} = (R_{\mathrm{ac}} + j\omega L_{\mathrm{i}})I \tag{1.121}$$

となり，両辺から電流 I を消去し，円形断面導体の直流抵抗 $R_{\mathrm{dc}} = d/(\sigma \pi a^2)$ を

1.7 マックスウェルの方程式と電磁界の方程式

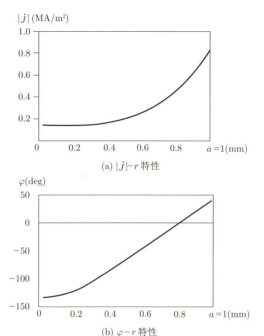

(a) $|j|$–r 特性

(b) φ–r 特性

図 **1.19** 電流密度フェーザの大きさと位相の一例(横軸は r)

用いると,

$$R_{\mathrm{ac}} = R_{\mathrm{dc}} \times \mathrm{Re}\left\{\frac{ak}{2}\frac{I_0(ka)}{I_1(ka)}\right\} \tag{1.122}$$

を得る.ただし,Re{ } は実部を取ることを意味する.(1.122) 式を用いて計算した交流抵抗の周波数に対する増大の例を図 1.20 に示す.

以上は導体中の電磁界の例について述べたが,以下では $\sigma=0$ と見なせる真空中を伝搬する電磁波の波動方程式について簡単に触れる.$\sigma=0$ であるので伝導電流はなく,(1.27) 式の $\boldsymbol{J}=0$ となり,

$$\nabla \times \boldsymbol{H} = \frac{\partial \boldsymbol{D}}{\partial t} \tag{1.123}$$

と (1.49) 式を連立させる.(1.123) 式の回転を取ると,

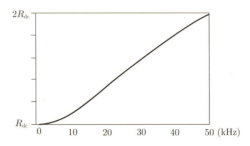

図 1.20 交流抵抗値の周波数特性例（半径 1mm の銅線の場合）

$$\nabla \times \nabla \times \boldsymbol{H} = \nabla(\nabla \cdot \boldsymbol{H}) - \nabla^2 \boldsymbol{H} = -\nabla^2 \boldsymbol{H}$$
$$= \nabla \times \frac{\partial \boldsymbol{D}}{\partial t} = \varepsilon_0 \frac{\partial}{\partial t} \nabla \times \boldsymbol{E} = -\varepsilon_0 \frac{\partial^2 \boldsymbol{B}}{\partial t^2} = -\varepsilon_0 \mu_0 \frac{\partial^2 \boldsymbol{H}}{\partial t^2} \quad (1.124)$$

となり，$\boldsymbol{H}$ に関する波動方程式

$$\nabla^2 \boldsymbol{H} - \varepsilon_0 \mu_0 \frac{\partial^2 \boldsymbol{H}}{\partial t^2} = 0 \quad (1.125)$$

を得る．同様にして，(1.49) 式の回転を取ると，$\boldsymbol{E}$ に関する波動方程式

$$\nabla^2 \boldsymbol{E} - \varepsilon_0 \mu_0 \frac{\partial^2 \boldsymbol{E}}{\partial t^2} = 0 \quad (1.126)$$

を得る．(1.125) 式および (1.126) 式は，光の速度

$$c = \frac{1}{\sqrt{\varepsilon_0 \mu_0}} \quad (1.127)$$

で伝搬する電磁波を表している．光の速度は実験で測定できて 299,792,458 m/s とされており，一方，$\mu_0 = 4\pi \times 10^{-7}$(H/m) としているので，その結果として，$\varepsilon_0 =8.85418782\times 10^{-12}$(F/m) となっている．(1.106) 式および (1.108) 式も電磁波と同様に波動（伝搬する波）であるが，これらの位相速度 v は，(1.106) 式のコサイン部の括弧内をたとえば零とした B の波高値での x と t の関係から

$$v = \frac{\mathrm{d}x}{\mathrm{d}t} = \sqrt{\frac{2\omega}{\mu\sigma}} \quad (1.128)$$

となり，一般に光速に対してはるかに遅い．

1.8 変圧器

変圧器（transformer）では，ファラデーの電磁誘導の法則とアンペールの法則に従う電磁現象が同時に現れている．本節では，変圧器の磁化電流（magnetizing current）および鉄損（iron loss）について述べ，それらを考慮した磁気回路（magnetic circuit）について触れる．図 1.21 に変圧器の一例を示す．図 1.21 では，1 次巻線 N_1 および 2 次巻線 N_2 にそれぞれ正弦波電圧源 e_1 および抵抗 R が接続され，それぞれ電流 i_1 および i_2 が流れている．また，i_1 および i_2 にそれぞれ比例する磁束 ϕ_1 および ϕ_2 が生じている．

簡単のため，この変圧器を密結合変圧器としよう．すなわち，ϕ_1 はすべて N_2 と鎖交し，また，ϕ_2 はすべて N_1 と鎖交しているとする．別な表現をすれば，N_1 および N_2 の自己インダクタンスをそれぞれ L_1 および L_2 とし，両者間の相互インダクタンス（mutual inductance）を M とした場合の結合係数（coupling factor）を $k = M/\sqrt{L_1 L_2} = 1$ とする．

まず $R = \infty$，すなわち $i_2 = 0$，$\phi_2 = 0$ としよう．e_1 により i_1 が生じ，さらに，i_1 により ϕ_1 が生じると考え，(1.63) 式より i_1 と ϕ_1 の比例関係は，

$$N_1 \phi_1 = L_1 i_1 \tag{1.129}$$

と書ける．(1.129) 式は磁束鎖交数を与えているので，その時間微分を取ると e_1 になり，

$$e_1 = N_1 \frac{d\phi_1}{dt} = L_1 \frac{di_1}{dt} \tag{1.130}$$

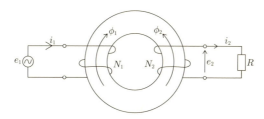

図 **1.21** 変圧器

である.

次に,$R \neq \infty$ かつ $R \neq 0$ の場合を考える.この場合には i_2 とそれによる ϕ_2 があるので,

$$e_1 = N_1 \frac{\mathrm{d}}{\mathrm{d}t}(\phi_1 - \phi_2) = L_1 \frac{\mathrm{d}i_1}{\mathrm{d}t} - M \frac{\mathrm{d}i_2}{\mathrm{d}t} \tag{1.131}$$

となる.ただし,ϕ_2 の N_1 との磁束鎖交数を M を使って表した

$$N_1 \phi_2 = M i_2 \tag{1.132}$$

を用いた.また,ϕ_1 の N_2 との磁束鎖交数を M を使って表した

$$N_2 \phi_1 = M i_1 \tag{1.133}$$

および (1.129) 式より,M と L_1 との関係

$$M = \frac{N_2}{N_1} L_1 \tag{1.134}$$

を得る.(1.131) 式に (1.134) 式および i_2 の 1 次側換算値

$$i_2' = \frac{N_2}{N_1} i_2 \tag{1.135}$$

を代入すると,

$$e_1 = L_1 \frac{\mathrm{d}}{\mathrm{d}t}(i_1 - i_2') \tag{1.136}$$

を得る.ここで,さらに

$$i_\mathrm{m} = i_1 - i_2' \tag{1.137}$$

と置くと,

$$e_1 = L_1 \frac{\mathrm{d}i_\mathrm{m}}{\mathrm{d}t} \tag{1.138}$$

となる.(1.138) 式,(1.137) 式および (1.135) 式を等価回路で描くと図 1.22(a) の如くなる.ここで,巻数比に従う電圧比を表すために,(1.135) 式も満足する理想変圧器を用いた.また,図 1.21 のコアにかかる起磁力 $\mathcal{F}$ は,

$$\phi = \phi_1 - \phi_2 \tag{1.139}$$

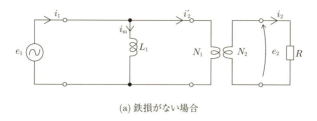
(a) 鉄損がない場合

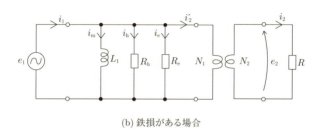
(b) 鉄損がある場合

図 1.22　密結合変圧器の等価回路

として,

$$\mathcal{F} = N_1 i_m = \mathcal{R}\phi \tag{1.140}$$

となる．ただし，$\mathcal{R}$ はこのコアの磁気抵抗である．(1.140) 式を等価回路で描くと図 1.23(a) の如くなる．ϕ は図 1.22(a) の L_1 に発生する磁束である．i_m は ϕ を生じさせるための起磁力を与える磁化電流である．

変圧器における電磁現象のポイントを整理すると，アンペールの法則は N_1 の磁束鎖交数

$$\lambda_1 = N_1\phi = L_1 i_m \tag{1.141}$$

として表現され，これの時間微分を取ると

$$\frac{d\lambda_1}{dt} = N_1 \frac{d\phi}{dt} = L_1 \frac{di_m}{dt} \tag{1.142}$$

となり，ファラデーの電磁誘導の法則から，これが電圧 e_1 となっている．(1.141) 式が (1.33) 式に対応することを確かめてみるとよい（演習問題 1.7）．

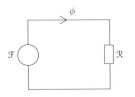

(a) ヒステリシス損失がない場合

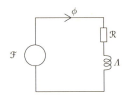

(b) ヒステリシス損失がある場合

図 1.23　磁気回路

　コアが導体であると，コア内に (1.45) 式および (1.46) 式に従う渦電流（eddy current）が発生し，コア内にジュール発熱が生じる．この渦電流損失（eddy current loss）は等価的に抵抗負荷の損失と考えられ，R と並列に等価抵抗 R_e を接続した形で表現できる．R_e を 1 次側換算値として図 1.22(b) に示す．コアにヒステリシス損失（hysteresis loss）がある場合には，さらに抵抗を並列接続する必要があり，図 1.22(b) では，この抵抗の 1 次側換算値を R_h とした．渦電流損失とヒステリシス損失を合わせて鉄損と呼び，どちらもそれぞれの等価抵抗で消費される電力またはエネルギーとして表現しているが，前者は電界（伝導電流，すなわち自由電子の移動）に起因し，後者は磁界（電子のスピンの運動）に起因している．

　ここで，ヒステリシス損失の測定について簡単に触れておこう．図 1.22(b) の等価回路において，R_h の損失だけを捉えるには，まず，$R = \infty$ とする必要がある．負荷抵抗 R を接続しないことは可能だが，コアが金属の場合，$R_e = \infty$ とすることはできない．できる限り $R_e = \infty$ に近づける方法としてコアの積層構造がある．また，コアの導電率がきわめて小さい磁性体として，フェライトな

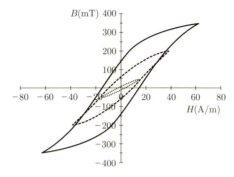

図 **1.24** ヒステリシスループ（フェライト）

どがある．$R_e \neq \infty$ の場合，渦電流損失とヒステリシス損失の分離をするには，低周波励磁を行う必要がある．磁性体のヒステリシス損失は，実験事実として，1 周期当たりの損失が励磁周波数によらないことが知られている．図 1.24 にヒステリシスループ（hysteresis loop）の実測例（フェライトの例）を示す．ヒステリシスループは，横軸および縦軸をそれぞれ磁性体中の磁界 H および磁束密度 B としてプロットしたものであり，図 1.24 では磁界または磁束密度の振幅が異なる 3 つのループが描かれている．図 1.22(b) において $R = \infty$ としたとき，磁束密度の振幅を一定に保ったまま e_1 の振幅と周波数 $f = 1/T$ （T：周期）を変化させてエネルギー損失 (J)

$$W = \int_0^T e_1 i_1 \mathrm{d}t \tag{1.143}$$

を測定した場合，磁性体によって異なるが，ある周波数以下では W がほぼ一定となる．W には R_e で発生する渦電流損失が含まれているが，周波数が低くなればなるほど R_e にかかる電圧 e_1 の振幅が小さくなり，渦電流損失が小さくなる．一方で，R_h を流れる電流 i_h により与えられるヒステリシス損失

$$W_h = \int_0^T e_1 i_h \mathrm{d}t = \int_0^T \frac{e_1^2}{R_h} \mathrm{d}t \tag{1.144}$$

は，零にはならない．これは，周波数が小さくなると，等価的に R_h も小さくなることを意味している．したがって，コアの磁束

$$\phi = \frac{1}{N_1} \int_0^T e_1 \mathrm{d}t \tag{1.145}$$

を一定にしたまま励磁周波数を下げていき，e_1 と i_1 を測定した結果として得られる W がほぼ一定となれば，その W がヒステリシス損失 (J) である．実際の測定では，1 次巻線抵抗の影響を避けるため，(1.145) 式の N_1 および e_1 をそれぞれ N_2 および e_2 とし，(1.144) 式の e_1 を e_2 の測定値から換算している．

ヒステリシス損失を考慮した磁気回路を図 1.23(b) に示す．この場合の起磁力 $\mathcal{F}$ は，ヒステリシスループを生じるために使われ，

$$\mathcal{F} = N_1(i_\mathrm{m} + i_\mathrm{h}) \tag{1.146}$$

である．ここで，$N_1 i_\mathrm{m} = \mathcal{R}\phi$ であり，残りの起磁力 $N_1 i_\mathrm{h}$ は，i_h の位相が ϕ と同相の i_m に対して $\pi/2$ 進んでいる（図 1.22 参照）ので，

$$N_1 i_\mathrm{h} = \Lambda \frac{\mathrm{d}\phi}{\mathrm{d}t} \tag{1.147}$$

と書くことができる．すなわち，

$$\mathcal{F} = N_1(i_\mathrm{m} + i_\mathrm{h}) = \mathcal{R}\phi + \Lambda \frac{\mathrm{d}\phi}{\mathrm{d}t} \tag{1.148}$$

となり，これを等価回路で表すと図 1.23(b) になる．ここで，Λ の名称は複数あり，教科書レベルでは未だ統一されておらず，また，そのシンボルも Λ 以外に複数ある．いずれにせよ，(1.148) 式は，起磁力 $\mathcal{F}$ に対して磁束 ϕ が時間的に遅れていることを示しており，ヒステリシス損失がある場合（$i_\mathrm{h} \neq 0$）にはこの時間遅れが生じる[†5]．渦電流損失がある場合であっても，コアにかかる起磁力は (1.146) 式で与えられ，R_e に流れる電流 i_e は負荷電流 i_2' と同様に起磁力に入れない．その理由は，i_e は i_2' と同様に磁束の増加に寄与しないためである．

1.9 勾配，発散，回転

電磁気学の理解に必要なスカラー関数の勾配と，ベクトル関数の発散および

[†5] 主にフェライトでは，ヒステリシス損失に加わる形で高周波磁気損失が測定されており，(1.148) 式の右辺に 3 つめの起磁力項が加わる [2]．

回転などの微分演算をデカルト座標系 (x, y, z)，円柱座標系 (r, θ, z) および球座標系 (r, θ, φ) に対してそれぞれ以下に示す．ただし，以下に示す V および $\boldsymbol{A}$ は，それぞれ任意のスカラー関数およびベクトル関数であり，各座標方向の単位ベクトルを $\boldsymbol{u}$ に各座標の添字を付けた形で示す．また，$\boldsymbol{A}$ の各成分も各座標の添字を付けた形で示す．

【デカルト座標系 (x, y, z)】

$$\operatorname{grad} V = \nabla V = \frac{\partial V}{\partial x} \boldsymbol{u}_x + \frac{\partial V}{\partial y} \boldsymbol{u}_y + \frac{\partial V}{\partial z} \boldsymbol{u}_z \tag{1.149}$$

$$\operatorname{div} \boldsymbol{A} = \nabla \cdot \boldsymbol{A} = \frac{\partial A_x}{\partial x} + \frac{\partial A_y}{\partial y} + \frac{\partial A_z}{\partial z} \tag{1.150}$$

$$\operatorname{div}(\operatorname{grad} V) = \nabla^2 V = \frac{\partial^2 V}{\partial x^2} + \frac{\partial^2 V}{\partial y^2} + \frac{\partial^2 V}{\partial z^2} \tag{1.151}$$

$$\begin{aligned}\operatorname{rot} \boldsymbol{A} = \nabla \times \boldsymbol{A} &= \left(\frac{\partial A_z}{\partial y} - \frac{\partial A_y}{\partial z} \right) \boldsymbol{u}_x + \left(\frac{\partial A_x}{\partial z} - \frac{\partial A_z}{\partial x} \right) \boldsymbol{u}_y \\ &+ \left(\frac{\partial A_y}{\partial x} - \frac{\partial A_x}{\partial y} \right) \boldsymbol{u}_z \end{aligned} \tag{1.152}$$

【円柱座標系 (r, θ, z)】

$$\operatorname{grad} V = \nabla V = \frac{\partial V}{\partial r} \boldsymbol{u}_r + \frac{1}{r} \frac{\partial V}{\partial \theta} \boldsymbol{u}_\theta + \frac{\partial V}{\partial z} \boldsymbol{u}_z \tag{1.153}$$

$$\operatorname{div} \boldsymbol{A} = \nabla \cdot \boldsymbol{A} = \frac{1}{r} \frac{\partial}{\partial r} (r A_r) + \frac{1}{r} \frac{\partial A_\theta}{\partial \theta} + \frac{\partial A_z}{\partial z} \tag{1.154}$$

$$\operatorname{div}(\operatorname{grad} V) = \nabla^2 V = \frac{1}{r} \frac{\partial}{\partial r} \left(r \frac{\partial V}{\partial r} \right) + \frac{1}{r^2} \frac{\partial^2 V}{\partial \theta^2} + \frac{\partial^2 V}{\partial z^2} \tag{1.155}$$

$$\begin{aligned}\operatorname{rot} \boldsymbol{A} = \nabla \times \boldsymbol{A} &= \left(\frac{1}{r} \frac{\partial A_z}{\partial \theta} - \frac{\partial A_\theta}{\partial z} \right) \boldsymbol{u}_r + \left(\frac{\partial A_r}{\partial z} - \frac{\partial A_z}{\partial r} \right) \boldsymbol{u}_\theta \\ &+ \frac{1}{r} \left\{ \frac{\partial}{\partial r} (r A_\theta) - \frac{\partial A_r}{\partial \theta} \right\} \boldsymbol{u}_z \end{aligned} \tag{1.156}$$

【球座標系 (r, θ, φ)】

$$\operatorname{grad} V = \nabla V = \frac{\partial V}{\partial r} \boldsymbol{u}_r + \frac{1}{r} \frac{\partial V}{\partial \theta} \boldsymbol{u}_\theta + \frac{1}{r \sin \theta} \frac{\partial V}{\partial \varphi} \boldsymbol{u}_\varphi \tag{1.157}$$

$$\operatorname{div} \boldsymbol{A} = \nabla \cdot \boldsymbol{A} = \frac{1}{r^2}\frac{\partial}{\partial r}(r^2 A_r) + \frac{1}{r\sin\theta}\frac{\partial}{\partial\theta}(A_\theta \sin\theta) + \frac{1}{r\sin\theta}\frac{\partial A_\varphi}{\partial\varphi} \quad (1.158)$$

$$\operatorname{div}(\operatorname{grad} V) = \nabla^2 V = \frac{1}{r^2}\frac{\partial}{\partial r}\left(r^2\frac{\partial V}{\partial r}\right) + \frac{1}{r^2\sin\theta}\frac{\partial}{\partial\theta}\left(\sin\theta\frac{\partial V}{\partial\theta}\right) \\ + \frac{1}{r^2\sin^2\theta}\frac{\partial^2 V}{\partial\varphi^2} \quad (1.159)$$

$$\operatorname{rot} \boldsymbol{A} = \nabla \times \boldsymbol{A} = \frac{1}{r\sin\theta}\left\{\frac{\partial}{\partial\theta}(A_\varphi \sin\theta) - \frac{\partial A_\theta}{\partial\varphi}\right\}\boldsymbol{u}_r \\ + \frac{1}{r}\left\{\frac{1}{\sin\theta}\frac{\partial A_r}{\partial\varphi} - \frac{\partial}{\partial r}(r\,A_\varphi)\right\}\boldsymbol{u}_\theta \quad (1.160) \\ + \frac{1}{r}\left\{\frac{\partial}{\partial r}(r\,A_\theta) - \frac{\partial A_r}{\partial\theta}\right\}\boldsymbol{u}_\varphi$$

1.10 まとめ

本章のまとめを以下に述べる.

実験事実であるアンペールの法則およびファラデーの電磁誘導の法則がそれぞれ

$$\nabla \times \boldsymbol{H} = \boldsymbol{J} + \frac{\partial \boldsymbol{D}}{\partial t} \quad (1.27)$$

および

$$\nabla \times \boldsymbol{E} = -\frac{\partial \boldsymbol{B}}{\partial t} \quad (1.49)$$

と表されることを示した. また, (1.27) 式および (1.49) 式の発散をそれぞれ取ることで,

$$\nabla \cdot \boldsymbol{D} = \rho \quad (1.77)$$

および

$$\nabla \cdot \boldsymbol{B} = 0 \quad (1.82)$$

が得られることを示した. また,

$$\nabla \times \boldsymbol{H} = \boldsymbol{J} \quad (1.8)$$

1.10 まとめ

の発散を取ることで

$$\nabla \cdot \boldsymbol{J} = 0 \tag{1.66}$$

が得られることを示した．

媒質定数 σ, ε および μ を導入し，

$$\boldsymbol{J} = \sigma \boldsymbol{E} \tag{1.46}$$

$$\boldsymbol{D} = \varepsilon \boldsymbol{E} \tag{1.60}$$

$$\boldsymbol{B} = \mu \boldsymbol{H} \tag{1.65}$$

の関係を示した．また，これらに関する境界条件

$$E_{1t} = E_{2t} \tag{1.83}$$

$$\sigma_1 E_{1n} = \sigma_2 E_{2n} \tag{1.87}$$

$$J_{1t}/\sigma_1 = J_{2t}/\sigma_2 \tag{1.86}$$

$$J_{1n} = J_{2n} \tag{1.85}$$

$$\varepsilon_1 E_{1n} = \varepsilon_2 E_{2n} \tag{1.91}$$

$$D_{1t}/\varepsilon_1 = D_{2t}/\varepsilon_2 \tag{1.90}$$

$$D_{1n} = D_{2n} \tag{1.89}$$

$$H_{1t} = H_{2t} \tag{1.92}$$

$$\mu_1 H_{1n} = \mu_2 H_{2n} \tag{1.96}$$

$$B_{1t}/\mu_1 = B_{2t}/\mu_2 \tag{1.95}$$

$$B_{1n} = B_{2n} \tag{1.94}$$

を示した．これらの境界条件の導出根拠をそれぞれ述べたが，簡潔に言うと，t 方向については，(1.27) 式または (1.49) 式のそれぞれの右辺を零としてストークスの定理を適用して導出したことになり，n 方向については，(1.66) 式，(1.77) 式で $\rho = 0$ としたもの，または (1.82) 式にそれぞれガウスの定理を適用して導

出したことになる．これらの点については，それぞれ確認してほしい．

　以上を整理すると，アンペールの法則およびファラデーの電磁誘導の法則を示した (1.27) 式および (1.49) 式は，$\nabla \cdot \boldsymbol{D} = \rho$，$\nabla \cdot \boldsymbol{B} = 0$，および変位電流がないという条件付きでの $\nabla \cdot \boldsymbol{J} = 0$，さらに上述した各境界条件などのすべてを自明に満足する数式表現であると言える．

第1章　演習問題

演習問題 1.1

図 1.3 の導体内と導体外の磁界に対し，それぞれ $\nabla \times \boldsymbol{H}$ を計算せよ．（ヒント：1.9 節に示した円柱座標系で計算すると容易に求まる．）

演習問題 1.2

(1.19) 式から (1.9) 式を導け．

演習問題 1.3

(1.35) 式を導出せよ．

演習問題 1.4

(1.43) 式を解いて i が (1.44) 式で与えられることを示せ．

演習問題 1.5

コンデンサに誘電体を用いる理由を述べよ．同様に，インダクタ（リアクトル）や変圧器に磁性体を用いる理由を述べよ．

演習問題 1.6

(1.77) 式およびガウスの定理を用い，図を描いて電荷と電束の関係を表すガウスの法則（Gauss'law）を説明せよ．

演習問題 1.7

(1.141) 式が (1.33) 式に対応することを確かめよ．

参考文献

1. Alan Jeffrey（柳谷晃　監訳）:『数学公式ハンドブック』，共立出版（2013）．
2. 早乙女 英夫：電学論 A，117 巻 8 号，813(1997)．

第2章

スイッチング電源に用いる高周波パワー磁気デバイス

　本章では，スイッチング電源（switched-mode power supply）に用いる高周波パワー磁気デバイス，すなわち高周波電力磁気部品に関係する技術について解説する．具体的には，スイッチング電源で用いられるトランス（変圧器とも呼ばれる）やインダクタ（リアクトルとも呼ばれる）に焦点を当てる．スイッチング電源は，電力変換回路やスイッチングレギュレータまたはコンバータなどと呼ばれ，パワーエレクトロニクス（略してパワエレ）の技術分野に属する．「磁気を制する者はパワエレを制す」とも言われ，トランスやインダクタの低損失化，小型軽量化の要求は非常に強い．一般に，電力回路設計においてキャパシタは選択する部品であるのに対し，トランスやインダクタは設計する部品となっている．実際の製品では，トランスやインダクタの設計によって製品の性能は大きく左右される．電力変換回路において，トランスやインダクタの設計は，非常に重要となっている．

　トランスやインダクタの設計において，理論的な最適設計を導くことは，難易度が高い．性能を決定する要素が複雑に絡み合っているからである．経験によって積み重ねられた技能的なノウハウによって設計されることも多く，開発や設計の現場で役立つ技術を理論的に示すことは容易ではない．現場では，ベテランの設計者でさえ頭を抱えながら経験的な知識をもとに設計と実験を繰り返しながら最適設計に挑んでいる．

　本章では，回路設計者が苦手とするトランスやインダクタに関する理解を深めることを目的とする．具体的には，(1) スイッチング電源についての理解を深める，(2) 磁気回路を用いて磁気の基礎を理解する，(3) 具体的なコンバータを用いてトランスやインダクタの動作を理解する，という手順で進める．2.1節で

は，前述 (1) と (2)，2.2〜2.4 節では，前述 (3) を解説する．2.2 節では，トランスやインダクタを用いた一般的なコンバータ，2.3，2.4 節では，複数の電力磁気部品の機能を一体化した複合トランスを用いたコンバータを解説する．

2.1 電力変換回路と双対電磁回路解析法

2.1.1 スイッチング電源と高周波パワー磁気デバイス

　情報社会の進展により，コンピュータなどの情報機器をはじめとして，電気・電子製品は技術的に著しく進歩している．半導体集積技術の発展に伴い電子機器本体の小型軽量化，省電力化は急速に進んでいる．一方，電源部分は電力を扱うために，集積技術の適用は難しい．電気製品の全体に対する電源部分が占める割合は，年々増加する傾向にある．電気製品の小型軽量化に対する市場の要求は強く，トランスやインダクタの高性能化や高機能化に向けた技術の重要性は高まるばかりである．電気製品の小型軽量化は，電源装置の小型軽量化に依存し，大きな体積を占めるトランスやインダクタの最適設計に左右されるといっても過言ではない．

　一般に，電源とは，電力供給の源，またはそこから供給される電力そのものを意味する．さまざまな段階での「源」が電源と呼ばれている．一般的な電気製品はコンセントから供給される電力を用いる．AC100 V などの家庭用電源の電力はそのまま使われるのではなく，スイッチング電源などにより電気製品の動作に適した形態の電力に変換されるものが多い．スイッチング電源には，電気製品の中に組み込まれるものや，AC アダプタとして分離されるものなどがある．

　スイッチング電源の小型軽量化の実現には，高効率化が必要不可欠である．トランスやインダクタなどの電力磁気部品の高効率動作が重要となる．高効率化を図らずに小型軽量化を進めた場合，単位体積当たりの発熱量は増加し，温度が上昇して信頼性は大きく低下する．高効率化を図るためには，コンバータのなかで大きな体積を占めるトランスやインダクタの動作を十分に理解した最適な設計が必要である．

　トランスやインダクタなどの電力磁気部品は，電気回路素子として扱われる

場合が多い．しかし，ある意味これは，誤りである．トランスやインダクタは，電気と磁気を扱う電磁装置である．電気的な側面だけでなく，磁気的な側面を理解して設計することが重要となる．

(1) パワーエレクトロニクスとスイッチング電源

パワーエレクトロニクス（power electronics）とは，「電力半導体素子をスイッチとして用いて，電力の変換と制御を行う技術の総称」である．電気製品やモータ等の駆動に必要な電源装置の開発に伴って確立され，電力の制御を対象としている．発電所などのように大きな電力を扱うものもあるが，電子工学（electronics）の分野では，スイッチング電源が主体になっている．

スイッチング電源は，半導体スイッチのスイッチング動作を利用して安定した電力を電気・電子機器に供給する装置である．半導体スイッチのオンオフ動作により最小の損失で電力の流れを制御することを基本とする．従来のシリーズレギュレータでは，トランジスタの能動領域を用いて出力電圧を制御するのに対して，スイッチング電源では，トランジスタをスイッチとして用い，スイッチのオンとオフの時間比である時比率やスイッチング周波数を制御して出力電圧を調整する．

スイッチング電源は，小型軽量で電力損失が小さい電力変換方式として知られ，コンピュータ，通信機器，OA機器，家電機器など，さまざまな電気製品に用いられている．電気製品の多様化に伴い，スイッチング電源に対する要求も多様化している．高効率化，小型軽量化だけでなく，環境に配慮した電磁干渉（electromagnetic interference：EMI）ノイズ対策，高調波電流対策なども重要となっており複雑である．経済的な視点では，低コスト化の要求が非常に強く，量産性を考慮することも重要な条件となっている．トランスやインダクタの設計においては，これらの動向などを十分に把握しておくことも大事である．

(2) 非絶縁形コンバータの構成

スイッチング電源には，入力側と出力側を電気的に絶縁しない非絶縁形と，電気的に絶縁する絶縁形のコンバータ（電力変換装置）がある．非絶縁形コンバータには，入力電圧と出力電圧の関係から，降圧（buck），昇圧（boost），昇

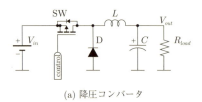

(a) 降圧コンバータ

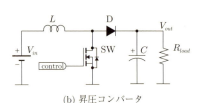

(b) 昇圧コンバータ

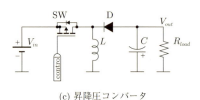

(c) 昇降圧コンバータ

図 2.1 非絶縁形コンバータ

降圧（buck-boost）の 3 つの基本的なコンバータがある．これらのコンバータを図 2.1 に示す．

　降圧コンバータの動作について簡単に解説する．図 2.1(a) に示す降圧コンバータでは，出力電圧は，入力電圧よりも低い電圧に変換される．スイッチング素子が導通するオン期間では，入力電圧と出力電圧の差分の電圧がインダクタ L に加えられ，磁気エネルギーを蓄えながら，負荷に電流が供給される．ダイオードは非導通となっている．スイッチング素子が非導通となるオフ期間では，ダイオードが導通して，インダクタ L に蓄えられた磁気エネルギーにより負荷に電流が供給される．このようにスイッチング素子がオンオフを周期的に繰り返すスイッチング動作により，入力電圧が所定の出力電圧に変換されて負荷に電力が供給される．

同様に，図 2.1(b) に示す昇圧コンバータでは，出力電圧は，入力電圧よりも高い電圧に変換される．図 2.1(c) に示す昇降圧コンバータでは，出力電圧は，入力電圧よりも高い電圧にでも低い電圧にでも変換することができる．いずれのコンバータもインダクタ L に蓄えられた磁気エネルギーを活用して電力変換動作を実現する．スイッチング制御部では，時比率（デューティともいう）を調整して出力電圧を制御する．出力電圧の検出電圧と基準電圧を誤差増幅器によって比較し，非絶縁形では直接，絶縁形では光を利用したフォトカプラなどを用いて絶縁して制御部に誤差増幅信号を帰還する．

絶縁形コンバータでは，入力と出力の電気的な絶縁の役割は，トランスが担う．入力側においてスイッチング素子がオン，オフ動作を繰り返すことによって直流電圧や直流電流が高周波方形波などに変換される．出力側では，高周波電流などが整流平滑されて直流を得る．トランスは，入力側で電気エネルギーを磁気エネルギーに変換し，出力側で再度，磁気エネルギーを電気エネルギーに変換している．

(3) 絶縁形コンバータの構成

絶縁形コンバータには，降圧コンバータをベースとしてトランスを用いて電気絶縁するフォワードコンバータ，昇降圧コンバータをベースとしてトランスを用いて電気絶縁するフライバックコンバータ，2石のスイッチング素子を用いるハーフブリッジコンバータ，プッシュプルコンバータ，4石のスイッチング素子を用いるフルブリッジコンバータなどがある．ハーフブリッジ，プッシュプル，フルブリッジのコンバータ構成を図 2.2 に示す．ハーフブリッジコンバータは，2石のスイッチング素子を交互にオンオフさせてトランスの1次巻線に交番電圧を加え，2次巻線に発生する電圧を整流平滑して電力を得る．プッシュプルコンバータでは，2石のスイッチング素子を交互にオンオフさせて，トランスに備えた極性の異なる2つの1次巻線に電圧を加え，2次巻線に発生する電圧を整流平滑して電力を得る．フルブリッジコンバータでは，対角のスイッチング素子が組となり，互いの組が交互に導通することによってトランスの1次巻線に交番電圧を加え，2次巻線に発生する電圧を整流平滑して電力を得る．

一般に，フルブリッジコンバータを除くここで紹介したコンバータでは，出

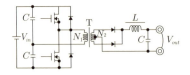

(a) ハーフブリッジコンバータ

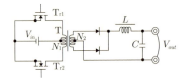

(b) プッシュプルコンバータ

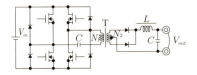

(c) フルブリッジコンバータ

図 **2.2** 絶縁形コンバータ

力電圧の調整は，スイッチング素子の時比率を制御することによって可能となる．一方，フルブリッジコンバータでは，出力電圧の調整は，スイッチング素子の時比率を固定して，位相を制御することによって可能となる．絶縁形コンバータを設計する場合，コンバータ方式は，一般には入力電圧と出力電力によって決定する．入力電圧が低い場合はプッシュプルコンバータ，入力電圧が高い場合はハーフブリッジコンバータやフルブリッジコンバータが選択される．さらに，原理的にはフルブリッジコンバータが大きな出力電力を得るのに適している．

小電力の場合には1石式のフォワードコンバータやフライバックコンバータが選択される．回路トポロジーとしては，フライバックコンバータが最もシンプルな構成であり，高い電圧を出力するのに適する．フォワードコンバータは，フライバックコンバータよりも大きな電力を得るのに適しており，低い電圧を

出力するのに適する．

なお，フォワードコンバータとフライバックコンバータは 2.2 節で詳しく解説する．

(4) コンバータの高周波化

スイッチング電源で用いられるトランスやインダクタは，スイッチング周波数，すなわち動作周波数を高めることにより小型軽量化できる．一般に，スイッチング周波数が高いほど出力電圧の変動（リップルという）は小さくなり，負荷の変動に対する応答は速くなる．一方，高周波化に伴ってトランスやインダクタの電力損失は増加する．トランスの磁性体に発生する鉄損は周波数に比例して増加し，トランスの巻線において発生する銅損も表皮効果や近接効果などの影響により増加する．電力変換動作では，スイッチング動作の高速化により，図 2.1 や図 2.2 に示す回路図には表示されていない寄生的なインダクタやキャパシタの影響を受けて，スイッチングサージやスイッチングノイズが増加する．スイッチングサージやスイッチングノイズの増加は，半導体素子の電圧や電流のストレスを増大させ，信頼性を低下させる．他の電子機器に対して悪影響を与える電磁干渉ノイズの原因にもなり，スイッチング制御回路が，自らのスイッチングノイズにより誤動作を引き起こす場合もある．設計では，これらのことを考慮し，スイッチング損失やスイッチングノイズを低減できるソフトスイッチングなど回路技術を用いて課題を解決することが必要である．

2.1.2　磁気回路と電気回路の類似性
(1)　磁気と電気の特徴

トランスやインダクタは電気エネルギーと磁気エネルギーを扱う電磁装置である．一方，電気と磁気は異なる世界であり，異なる技術分野として扱われている．ここでは，電気と磁気の類似性（analogy）の観点から説明を始める．

電気回路は，インダクタ L，キャパシタ C，抵抗 R，半導体などの素子を導線により接続する技術である．電力変換回路では，電気素子の幾何学的な接続関係が重要であり，回路トポロジー（topology）として扱われる．電力変換回路の解析では，トランスやインダクタを含む回路トポロジーを考察することが

基本となる．

　磁気回路は，磁性体の形状や大きさ，材質などによって決まる磁気特性を扱う．磁気回路では，磁性体の構造（structure）が重要となる．

　電磁装置の解析では，電気素子の接続にかかわる電気回路と磁性体の構造にかかわる磁気回路を扱い，これらを関係付けるには特有の解析手法が必要となる．

　本節では，トランスやインダクタを解析する新しい手法として，双対電磁回路解析法と呼ぶ解析手法を解説する．磁気と電気の類似性（analogy）と双対性（duality）から磁気回路を電気回路に変換する．具体的には，①電磁装置の磁気回路を解析する，②磁気回路を双対変換する，③理想トランスを用いて電気回路に変換する，といった手順を用いて解析する．完成した電気回路は，回路シミュレーション等を用いて解析することが可能となる．

(2) 磁気と電気の類似性

　磁気回路とは，磁束の通路であり，磁路である．透磁率の大きい材料で磁束の通路をつくると磁束はあまり漏れないで大部分がその材料を通る．複数の磁気抵抗（magnetic resistance）からなる回路網も磁気回路と呼ぶ．磁気抵抗は，磁気リラクタンス（magnetic reluctance）ともいう．

　科学史においてリラクタンスの概念は1888年にオリヴァー・ヘヴィサイド（Oliver Heaviside）によって導入された．磁気回路は，英国のジョン・ホプキンソン（John Hopkinson）により直流発電機の設計のために導入された．電気回路との類似性により，磁気系オームの法則として扱われている．磁界解析の主流である有限要素法を用いることなく磁気装置を解析できる有効な手段となっている．有限要素法は，数値解析であるため，反復計算を実行するための計算機を必要とするが，磁気回路を用いた解析は，数式解析であり，反復計算のための計算機を必要としない．磁気回路を用いた解析も有限要素法による解析も，基本的な原理は，ジェームズ・クラーク・マックスウェル（James Clerk Maxwell）が確立した電磁界理論に基づいている．基本的な理論は共通している．

　磁気や磁気回路の理解を深めるため，それぞれを電気や電気回路と対比させて解説する．磁性体内外の磁束分布は，導体内部の電流の分布とよく類似する．導体内部の電流の分布は，電流を I [A] とすると次式で定義される．

$$j = \sigma E, \quad \mathrm{div} j = 0, \quad I = \int_s j \cdot n dS \tag{2.1}$$

ただし，$j\,[\mathrm{A/m^2}]$ は電流密度，$\sigma\,[\mathrm{S/m}]$ は導電率，$E\,[\mathrm{V/m}]$ は電界，n は断面 S の単位法線ベクトル，$S\,[\mathrm{m^2}]$ は電流が通過する断面の面積である．電気回路と電気抵抗の定義を図 2.3 に示す．

磁性体内外の磁束分布は，磁束を $\phi\,[\mathrm{Wb}]$ とすると次式で定義される．

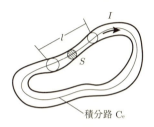

(a) 電気回路

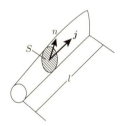

(b) 電気抵抗の定義

(c) 対応する記号

図 2.3 電気回路，電気抵抗の定義

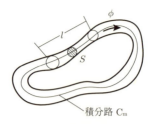

(a) 磁気回路

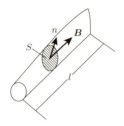

(b) 磁気抵抗の定義

(c) 対応する記号

図 **2.4** 磁気回路，磁気抵抗の定義

$$\boldsymbol{B} = \mu \boldsymbol{H}, \quad \mathrm{div}\boldsymbol{B} = 0, \quad \phi = \int_s \boldsymbol{B} \cdot \boldsymbol{n} dS \tag{2.2}$$

ただし，$\boldsymbol{B}$ [T] は磁束密度，μ [H/m] は透磁率，$\boldsymbol{H}$ [A/m] は磁界，$\boldsymbol{n}$ は断面 S の単位法線ベクトル，S [m^2] は電流が通過する断面の面積である．磁気回路と磁気抵抗の定義を図 2.4 に示す．定常電流の場合と同様の関係を有する．

(3) 磁気と電気のオームの法則

電気回路においては，実験的にオームの法則が成り立つことが知られており，前式 $\boldsymbol{j} = \sigma\boldsymbol{E}$ から，コンダクタンス G [S]，抵抗 R [Ω]，抵抗の端子電圧 V [V] を用いて $I = GV$ を導き，$V = RI$ と変形する．これをオームの法則と呼ぶ．

一方，$\boldsymbol{j} = \sigma\boldsymbol{E}$ の関係式を $\boldsymbol{B} = \mu\boldsymbol{H}$ に適用して，パーミアンス P [Wb/A]，起磁力 F [A]，磁路の長さ l [m] を用いて $\phi = PF$ を導き，次式が得られる．

$$F = R_m\phi, R_m = \frac{l}{\mu S} \tag{2.3}$$

前式における R_m [A/Wb] は，電気回路との類似性から磁気抵抗と呼ぶ．前式を磁気系オームの法則，または最初の発案者の名より，ホプキンソンの法則と呼ぶ．

磁気系のオームの法則において注意すべき重要点は，磁気抵抗は磁束の通りにくさの性質を表し，磁気抵抗という言い方にもかかわらず，流れる磁束によって磁気抵抗に比例する損失は発生しないことである．磁気と電気の類似性を考える上で非常に重要なポイントとなるため，このことを念頭に置いてこの先を読み進めていただきたい．詳細は (5)，(6) で述べる．

電気では，流れる電流によって電気抵抗に比例する損失（ジュール熱）が発生する．電流（真電荷）の流れに抗する導体の性質が電気抵抗となる．一方，磁気では分極磁荷のみが存在する．自由磁荷は存在せず，磁荷の流れは実在しない．なお，磁気抵抗の逆数であり，磁束の通りやすさを表すものは，パーミアンス（permeance）という．

繰り返しになるが，電気抵抗では電気抵抗に比例する損失が発生するが，磁気抵抗では磁束の流れに比例する損失は発生しない．磁束の流れにくさの性質を表す．

(4) 磁気と電気のキルヒホッフの法則

電気回路ではキルヒホッフ（Kirchhoff）の第 1 法則（電流則）と第 2 法則（電圧則）が成り立つ．回路の任意の点に出入りする電流の総和を i_k，回路の任意のループ内の電圧の総和を v_l として，電流則と電圧則は次式で表される．

$$\sum_{k=1}^{M} i_k = 0, \quad \sum_{l=1}^{N} v_l = 0 \tag{2.4}$$

磁気回路においても，キルヒホッフの法則は成り立つ．回路の任意の点に出入りする磁束の総和を ϕ_k，回路の任意のループ内の起磁力の総和を F_l として，磁束則と起磁力則は次式で表される．

$$\sum_{k=1}^{M} \phi_k = 0, \quad \sum_{l=1}^{N} F_l = 0 \tag{2.5}$$

前式の第 2 項目は rot $H = j$ にストークス（Stokes）の定理を適用して得られる．これはアンペア（Ampere）の周回則と呼ばれる．線電流 I が N 回鎖交する磁路においては，形式的に $\int H dl = NI$ と表される式より得られる．N は $N \geqq 0$ の整数であり，起磁力 F_l は，$F_l = H_l l_l$ または $F_l = N_l I_l$ と表される．

電気回路では，電流則は，式 (2.1)div$j = 0$ にガウス（Gauss）の定理を適用して導かれる．また，電圧則は，電流密度 j と関係する電界 E が rot $E = 0$ を満足するとしてストークスの定理を適用して導かれる（第 1 章参照）．

表 **2.1** 磁気回路と電気回路の類似性

磁気回路			電気回路		
磁界（磁化）の強さ	H	[A/m]	電界の強さ	E	[V/m]
磁束	Φ	[Wb] ウェーバ	電流	I	[A]
磁束密度	$B = \Phi/S$	[T] テスラ	電流密度	$J = I/S$	[A/m^2]
透磁率	μ	[H/m]	導電率	σ	[1/W·m]
起磁力	F_m	[A] アンペア	起電力	V	[V]
磁気抵抗，リラクタンス	R_m	[H^{-1}] [A/Wb]	電気抵抗	R	[W]
パーミアンス	P_m	[H] [Wb/A]	コンダクタンス	G	[S] ジーメンス
パーミアンス係数	p_c	[m/H]	抵抗率	ρ	[W·m]
磁気系オームの法則	$F_m = \Phi \times R_m = \Phi/P_m$		オームの法則	$V = I \times R = I/G$	
磁気抵抗の関係式	$R_m = l/(\mu S) = p_c l/S$		電気抵抗の関係式	$R = l/(\sigma S) = \rho l/S$	
B と H の関係	$B = \mu H$		J と E の関係	$J = \sigma E$	

このように，磁気回路は，電気回路と同様に磁束や起磁力を解析できる．磁気回路や電気回路に用いられるパラメータを対比させて表 2.1 に示す．

(5) 磁性体が有する特有のヒステリシス曲線

磁気回路と電気回路は類似するが，相違するところも多い．ここでは，磁性体が有するヒステリシス曲線について理解を深めることとする．ヒステリシス曲線は，磁気特有の特性である．磁性体に見られる磁気特性（B-H 特性）を図 2.5 に示す．磁性体は磁界の中に置かれると「磁化」される．磁界を強くしていくとある一定値 H_s で飽和する．これを飽和磁化（saturation magnetization）と呼び，このときの磁束密度を飽和磁束密度 B_s（saturation flux density）と呼ぶ．

逆に磁界を弱くしていくと，磁化はなかなか弱くならず，磁界が 0 になるときの磁束密度を残留磁束密度 B_r（retentivity）と呼び，逆方向の磁界のある値のところで磁化は 0 になる．このときの磁界の大きさを保磁力 H_c（coercivity）と呼ぶ．

このように磁性体の磁化は，磁界を強くするときと弱くするときとでは別のルートとなり，特徴的なループ曲線になる．逆方向も含めて交互に磁界をかけたときの磁化曲線を磁気ヒステリシス曲線と呼ぶ．縦軸は磁束密度 $B = I + \mu H$

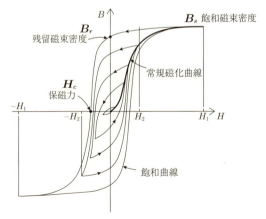

図 2.5 磁性体に見られる磁気特性（B-H 特性）

であり，横軸は H（磁界の強さ）である．透磁率は $B = \mu H$ で定義されるので，ヒステリシス曲線の勾配が透磁率になる．図 2.5 において，ヒステリシスループの頂点を結んで描かれる曲線は，常規磁化特性（normal magnetization curve），ヒステリシスループの幅の中間点を取って結んで得られる曲線は，平均磁化特性（average magnetization curve）となる．

ヒステリシスループを一回描くごとに，そのループで閉じられた面積に相当する分だけのエネルギーが外部の磁界から磁性体に供給される．その磁気エネルギーは熱エネルギーに変換され，損失となる．また，この飽和磁化は温度が高くなると徐々に低下し，磁性体の元素組成に応じた一定温度で磁性体でなくなる．この温度をキュリー温度と呼ぶ．

(6) 磁気回路と電気回路の対比

磁気回路と電気回路は，表 2.1 の置き換えをすれば，原理的な類似性がある．一方，実際のところ磁気は，磁気ヒステリシス曲線など特有の特性を有し，実際と原理には相違がある．一般に，電気回路では，導電率は一定として扱うが，多くの磁気回路では鉄心などが用いられ，透磁率は一定としては扱えない．図 2.5 に示したように，磁束 ϕ と磁界 H の関係は線形ではない．また，透磁率 μ と導電率 σ には数値として大きな差がある．透磁率 μ は，比透磁率 μ_s と真空の透磁率 μ_0 の積 $\mu_s \mu_0$ で与えられ，$\mu_0 = 4\pi \times 10^{-7} \fallingdotseq 10^{-6}$ となる．比透磁率 μ_s は大きく見積もっても $10^2 \sim 10^5$ 程度である．透磁率 μ は，1 より十分に小さい値となる．一方，導電率 σ は，銅であれば 10^8 に近い値となる．つまり，磁気抵抗は電気抵抗に比べてはるかに大きな値となる．

磁気回路の透磁率 μ は，電気回路の導電率 σ と比べてはるかに小さく，磁束が簡単に漏れる性質を示している．一般的な電気回路では，導線から電流が漏れることを考慮する必要はないが，磁性体においては，空気中に磁束が漏れることを考慮する必要がある．さらに磁気ヒステリシスや磁気飽和などを考慮すると，磁気回路は，電気回路と比較して非常に複雑である．

前述のように実際上は，透磁率は一定としては扱えないが，近似的に透磁率を一定とした磁気回路を用いた簡易的な解析は，非常に便利である．磁束密度が一様，透磁率が一定，を前提条件とする磁気回路を扱うことは，基礎的な理

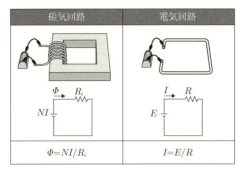

図 2.6 磁気回路と電気回路

解を得たり，基本的な設計をする際において有用である．

以降では，磁気回路を簡便に扱うために，磁束密度を一様，透磁率を一定とし，磁気抵抗は単純な一定の抵抗値として扱う．磁性材料を用いたコイルなどにおいても磁気抵抗を一定として扱うことで，磁気回路は電気回路と同様に，等価回路を用いて解析することが可能となる．

一方，磁気特有の複雑な磁気飽和や磁気ヒステリシス曲線などの特性に関しては，目的に応じて別の方法，たとえば有限要素法などを用いて扱う．ここでは磁気回路の基本技術について，電気回路と対比させながら解説することを進める．

(a) 磁気系オームの法則（ホプキンソンの法則）

磁気回路における磁束 Φ [Wb]，起磁力 NI [AT]，磁気抵抗 R_i [1/H] は，電気回路における電流 I [A]，電圧 E [V]，電気抵抗 R [Ω] にそれぞれ対応する．磁気回路と電気回路を比較して図 2.6 に示す．起磁力は，鉄心に巻いてあるコイルの巻き回数と流れる電流の積で示される．磁気抵抗は磁束の通りにくさを表す度合いであり，磁束の関数となる．流れる磁束による損失はなく，流れに抗する性質では定義されない．磁気的性質に依存する．

(b) 磁気回路におけるエアギャップ

エアギャップのある磁気回路の等価回路は，抵抗が直列接続された電気抵抗と同じように考えることができる．エアギャップを有する磁気回路と電気回路を比較して図 2.7 に示す．磁気回路全体の磁気抵抗は，コアの磁気抵抗 R_i とエ

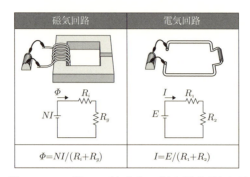

図 2.7　エアギャップを有する磁気回路と電気回路

アギャップの磁気抵抗 R_g の和となる．

(c) 磁気系キルヒホッフの法則（ガウスとストークスの定理）

磁気回路においても電気回路におけるキルヒホッフの法則は成立する．キルヒホッフの法則に対応する磁気回路を図 2.8 に示す．キルヒホッフ第 1 法則は，磁束に関する法則（ガウスの法則）となり，「流入する磁束の総和は，流出する磁束の総和に等しい」となる．キルヒホッフ第 2 法則は，起磁力の法則（ストークスの定理）となり，「磁気抵抗と磁束の積の総和は，起磁力の総和に等しい」となる．

(d) 磁気回路における漏れ磁束

電気回路では，導体の導電率が空気の導電率に比べて桁違いに大きいため，

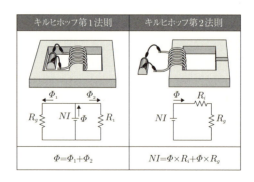

図 2.8　キルヒホッフの法則に対応する磁気回路

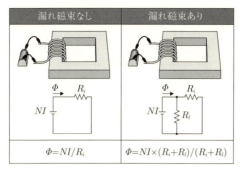

図 **2.9** 漏れ磁束の有無を比較した磁気回路

電流が周囲空間に漏れることはほとんど考えない．一方，磁気回路では，磁性体の透磁率が空気の透磁率に比べて極端に大きくはないことから，磁束は周囲空間に漏れることを考え，無視することはできない．

漏れ磁束の有無を比較した磁気回路を図 2.9 に示す．漏れ磁束の算出には，パーミアンス法を用い，さまざまな形状に対する空間での漏れパーミアンスを算出する式が提案されている．より詳細な磁界解析には，有限要素法などを用いた数値解析も有効である．

(e) 磁気回路における永久磁石と電磁石

永久磁石や電磁石を用いた磁気回路について起磁力と磁気抵抗を考慮する．永久磁石と電磁石を用いた磁気回路を図 2.10 に示す．電磁石では，起磁力 NI を用いて磁気回路を構成する．永久磁石では，永久磁石の起磁力 F_m と永久磁石の磁気抵抗 R_m を用いて磁気回路を構成する．

2.1.3 電気と磁気の双対回路

(1) 双対性 (duality)

相互に置き換えられ，本質的に同一の概念として扱える性質を双対性 (duality) という．ある 2 つの電気回路に関して，一方の回路の回路方程式における電圧と電流を入れ替えると他方の回路の回路方程式となるとき，このような 2 つの回路を互いに双対な回路という．

電気回路において数々の双対性が成り立つのと同様に，磁気回路においても

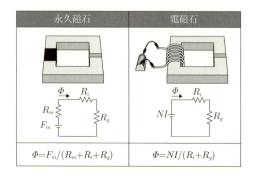

図 2.10 永久磁石と電磁石を用いた磁気回路

表 2.2 インピーダンスとアドミタンスに関する双対性

電圧	V	電流	I
インピーダンス	Z	アドミタンス	Y
抵抗	R	コンダクタンス	G
インダクタンス	L	キャパシタンス	C
電圧電源	E	電流源	J

表 2.3 電気回路網の接続における双対性

直列接続	並列接続
短絡	開放
閉路	カットセット
Y 形	Δ 形

双対性は成り立つ．磁気回路と電気回路の類似性より，電気回路の電流と電圧は，磁気回路の磁束と起磁力に相当する．ここでは，まずは電気回路を取り上げて双対性を解説する．

電気回路において電圧と電流を入れ替えるということは，インピーダンスとアドミタンスを入れ換えることになる．インピーダンスとアドミタンスに関する双対性を表 2.2 に示す．

電気回路網の接続の仕方においても双対性がある．あるグラフが平面に交差することなく描ければ，必ず双対なグラフが得られる．電気回路網の接続における双対性を表 2.3 に示す．

電気回路における電圧と電流の双対な関係を考察すると，電気回路における

2.1 電力変換回路と双対電磁回路解析法

表 2.4 電気回路における双対なものの組合せ

直列接続	$V_t = V_1 + V_2$	並列接続	$I_t = I_1 + I_2$
	$Z_t = Z_1 + Z_2$		$Y_t = Y_1 + Y_2$
閉路	キルヒホッフの第 2 法則 $\sum_i V_{il} = \sum E$	カットセット	キルヒホッフの第 1 法則 $\sum_i I_i = \sum J$
	閉路方程式 $[Z][I] = [E]$		カットセット方程式 $[Y][V] = [J]$

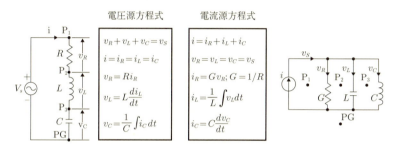

図 2.11 LCR 直列回路と CLG 双対回路

双対なものの組合せが得られる．電気回路における双対なものの組合せを表 2.4 に示す．

電気回路における双対回路は，回路方程式の電圧と電流とを置き換えると他方の回路方程式として成立する．たとえば，電圧源を用いたインダクタ L，キャパシタ C，抵抗 R の直列接続回路は，電流源を用いたキャパシタ L，インダクタ C，コンダクタンス G ($= 1/R$) の並列接続回路に双対変換される．LCR 直列回路と CLG 双対回路を図 2.11 に示す．電圧源方程式は，電流源方程式に変換される．双対変換の手順は以降の (2) に示す．

抵抗 R とインダクタ L の直列回路に周期的な方形波を与えた場合の電気回路に対する双対回路を考察する．双対回路では，直列回路は並列回路に変換され，抵抗値 R は $1/R$ に，インダクタンス L はキャパシタンス C に変換される．LR の電気回路と CR の双対回路を図 2.12 に示す．回路方程式において，L と C，i_L と v_C，v_L と i_C を置き換えると完全に同じ数式となっている．2 つの回路は双対回路である．さらに，インダクタ L の電流 i_L と電圧 v_L の関係と，キャパシタ C の電圧 v_C と電流 i_C の関係を比較すると，まったく同じ波形である．波

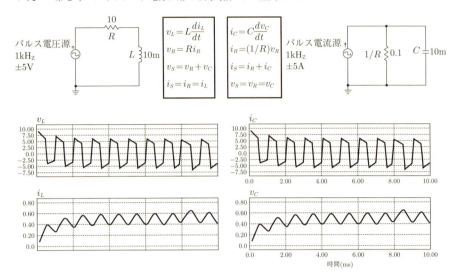

図 2.12　LR の電気回路と CR の双対回路

形において，$v_L = i_C$，$i_L = v_C$ となっていることが確認できる．

(2) 電力変換回路における双対回路

電力変換回路における双対回路について考察する．昇圧コンバータを用いて，双対変換の手順を次に示す．基準回路となる昇圧コンバータと双対回路を図 2.13 に示す．

1. 基準回路の周りを線で囲み，この線を PG とする．
2. 基準回路にある複数の閉ループの中心に点 P1，P2，P3 を置く．図 2.13 では閉ループは 3 つあり，P1，P2，P3 を置く．
3. 以下のルールに従って，隣り合う各点 P1，P2，P3 を線で結ぶ．
   ① 番号の小さい閉路から大きい閉路に向かい，P1→P2，P2→P3 と線を引く．
   ② PG の G は最大の数とみなし，P1→PG，P2→PG，P3→PG と線を引く．
   ③ 線を描く際は，間にある回路素子の上を通るように線を引く（点線）．

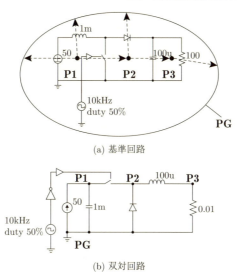

(a) 基準回路

(b) 双対回路

図 **2.13** 昇圧コンバータの基準回路と双対回路

4. 作成する新しい双対回路では，PG をグランド電位と見なして下部に線を描き，上部には点 P1, P2, P3 を置く．新しい双対回路において，P1→PG，P2→PG，P3→PG の直線を描く．
5. 基準回路において各点 P を結んだ線の上にあるすべての回路素子を以下の手順に従って双対変換し，新回路の P1→PG，P2→PG，P3→PG の間に置く．直列と並列が双対変換される．
   ① 電圧源：電流源に変換する．電圧源上に引いた線の始点を中心とする閉路に対して，右（時計）周りに電圧が上昇する方向ならば，引いた線の逆方向に電流が流れる電流源とする．
   ② RLC：R は $1/R$ の抵抗値をもつ抵抗に変換する．L はそのインダクタンスと同じ値のキャパシタンスを持つ C へ，C はそのキャパシタンスと同じ値のインダクタンスを持つ L へ変換する．
   ③ ダイオード：ダイオード上に引いた線の始点を中心とする閉路に対して，右周りにオンする向きならば，新回路において引いた線の方向でオフする向きのダイオードに置き換える．

④ スイッチング素子：スイッチング素子上に引いた線の始点を中心とする閉路に対して，オン信号で右周りに電流を流す向きならば，引いた線の方向にオン信号で電流を流す（オフ信号で電流を流さない）スイッチング素子に置き換える．また，スイッチング素子のオン／オフの状態が逆になるように，スイッチ制御信号を反転させる．

次に，図 2.13 に示す基準回路と双対回路に対して，回路シミュレーションにより双対性の確認を行う．基準回路のキャパシタ C，双対回路のインダクタ L について比較したシミュレーション結果を図 2.14 に示す．各波形において，$v_L = i_C$，$i_L = v_C$ となっており，双対関係が確認できる．同様にして，他の素子

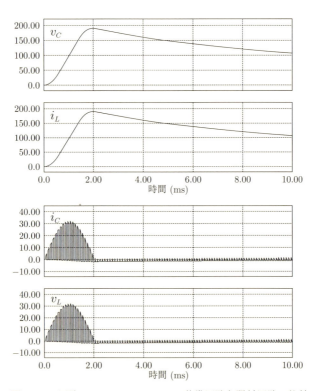

図 2.14　回路シミュレーションでの基準回路と双対回路の比較

(3) 各種コンバータにおける双対の関係

電力変換回路におけるコンバータの構成は，2.1.1(2) 項に示した．図 2.13(a) で取り上げた昇圧コンバータは，入力電圧より高い出力電圧に変換し，スイッチング素子，ダイオード，インダクタ，キャパシタで構成する非絶縁形 DC-DC コンバータである．3 種類ある基本的な DC-DC コンバータの 1 つである．低い電圧から高い電圧を得る目的で利用され，たとえば 5 V 電源から 15 V 電源を得る場合などに使用する．

さて，図 2.13(b) で完成した双対回路において，電流源を電圧源に変換し，出力の抵抗と並列に平滑用のキャパシタを追加すると，実は降圧コンバータとなる．昇圧コンバータと降圧コンバータは，双対関係があることがわかる．昇圧コンバータと昇圧コンバータの双対回路と降圧コンバータをそれぞれ図 2.15 に示す．

昇圧コンバータと降圧コンバータを機能や構成で比較する．昇圧コンバータは，入力電圧より高い出力電圧に変換するのに対し，降圧コンバータは，入力電圧より低い出力電圧に変換する．また，昇圧コンバータは，オフ期間に入力と出力がインダクタを通じて接続されるのに対し，降圧コンバータは，オン期間に入力と出力がインダクタを通じて接続される．さらに昇圧コンバータは，0 V の基準電位の信号でスイッチング素子を駆動できる構成であるのに対し，降圧コンバータは，0 V の基準電位の信号でスイッチング素子を駆動する構成ではない．

このように，双対回路は，機能，動作，構成において双対性があり，基準回路の特徴を考察するのに有効となる．多くの電力変換回路は双対回路を有しており，規則的な変換により双対性を考察することができる．

コンバータの双対関係に対して別の例について考察する．図 2.1 に示した降圧，昇圧，昇降圧コンバータのほかにも非絶縁形コンバータは存在する．エネルギーを蓄積する素子としてインダクタを用いる降圧，昇圧，昇降圧コンバータに対して，インダクタと双対関係にあるキャパシタをエネルギーを蓄積する素子として用いて，電力変換を行うコンバータがある．回路構成の例として，チュッ

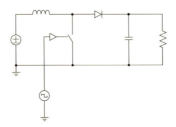

(a) 基準回路（昇圧コンバータ）

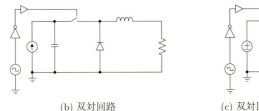

(b) 双対回路　　　　　　(c) 双対回路の変形（降圧コンバータ）

図 2.15　昇圧コンバータと降圧コンバータの双対性

ク（Cuk），ゼータ（Zeta），セピック（single ended primary inductance converter：Sepic）などのコンバータが挙げられる．それぞれを図 2.16 に示す．これらのコンバータは，昇降圧形コンバータと同様に，直流電圧を昇圧または降圧させることが可能である．さらに興味深いことに，昇降圧形コンバータの双対変換が Cuk 回路であり，Zeta 回路と Sepic 回路には双対関係が成り立っている．前述の手順に従って各自で確かめていただきたい．

(4) コンバータにおける逆方向変換

コンバータは，入力電圧を所定の出力電圧に変換する電圧変換の機能を有し，スイッチング素子により電力を制御する．電力は入力から出力へと流れ，負荷を模擬した抵抗で電力は消費される．回路トポロジーでは，原理的な動作を把握でき，負荷のみにおいて電力が消費されるとする場合，電力変換効率は 100% となり，エネルギー保存則が成立する．

エネルギー保存則を考慮し，電力の流れを逆方向にする逆方向変換について考察する．電力の流れを逆方向に変え，出力から入力へと電力を逆方向に変換

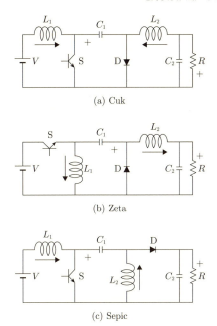

図 2.16　キャパシタをエネルギー変換素子とする非絶縁形コンバータ

する電力変換回路をつくることができる．逆方向変換のための手順は次の通りである．

- スイッチング素子はダイオードに，ダイオードはスイッチング素子に置き換える．接続する回路素子の向きは，主となる電流が流れる方向が互いに逆向きになるように接続する．たとえば，電界効果トランジスタ（field effect transistor：FET）であれば，トランジスタのドレインをダイオードのカソード，トランジスタのソースをダイオードのアノードとする．

前述の手順に従って図 2.15 に示す昇圧コンバータに対して逆方向変換に対応するコンバータ回路トポロジーを考察する．結果，降圧コンバータが得られる．昇圧コンバータと降圧コンバータは互いに電力の流れる方向は逆となる回路トポロジーである．2 つのコンバータにおける電力が流れる方向が互いに逆方向の関係となる理由は

- エネルギーをインダクタに蓄積して電力変換動作を行う．
- トランジスタやダイオードなどのスイッチング素子が電力の流れを制御する．

ということに基づいている．

スイッチング素子や整流素子に金属酸化物半導体（metal oxide semiconductor：MOS）FET を用い，整流動作を MOS FET で行う同期整流技術を用いた電力変換回路では，順方向と逆方向の双方向の電力供給が可能となる．MOS FET は構造的に寄生ダイオードを備えることから，発振素子としても，整流素子としても，どちらでも利用が可能である．逆方向変換の条件を備えており，双方向コンバータとして利用できる．

電力変換回路における多くの回路トポロジーは，双対関係や逆方向変換の関係となる回路を有している．規則的な手順によって新たな回路トポロジーをつくることが可能である．図 2.1 に示す昇圧形コンバータと降圧形コンバータは，互いに双対関係であり，かつ，逆方向変換の関係でもある．図 2.16 に示す Zeta 回路と Sepic 回路も同様に，双対関係と逆方向変換の関係となっている．このような回路トポロジーの考察により電力変換回路の技術についての理解は一層深まり，技術開発を推進する要素となる．

2.1.4 双対電磁回路解析法

ここまで磁気回路と電気回路の類似性，および電気回路や磁気回路で成り立つ双対性について解説してきた．電気と磁気は異なる世界であり，トランスやインダクタは電気と磁気の両方を扱う電磁装置である．電気と磁気の両面から考察し，互いに関係付けて連成させることが必要である．

電気回路は，インダクタ L，キャパシタ C，抵抗 R，半導体などの素子を導線により接続する技術であり，電力変換回路では，回路トポロジーが重要となる．これに対し，磁気回路は，磁性体の形状や大きさ，材料などによって決まる磁気特性を扱い，磁性体の構造が重要となる．

磁気回路の解析だけでは，電気的な特性を解析することはできない．そこで，磁性体の構造を反映した磁気回路を電気回路として幾何学的に変換し，磁気回路を電気回路に関連付けて連成させる双対電磁回路解析法を解説する．具体的

な手順は，次のとおりである．

ステップ 1：磁気構造を反映した磁気回路を導く．
ステップ 2：双対関係より，電流源（起磁力）回路を電圧源（磁束）回路に変換する．
ステップ 3：電流源を理想トランスで置き換え，等価的な電気回路を導く．

(1) 複合トランスの双対電磁回路解析

具体的な事例として，図 2.17 に示す複合トランスのモデルに関して磁気回路から電気回路を導く．複合トランスとは，複数の磁気部品を総合して，複数の機能を有する高機能トランスである．複数の巻線を有する複合トランスの概観図を図 2.17 (a) に示す．まず，この複合トランスの磁気回路を導く．複合トランスの 1 次巻線 n_p，2 次巻線 n_s，出力巻線 n_o はそれぞれ 8 ターン，2 ターン，1 ターンとする．各巻線記号の添え字は，1 次：primary，2 次：secondary，出力：output から得ている．出力巻線 n_o は，複合トランスの外脚に 1 ターンずつ旋回して構成しており，それぞれを出力巻線 n_{o1}，出力巻線 n_{o2} としている．2 つの出力巻線 n_{o1}，n_{o2} は，中脚に 1 ターン旋回するのと磁気的にはほぼ等価である．磁気回路は図 2.17 (b) となる．磁束 Φ の連続性より次式が成り立つ．

$$\phi_1 = \phi_2 + \phi_3 \tag{2.6}$$

次に，磁気回路に対して双対回路を構成する．図 2.17 (b) に対する双対磁気回路は図 2.17 (c) となる．式 (2.6) の両辺を時間微分して，$\phi_n = L_n i_n\ (n = 1, 2, 3)$ の関係より次式を得る．

$$L_1 \frac{di_1}{dt} = L_2 \frac{di_2}{dt} + L_3 \frac{di_3}{dt} \tag{2.7}$$

前式は電気回路におけるキルヒホッフの電圧則である．また，起磁力方程式より磁気抵抗 $R_n\ (n = 1, 2, 3)$ を用いて次式を得る．

$$n_p i_p - n_s i_s + n_{o1} i_L = R_1 \phi_1 + R_2 \phi_2 \tag{2.8}$$

$$n_p i_p - n_s i_s + n_{o2} i_L = R_1 \phi_1 + R_3 \phi_3 \tag{2.9}$$

ここで，$L_n = 1/R_n\ (n = 1, 2, 3)$ の関係を用いて次式を得る．

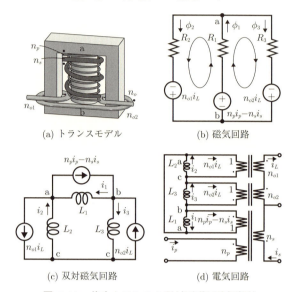

図 2.17 複合トランスの双対電磁回路解析法

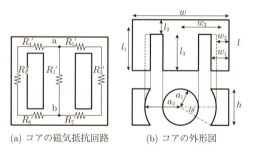

図 2.18 複合トランスコアの磁気抵抗回路と外形図

$$n_p i_p - n_s i_s + n_{o1} i_L = i_1 + i_2 \tag{2.10}$$

$$n_p i_p - n_s i_s + n_{o2} i_L = i_1 + i_3 \tag{2.11}$$

これらは，キルヒホッフの電流則である．これらの式を元にして，理想トランスを用いて電気回路の図 2.17 (d) が得られる．

表 2.5　複合トランスのコアサイズ

記号	a_1	a_2	l	l_2	l_3	w	h
長さ [mm]	8.15	18.5	24.7	9.0	18.1	48.7	16.4

(2) 磁気回路を用いたインダクタンスの計算

図 2.17 (a) に示す複合トランスについて等価的な磁脚のインダクタンスを算出する．磁脚となるフェライトコアは標準的な EER49 サイズを用いる．コアの磁気抵抗回路を図 2.18 (a)，コアの外形図を図 2.18 (b) に示す．外形図では，片方のみのコアを示している．各部の磁気抵抗を $R'_1 \sim R'_7$ とし，フェライトの比透磁率を 2300 とする．複合トランスのコアサイズとなる幾何学的な長さを表 2.5 に示す．等価的な磁気抵抗 $R_1 \sim R_3$ は次式により得られる．

$$R_1 = R'_1 = \frac{2l_1}{\mu_s s_1} = 7.10 \times 10^4 \tag{2.12}$$

$$R_2 = R'_2 + R'_4 + R'_6 = \frac{2l_1}{\mu S_2} + \frac{w_3}{\mu S_4} \times 2 = 2.76 \times 10^5 \tag{2.13}$$

$$R_3 = R'_3 + R'_5 + R'_7 = R_2 = 2.76 \times 10^5 \tag{2.14}$$

得られた磁気抵抗を元にして等価的なインダクタンス $L_1 \sim L_3$ は次式により求められる．

$$L_1 = L'_1 = \frac{1}{R_1} = 14.09 \times 10^{-6} = 14.09 \ [\mu H] \tag{2.15}$$

$$L_2 = \frac{1}{R_2} = \frac{1}{2.76 \times 10^5} = 3.62 \ [\mu H] \tag{2.16}$$

$$L_3 = \frac{1}{R_3} = L_2 = 3.62 \ [\mu H] \tag{2.17}$$

(3) 双対電磁回路解析と回路シミュレーション

双対電磁回路解析により得られた図 2.17 (d) に示す電気回路と式 (2.15)～式 (2.17) により得られたインダクタンスを用いて，複合トランスを用いたコンバータの動作を回路シミュレーションする．これにより得られる結果と，有限要素法を用いて解析して得られる結果を比較する．有限要素法解析ソフトを用いて複合トランスを磁界解析し，得られた回路定数を用いて回路シミュレーションを行う．回路シミュレーションでは，スイッチングコンバータ解析ツールのソ

フトを用いる．主な解析条件は，入力電圧 $V_i = 200\,\mathrm{V}$，出力電圧 $V_o = 12\,\mathrm{V}$，出力電流 $I_o = 20\,\mathrm{A}$，スイッチング周波数 $f_s = 100\,\mathrm{kHz}$ とする．双対電磁回路解析により得た複合トランスの電気回路を用いたシミュレーション回路図とスイッチング動作波形を図 2.19，有限要素法解析により得た複合トランスの回路定数を用いたシミュレーション回路図とスイッチング動作波形を図 2.20 に示す．スイッチング動作波形では，スイッチング制御における時比率 D を 0.4，0.5，0.6 と変化させている．図 2.19 より，仮想的に設定される各磁脚のインダクタンス L_1，L_2，L_3 に対する励磁電流 i_1，i_2，i_3 の波形を解析することができる．図 2.19 と図 2.20 を比較すると，電流 i_L の波形はよく一致している．双対電磁回路解析の妥当性および有効性が確認できる．

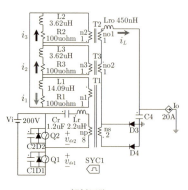

(a) 解析回路

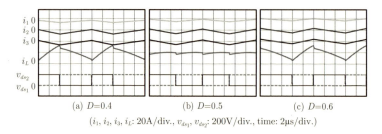

(a) D=0.4　　(b) D=0.5　　(c) D=0.6

(i_1, i_2, i_3, i_L: 20A/div., v_{ds_1}, v_{ds_2}: 200V/div., time: 2μs/div.)

(b) スイッチング動作波形

図 2.19　双対電磁回路解析を用いたコンバータ動作シミュレーション

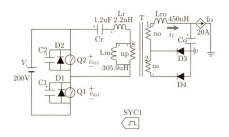

(a) 解析回路

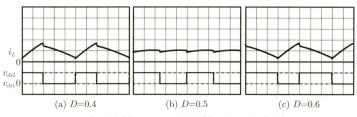

(i_L: 20A/div., v_{ds1}, v_{ds2}: 200V/div., time: 2μs/div.)

(b) スイッチング動作波形

図 2.20 有限要素法解析を用いたコンバータ動作シミュレーション

電磁回路解析では，反復計算を必要とせずに電気回路が得られ，かつ，仮想的に設定される各磁脚に対する励磁電流 i_1, i_2, i_3 の波形を解析することができる．これに対し，有限要素法解析では，反復計算のための計算機と計算時間が必要である．解析モデルを要素に分割するメッシュを細かくして分割数を大きくすることで解析の精度を高めることができる．ただし，分割数を大きくすると，計算時間は大きくなる．さらに，1次巻線と2次巻線の間での結合係数や漏れインダクタンスなども解析できる．電磁回路解析は総合的な簡易解析に優れ，有限要素法解析は部分的な詳細解析に優れることが理解できる．

(4) 解析波形と実験波形の比較

複合トランスの解析に対する検証として，測定による実験波形と回路シミュレーションでの解析波形を比較する．実験条件として，入力電圧 $V_i = 200\,\mathrm{V}$，出力電圧 $V_o = 12\,\mathrm{V}$，出力電流 $I_o = 50\,\mathrm{A}$，スイッチング周波数 $f_s = 100\,\mathrm{kHz}$

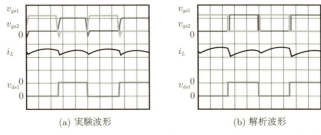

(a) 実験波形   (b) 解析波形

(v_{gs1}: 10V/div., v_{gs2}: 10V/div., i_L: 20A/div., v_{ds1}: 200V/div., time: 2μs/div.)

図 **2.21**　実験波形と解析波形の比較

とする．スイッチング動作における実験波形と解析波形の比較を図 2.21 に示す．実験における電流 i_L の波形は解析波形とよく一致していることから解析の有効性が確認できる．

なお，この複合トランスを用いたコンバータの電力変換動作については，2.4 節において詳しく解説する．

2.1.5　まとめ

電力変換回路において電力磁気部品の設計は非常に重要な位置付けとなる．しかしながら，電力磁気部品の扱いを苦手とする技術者は少なくない．というのは，電力磁気部品の設計は，科学的な理論を応用する「技術」だけではなく，試行錯誤による経験的な知識を用いる「技能」をも必要とすることが多いからである．このように「技術」と「技能」，すなわち理論的な解析と実践的な設計を体系的に理解することが重要である．一方，このようなことを解説する書籍はこれまではほとんどなかった．

電気系の学生や技術者は，電気回路には馴染みが深いが，磁気回路については不慣れである．学校教育では，電気回路に費やす時間に比べて磁気回路の説明に費やす時間は圧倒的に少ない．このような実情に配慮して，磁気回路を電気回路に対比させて説明することによって，磁気回路に対する苦手意識を払拭し，スイッチング電源に用いる高周波パワー磁気デバイスの理解を深めることを目的として解説を進めてきた．

本節では，まず電力変換回路としてコンバータについての概要を説明した．次に，磁性体が有する特有の特性を示した上で，電気と磁気の類似性と，電気回路と磁気回路に共通して成り立つ双対性や電力の流れの逆方向変換などを解説した．そして，これらを応用した双対電磁回路解析法を用いた複合トランスの解析について解説した．

地球環境に優しい電気・電子機器を開発，設計するには，スイッチング電源の高性能化，高機能化は必要不可欠である．これらを実現するためには，スイッチング電源に用いられるトランスやインダクタの設計が非常に重要となる．電磁装置であるがゆえ，電気と磁気の両面を理解することが必要であり，本書がこのような使命に役立つことができれば幸いである．

以降の節では，コンバータに用いる高周波パワー磁気デバイスの応用技術として，具体的なコンバータについて電力変換動作などを取り上げ，理解を深めていくことにする．

2.2　スイッチングコンバータにおける磁気応用技術

スイッチングコンバータは半導体スイッチ，ダイオード，平滑用のインダクタおよび平滑用のキャパシタを基本的な要素として構成される電力変換回路である．これら基本的な要素にトランスを組み合わせることで，入出力電圧比の拡大や入出力間の電気絶縁が可能となる．本節ではスイッチングコンバータとして広く使われているフライバックコンバータとフォワードコンバータを取り上げて，コンバータ回路のスイッチング動作と，トランスやインダクタが行う電力変換動作を説明する．

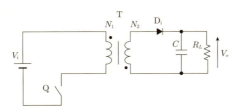

図 2.22　フライバックコンバータ回路

84　第 2 章　スイッチング電源に用いる高周波パワー磁気デバイス

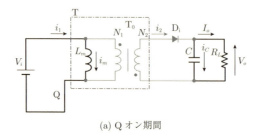

(a) Q オン期間

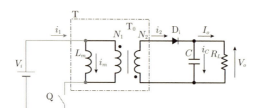

(b) Q オフ期間

図 **2.23**　フライバックコンバータの等価回路（CCM 時）

2.2.1　フライバックコンバータ

　フライバックコンバータでは，トランスの励磁インダクタンスに磁気エネルギーとして励磁エネルギーを蓄積する動作と，蓄積した励磁エネルギーを出力に放出する動作を交互に，かつ周期的に繰り返して電力変換を行う．図 2.22 はフライバックコンバータの回路図である．半導体スイッチ Q をオンオフすることで励磁エネルギーの蓄積と放出を行う．図 2.23 は Q のオン期間とオフ期間の等価回路である．トランスの等価回路には図 1.22(a) を用いている．以下に図 2.23 を用いてフライバックコンバータ回路の定常状態におけるスイッチング動作と，トランスの電力変換動作を説明する．ここで，出力電圧はスイッチング周波数固定のパルス幅変調（pulse width modulation：PWM）を用いて制御されているとする．また，半導体スイッチ，ダイオード，トランスの巻線等の影響による電圧降下，トランスの鉄損などは無視をして説明する．

　Q オン期間では，トランス T の 1 次巻線に入力電圧 V_i が印加され，励磁インダクタンス L_m に励磁電流 i_m が流れて励磁エネルギーを蓄積する．2 次巻線

にはダイオード D_i を逆バイアスする誘導電圧が立つので 2 次電流 i_2 は流れず，出力電流は平滑用のキャパシタ C から供給される．T の 1 次電流を i_1，2 次電流を i_2，1 次巻線の巻数を N_1，磁性体に発生する磁束を ϕ，および出力電流を I_o とすると，

$$V_i = L_m \frac{di_m}{dt} = N_1 \frac{d\phi}{dt} \tag{2.18}$$

$$i_1 = i_m \tag{2.19}$$

$$i_2 = 0 \tag{2.20}$$

$$i_c = -I_o \tag{2.21}$$

が成り立つ．i_m, ϕ の Q オン期間における初期値を $i_{m(0)}, \phi_{(0)}$ と置いて，

$$i_m = \frac{V_i}{L_m} t + i_{m(0)} \tag{2.22}$$

$$\phi = \frac{V_i}{N_1} t + \phi_{(0)} \tag{2.23}$$

となる．Q のスイッチング周期を T_s，Q オンの時比率を D とすると，Q オン期間は DT_s となる．

DT_s 時間後，Q をオフすると L_m に逆起電力が発生し D_i がオンする．励磁電流 i_m は理想トランス T_0 および D_i を通して C および負荷抵抗 R_L に出力される．このとき L_m には出力電圧 V_o を 1 次側に換算した電圧が印加される．2 次巻線の巻数を N_2 とすると，

$$-\frac{N_1}{N_2} V_o = L_m \frac{di_m}{dt} = N_1 \frac{d\phi}{dt} \tag{2.24}$$

$$i_1 = 0 \tag{2.25}$$

$$i_2 = (N_1/N_2) i_m \tag{2.26}$$

$$i_c = i_2 - I_o \tag{2.27}$$

が成り立つ．i_m, ϕ の Q オフ期間における初期値を $i_{m(DT_s)}, \phi_{(DT_s)}$ とすると，

$$i_m = -\frac{(N_1/N_2) V_o}{L_m} (t - DT_s) + i_{m(DT_s)} \tag{2.28}$$

$$\phi = -\frac{V_o}{N_2} (t - DT_s) + \phi_{(DT_s)} \tag{2.29}$$

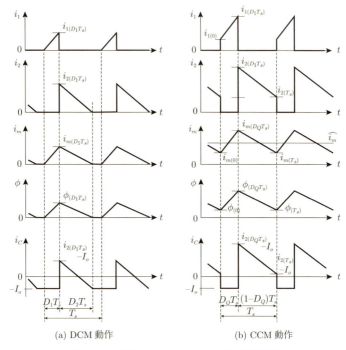

図 **2.24** フライバックコンバータの動作波形

となる．定常状態のトランス動作波形を図 2.24 に示す．コンバータの出力電流をゼロから徐々に増加させると，励磁電流 i_m は図 2.24(a) の電流不連続モード（discontinuous conduction mode：DCM）から図 2.24(b) の電流連続モード (continuous conduction mode：CCM) に入る．ここで，定常状態において Q オン期間と Q オフ期間の i_m の増加分と減少分は等しいので，定常状態の時比率 D_Q と入出力電圧 V_i, V_o との関係は，(2.22) 式と (2.28) 式を用いて，

$$\frac{D_Q}{1-D_Q} = \frac{V_o}{(N_2/N_1)\,V_i} \tag{2.30}$$

となる．

次に，トランスの電力変換動作について定常状態の CCM 動作時を例にして説明する．まず，$\hat{i}_m$ を励磁電流の平均値と定義し，(2.22) 式に $t = D_Q T_s$ を代

入して，
$$\hat{i}_m = \frac{1}{2}(i_{m(0)} + i_{m(D_Q T_s)}) = \frac{1}{2}(i_{m(D_Q T_s)} + i_{m(T_s)}) = i_{m(0)} + \frac{V_i}{2L_m} D_Q T_s \tag{2.31}$$

とする．トランスの入力電力 P_{in} は励磁エネルギーの増加分を用いて求まり，

$$\begin{aligned} P_{in} &= \frac{1}{2T_s} L_m (i_{m(D_Q T_s)}^2 - i_{m(0)}^2) \\ &= D_Q \left\{ L_m \frac{i_{m(D_Q T_s)} - i_{m(0)}}{D_Q T_s} \right\} \left\{ \frac{i_{m(D_Q T_s)} + i_{m(0)}}{2} \right\} = D_Q V_i \hat{i}_m \end{aligned} \tag{2.32}$$

となる．P_{in} はトランスへの印加電圧と流入電流の積を用いて同様に求まり，(2.22) 式を用いて，

$$\begin{aligned} P_{in} &= \frac{1}{T_s} \int_0^{D_Q T_s} V_i\, i_1\, dt = \frac{1}{T_s} \int_0^{D_Q T_s} V_i \left(\frac{V_i}{L_m} t + i_{m(0)} \right) dt \\ &= D_Q V_i \left(\frac{V_i}{2L_m} D_Q T_s + i_{m(0)} \right) = D_Q V_i \hat{i}_m \end{aligned} \tag{2.33}$$

となる．トランスの出力電力 P_{out} は励磁エネルギーの減少分を用いて求まり，

$$\begin{aligned} P_{out} &= \frac{1}{2T_s} L_m (i_{m(D_Q T_s)}^2 - i_{m(T_s)}^2) = (1 - D_Q) \left\{ L_m \frac{i_{m(D_Q T_s)} - i_{m(T_s)}}{(1 - D_Q) T_s} \right\} \\ &\left\{ \frac{i_{m(D_Q T_s)} + i_{m(T_s)}}{2} \right\} = (1 - D_Q) \frac{N_1}{N_2} V_o \hat{i}_m \end{aligned} \tag{2.34}$$

となる．P_{out} はトランスへの印加電圧と流出電流の積を用いて同様に求まり，(2.28) 式を用いて，

$$\begin{aligned} P_{out} &= \frac{1}{T_s} \int_{D_Q T_s}^{T_s} V_o\, i_2\, dt \\ &= \frac{1}{T_s} \int_{D_Q T_s}^{T_s} V_o \frac{N_1}{N_2} \left\{ -\frac{(N_1/N_2) V_o}{L_m}(t - D_Q T_s) + i_{m(D_Q T_s)} \right\} dt \\ &= (1 - D_Q) \frac{N_1}{N_2} V_o \left\{ -\frac{(N_1/N_2) V_o}{2L_m}(1 - D_Q) T_s + i_{m(D_Q T_s)} \right\} \\ &= (1 - D_Q) \frac{N_1}{N_2} V_o \hat{i}_m \end{aligned} \tag{2.35}$$

となる．$(N_1/N_2)\hat{i}_m$ は $(1-D_Q)T_s$ 期間における i_2 の平均値であるから，出力電流を I_o と置いて，

$$(1-D_Q)\frac{N_1}{N_2}\hat{i}_m = I_o \tag{2.36}$$

となる．(2.36) 式を用いて (2.34) 式の右辺は $V_o I_o$ と変換され，コンバータの出力電力 P_{out} になる．実際のコンバータでは半導体スイッチ，ダイオード，トランス等において電力損失が発生する．電力損失を P_{loss} とすると，コンバータの電力変換効率は，P_{in} と P_{out} を用いて $\eta = P_{out}/P_{in} = P_{out}/(P_{out}+P_{loss})$ と定義される．なお，CCM 動作における $i_{m(0)}, i_{m(D_Q T_s)}, \phi_{(0)}, \phi_{(D_Q T_s)}$ は，(2.31)，(2.36) 式および $t=D_Q T_s$ 時の (2.22) 式を用いて，

$$i_{m(0)} = \frac{I_o}{(1-D_Q)N_1/N_2} - \frac{V_i}{2L_m}D_Q T_s \tag{2.37}$$

$$i_{m(D_Q T_s)} = \frac{I_o}{(1-D_Q)N_1/N_2} + \frac{V_i}{2L_m}D_Q T_s \tag{2.38}$$

(1.129) 式の関係を用いて，

$$\phi_{(0)} = \frac{L_m I_o}{(1-D_Q)N_1^2/N_2} - \frac{V_i}{2N_1}D_Q T_s \tag{2.39}$$

$$\phi_{(D_Q T_s)} = \frac{L_m I_o}{(1-D_Q)N_1^2/N_2} + \frac{V_i}{2N_1}D_Q T_s \tag{2.40}$$

を得る．DCM 動作と CCM 動作の臨界点における出力電流 I_{ocrit} は，(2.37) 式で $i_{m(0)}=0$ として，

$$I_{ocrit} = \frac{(1-D_Q)(N_1/N_2)V_i}{2L_m}D_Q T_s \tag{2.41}$$

である．

以上に示したように，フライバックコンバータは，トランスにおいて励磁エネルギーを蓄積する動作を利用したコンバータである．

2.2.2 フォワードコンバータ

フォワードコンバータでは，1 次回路が作る方形波電圧を，トランスを用いて 2 次回路に送り，整流した後に平滑用のフィルタを用いて直流電圧に変換する．平滑用のフィルタは平滑用のインダクタと平滑用のキャパシタを用いて構成さ

2.2 スイッチングコンバータにおける磁気応用技術

れる．トランスの励磁インダクタンスに蓄積される励磁エネルギーはスイッチング周期毎にリセットを行う．リセット方式の1つに共振リセット方式があり，LC 共振を用いて励磁エネルギーを入力電源に戻す動作を行う．図 2.25 は共振リセット方式を用いたフォワードコンバータの回路図である．図 2.26 は半導体スイッチ Q のオン期間，オフ期間の等価回路である．トランスの等価回路には図 1.22(a) を用いている．以下に図 2.26 を用いてフォワードコンバータ回路の定常状態におけるスイッチング動作と，平滑用のインダクタの電力変換動作を説明する．ここで，出力電圧はスイッチング周波数固定の PWM を用いて制御されているとする．また，半導体スイッチ，ダイオード，トランスの巻線等の影響による電圧降下，トランスの鉄損などは無視をして説明する．

Q オン期間では，トランス T の 1 次巻線に入力電圧 V_i が印加されることで，励磁インダクタンス L_m に励磁電流 i_m が流れ，理想トランス T_0 の 2 次巻線に誘導電圧が立つ．2 次巻線に立つ誘導電圧 $(N_2/N_1)V_i$ と出力電圧 V_o との差分がダイオード D_{i1} を通して平滑用のインダクタ L に印加され，インダクタ電流 i_L が流れる．トランスの 1 次の巻数を N_1，2 次の巻数を N_2，磁性体に発生する磁束を ϕ_T とし，平滑用のインダクタ L の巻数を N_L，磁性体に発生する磁束を ϕ_L とすると，

$$V_i = L_m \frac{di_m}{dt} = N_1 \frac{d\phi_T}{dt} \tag{2.42}$$

$$\frac{N_2}{N_1} V_i - V_o = L \frac{di_L}{dt} = N_L \frac{d\phi_L}{dt} \tag{2.43}$$

$$i_1 = i_m + (N_2/N_1) i_2 \tag{2.44}$$

$$i_2 = i_L \tag{2.45}$$

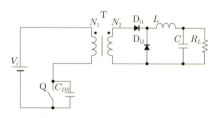

図 2.25　共振リセットのフォワードコンバータ回路

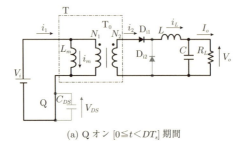

(a) Q オン $[0 \leq t < DT_s]$ 期間

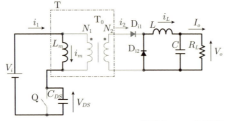

(b) Q オフ $[DT_s \leq t < (D+D_{rst})T_s]$ 期間(リセット期間)

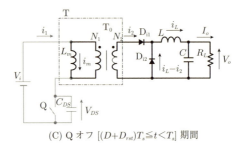

(C) Q オフ $[(D+D_{rst})T_s \leq t < T_s]$ 期間

図 **2.26** フォワードコンバータの等価回路(CCM 動作)

が成り立つ.i_m, ϕ_T, i_L, ϕ_L の Q オン期間における初期値を $i_{m(0)}, \phi_{T(0)}, i_{L(0)}$, $\phi_{L(0)}$ と置いて,

$$i_m = \frac{V_i}{L_m} t + i_{m(0)} \tag{2.46}$$

$$\phi_T = \frac{V_i}{N_1} t + \phi_{T(0)} \tag{2.47}$$

$$i_L = \frac{(N_2/N_1)V_i - V_o}{L} t + i_{L(0)} \tag{2.48}$$

$$\phi_L = \frac{(N_2/N_1)V_i - V_o}{N_L} t + \phi_{L(0)} \tag{2.49}$$

となる．

DT_s 時間後，Q をオフする．Q の端子間容量を C_{DS}，電圧を v_{DS} とすると，Q オフ直後は $v_{DS} = 0$ であるから T_0 の 2 次電圧 $(N_2/N_1)(V_i - v_{DS})$ はプラスであり，D_{i1}, D_{i2} は Q がオフする直前の状態の D_{i1} オン，D_{i2} オフを継続する．i_L は D_{i1} を通して T_0 の 2 次巻線に流れ続けるので，i_L を 1 次側に換算した電流が C_{DS} を充電する．v_{DS} が V_i に達してさらに上昇すると，T_0 の 2 次電圧 $(N_2/N_1)(V_i - v_{DS})$ はマイナスとなるので D_{i1} はオフし，i_L は D_{i2} に流れ出して図 2.26(b) の動作に入る．i_L が C_{DS} を 0 から V_i まで充電する時間はスイッチング周期に対して十分短いため，図 2.26 ではこの間の等価回路は省略する．

$v_{DS} = V_i$ に達すると図 2.26(b) の Q オフ $[DT_s \leqq t < (D + D_{rst})T_s]$ 期間が始まる．i_m, i_L はプラス電圧に向かって流れることで減少に転じる．

$$V_i - v_{DS} = L_m \frac{di_m}{dt} = N_1 \frac{d\phi_T}{dt} \tag{2.50}$$

$$i_m = C_{DS} \frac{dv_{DS}}{dt} \tag{2.51}$$

$$-V_o = L \frac{di_L}{dt} = N_L \frac{d\phi_L}{dt} \tag{2.52}$$

$$i_1 = i_m \tag{2.53}$$

$$i_2 = 0 \tag{2.54}$$

が成り立つ．$i_m, \phi_T, i_L, \phi_L, v_{DS}$ の Q オフ期間における初期値を $i_{m(DT_s)}, \phi_{T(DT_s)}, i_{L(DT_s)}, \phi_{L(DT_s)}, V_i$ とし，共振リセットの共振角周波数を ω_0 とすると，

$$i_m = i_{m(DT_s)} \cos\{\omega_o(t - DT_s)\} \tag{2.55}$$

$$\phi_T = \phi_{T(DT_s)} \cos\{\omega_o(t - DT_s)\} \tag{2.56}$$

$$v_{DS} = V_i + \frac{i_{m(DT_s)}}{\omega_o C_{DS}} \sin\{\omega_o(t - DT_s)\} \tag{2.57}$$

$$\omega_o = 1/\sqrt{L_m C_{DS}} \tag{2.58}$$

$$i_L = -\frac{V_o}{L}(t - DT_s) + i_{L(DT_s)} \tag{2.59}$$

$$\phi_L = -\frac{V_o}{N_L}(t - DT_s) + \phi_{L(DT_s)} \tag{2.60}$$

となる. (2.55), (2.57) 式より, $\omega_0(t - DT_s) = \pi/2$ となる時刻で v_{DS} はピーク電圧となり, i_m はプラスからマイナスに転じる. $\omega_0(t - DT_s) = \pi$ となる時刻で v_{DS} は V_i まで低下し, i_m はマイナスのピークとなる. v_{DS} が V_i に達してさらに低下すると T_0 の 2 次巻線電圧 $(N_2/N_1)(V_i - v_{DS})$ がプラスに転じて D_{i1} はオンとなる. D_{i2} には $(N_1/N_2)i_m$ よりも十分大きな i_L が流れているので D_{i2} はオンを継続し, D_{i1} と D_{i2} は同時オンすることとなり T_0 の 2 次巻線は短絡状態となる. T_0 の 2 次巻線の短絡によって L_m は短絡され, L_m と C_{DS} の共振は停止する.

共振が停止すると図 2.26(c) の Q オフ $[(D + D_{rst})T_s \leqq t < T_s]$ 期間が始まり,

$$0 = L_m \frac{di_m}{dt} = N_1 \frac{d\phi_T}{dt} \tag{2.61}$$

$$i_1 = 0 \tag{2.62}$$

$$i_2 = -(N_1/N_2)i_m \tag{2.63}$$

が成り立ち, i_m と ϕ_T は共振停止時の状態で維持される. 図 2.26(b) の共振リセット期間を $D_{rst}T_s$ とすると, 時刻 $t = (D + D_{rst})T_s$ において $\omega_0(t - DT_s) = \pi$ となるので, $D_{rst}T_s$ は

$$D_{rst}T_s = \frac{\pi}{\omega_0} = \pi\sqrt{L_m C_{DS}} \tag{2.64}$$

と求まる. ここで, 定常状態において Q オン期間と Q オフ期間で i_L の増加分と減少分は等しいので, 定常状態の時比率 D_Q と入出力電圧 V_i, V_o との関係は, (2.48), (2.59) 式を用いて,

$$D_Q = \frac{V_o}{(N_2/N_1)V_i} \tag{2.65}$$

となる. 同様に, 定常状態において Q オン期間とトランスのリセット期間で i_m の増加分と減少分は等しいので, $i_{m(0)}, i_{m(D_Q T_s)}, \phi_{T(0)}, \phi_{T(D_Q T_s)}$ は (2.46), (2.55) 式および (2.47), (2.56) 式を用いて,

$$i_{m(0)} = -\frac{V_i}{2L_m} D_Q T_s \tag{2.66}$$

$$i_{m(D_Q T_s)} = \frac{V_i}{2L_m} D_Q T_s \tag{2.67}$$

$$\phi_{T(0)} = -\frac{V_i}{2N_1} D_Q T_s \tag{2.68}$$

$$\phi_{T(D_Q T_s)} = \frac{V_i}{2N_1} D_Q T_s \tag{2.69}$$

と求まる．(2.56)，(2.68)，(2.69) 式より，共振リセット方式のフォワードコンバータでは，定常状態のトランスの磁束は B-H 特性の第 1 象限と第 3 象限の間を動作することがわかる．

T_s 時間後に Q をオンすると，C_{DS} は Q により放電されて等価回路は図 2.26(a) の状態に戻る．C_{DS} の放電時間は十分に短いため，図 2.26 ではこの間の等価回路は省略する．

定常状態のトランスと平滑用のインダクタの動作波形を図 2.27 に示す．出力電流をゼロから徐々に増加させると，i_L が図 2.27(a) の電流不連続モード (DCM) から図 2.27(b) の電流連続モード (CCM) に入る．ここで DCM 動作では D_{i1} に電流が流れる時比率を D_1，D_{i2} に電流が流れる時比率を D_2 として示している．また共振リセット期間後の DCM 動作においては，i_L が流れている間は D_{i1}, D_{i2} が同時オンして T_0 の 2 次巻線を短絡するが，i_L がゼロになると D_{i2} がオフするので短絡が解除され，L_m と C_{DS} の間で自由振動が始まり v_{DS} に振動波形として現れる．

DCM 動作と CCM 動作の臨界条件は，(2.48) 式において $i_{L(0)} = 0$ とし i_L を平均化することで，

$$I_{ocrit} = \frac{(N_2/N_1)V_i - V_o}{2L} D_Q T_s \tag{2.70}$$

と求まる．

次に，平滑用のインダクタ L の電力変換動作について CCM 動作時を例にして説明する．まず $\hat{i}_L$ を i_L の平均値と定義すると，出力電流 I_o も i_L の平均値となり，

$$\hat{i}_L = \frac{1}{2}(i_{L(0)} + i_{L(D_Q T_s)}) = I_o \tag{2.71}$$

と置ける．まず Q オン期間に T_s 平滑用のフィルタへ入力される電力 P_{in} は，

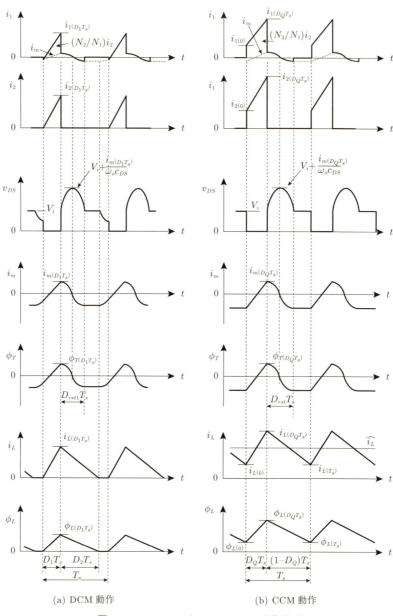

図 **2.27** フォワードコンバータの動作波形

(2.48) 式を用いて，

$$\begin{aligned}
P_{in} &= \frac{1}{T_s}\int_0^{D_Q T_s} \left(\frac{N_2}{N_1}V_i\right) i_L dt \\
&= \frac{1}{T_s}\int_0^{D_Q T_s} \left(\frac{N_2}{N_1}V_i\right) \left\{\frac{(N_2/N_1)V_i - V_o}{L}t + i_{L(0)}\right\} dt \\
&= D_Q \left(\frac{N_2}{N_1}V_i\right) \left\{\frac{(N_2/N_1)V_i - V_o}{2L}D_Q T_s + i_{L(0)}\right\} \\
&= D_Q \left(\frac{N_2}{N_1}V_i\right) \hat{i}_L
\end{aligned} \tag{2.72}$$

同時に L に蓄積される電力 P_{Lin} は励磁エネルギーの増加分を用いて求まり，

$$\begin{aligned}
P_{Lin} &= \frac{1}{2T_s}L(i_{L(D_Q T_s)}^2 - i_{L(0)}^2) \\
&= D_Q \left\{L\frac{i_{L(D_Q T_s)} - i_{L(0)}}{D_Q T_s}\right\}\left\{\frac{i_{L(D_Q T_s)} + i_{L(0)}}{2}\right\} \\
&= D_Q \left(\frac{N_2}{N_1}V_i - V_o\right)\hat{i}_L
\end{aligned} \tag{2.73}$$

となる．また，P_{Lin} は L に印加される電圧と i_L の積を用いて同様に求まり，(2.48) 式を用いて，

$$\begin{aligned}
P_{Lin} &= \frac{1}{T_s}\int_0^{D_Q T_s} \left(\frac{N_2}{N_1}V_i - V_o\right) i_L dt \\
&= \frac{1}{T_s}\int_0^{D_Q T_s} \left(\frac{N_2}{N_1}V_i - V_o\right) \left\{\frac{(N_2/N_1)V_i - V_o}{L}t + i_{L(0)}\right\} dt \\
&= D_Q \left(\frac{N_2}{N_1}V_i - V_o\right)\left\{\frac{(N_2/N_1)V_i - V_o}{2L}D_Q T_s + i_{L(0)}\right\} \\
&= D_Q \left(\frac{N_2}{N_1}V_i - V_o\right)\hat{i}_L
\end{aligned} \tag{2.74}$$

となる．また Q オン期間の出力電力 P_{Lthr} は，出力電圧と i_L の積から求まり，(2.48) 式を用いて，

$$\begin{aligned}
P_{Lthr} &= \frac{1}{T_s}\int_0^{D_Q T_s} V_o i_L dt = \frac{1}{T}\int_0^{D_Q T_s} V_o \left\{\frac{(N_2/N_1)V_i - V_o}{L}t + i_{L(0)}\right\} dt \\
&= D_Q V_o \left\{\frac{(N_2/N_1)V_i - V_o}{2L}D_Q T_s + i_{L(0)}\right\} = D_Q V_o \hat{i}_L
\end{aligned} \tag{2.75}$$

となる．Q オフ期間の出力電力 P_{Lout} は L が蓄積する励磁エネルギーの減少分

を用いて求まり，

$$P_{Lout} = \frac{1}{2T_s}L(i_{L(D_QT_s)}^2 - i_{L(T_s)}^2)$$
$$= (1-D_Q)\left\{L\frac{i_{L(D_QT_s)} - i_{L(T_s)}}{(1-D_Q)T}\right\}\left\{\frac{i_{L(D_QT_s)} + i_{L(T_s)}}{2}\right\}$$
$$= (1-D_Q)V_o\hat{i}_L \qquad (2.76)$$

となる．また P_{Lout} は L に印加される電圧と i_L の積を用いて同様に求まり，(2.59) 式を用いて，

$$P_{Lout} = \frac{1}{T_s}\int_{D_QT_s}^{T_s} V_o i_L dt = \frac{1}{T_s}\int_{D_QT_s}^{T_s} V_o\left\{-\frac{V_o}{L}(t-D_QT_s) + i_{L(D_QT_s)}\right\}dt$$
$$= (1-D_Q)V_o\left\{-\frac{V_o}{2L}(1-D_Q)T_s + i_{L(D_QT_s)}\right\} = (1-D_Q)V_o\hat{i}_L$$
$$\qquad (2.77)$$

となる．よって，

$$P_{Lin} + P_{Lthr} = D_Q\left(\frac{N_2}{N_1}V_i - V_o\right)\hat{i}_L + D_QV_o\hat{i}_L = D_Q\frac{N_2}{N_1}V_i\hat{i}_L = P_{in}$$
$$\qquad (2.78)$$

$$P_{Lin} = D_Q\left(\frac{N_2}{N_1}V_i - V_o\right)\hat{i}_L = V_o\hat{i}_L - D_QV_o\hat{i}_L = (1-D_Q)V_o\hat{i}_L = P_{Lout}$$
$$\qquad (2.79)$$

$$P_{Lout} + P_{Lthr} = (1-D_Q)V_o\hat{i}_L + D_QV_o\hat{i}_L = V_o\hat{i}_L = V_oI_o = P_{out} \qquad (2.80)$$

を得る．(2.78) 式は Q オン期間に平滑用のフィルタに印加された方形波電圧が L に励磁エネルギーを蓄積し，同時にコンバータ出力の Q オン期間分の電力を供給することを示す．(2.79) 式は Q オン期間に L が蓄積した励磁エネルギーが，Q オフ期間に L から放出する励磁エネルギーに等しいことを示す．(2.80) 式は L から放出する励磁エネルギーが，コンバータ出力の Q オフ期間分の電力を供給することを示す．実際のコンバータでは，ダイオード，インダクタ等において電力損失が発生する．

以上に示したように，フォワードコンバータは，インダクタにおいて励磁エネルギーを蓄積する動作を利用したコンバータである．

2.2 スイッチングコンバータにおける磁気応用技術

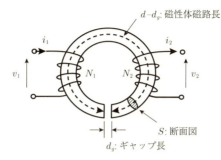

図 **2.28** ギャップ付変圧器

2.2.3 スイッチングコンバータに用いる磁気部品

フライバックコンバータおよびフォワードコンバータの電力変換は励磁インダクタンスが励磁エネルギーを蓄積する動作を応用している．一方，磁性体には磁気飽和の特性があり使用可能な磁束は制限される．そこで，磁気抵抗を増やして磁気飽和に至るまでの電流を増やす手法が用いられる．磁気抵抗を増加する手法としては磁路にギャップを付加する，低透磁率材料を用いるなどがある．ここではギャップの付加について説明する．

磁路に図 2.28 に示すようにギャップを付加すると，ギャップありの磁気抵抗 R_g とギャップなしの磁気抵抗 R_0 の比 R_g/R_0 は (1.62) 式を用いて，

$$\frac{R_g}{R_0} = \frac{\dfrac{d-d_g}{\mu_S\mu_0 S}+\dfrac{d_g}{\mu_0 S}}{\dfrac{d}{\mu_S\mu_0 S}} \cong \frac{d+\mu_S d_g}{d} \quad (\mu_s \gg 1 \text{として近似}) \tag{2.81}$$

となる．ここで，全磁路長 d，ギャップ長 d_g，磁路断面積 S，および磁性体比透磁率 μ_s であり，ギャップ部の磁束は断面に垂直と仮定する．(1.62) 式に示すように，比透磁率は磁気抵抗に反比例するので，(2.81) 式は等価的に比透磁率 μ_s を $d/(d+\mu_s d_g)$ 倍したことになる．フォワードコンバータの平滑用のインダクタの場合，インダクタ電流 i_L と磁性体に発生する磁束 ϕ_L の関係は，巻数を N_L，磁気抵抗を R とすると (1.61) 式より，

$$N_L i_L = R\phi_L \tag{2.82}$$

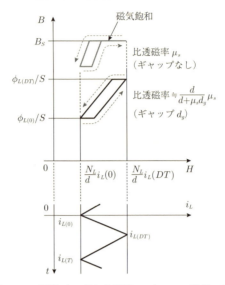

図 2.29 平滑インダクタ電流 i_L と B-H 特性の関係

となる．R に比例して i_L の上限値を増加できる．i_L と B-H 特性との関係を図 2.29 に示す．i_L と H には比例関係があるとし，i_L の時間変化波形を B-H 特性の横軸と一致させて示している．また，B-H 特性のヒステリシスループは簡易的に平行四辺形での近似とした．なおインダクタンス L_N は R に反比例するので，磁気抵抗を増加することによりインダクタンスは低下する．

2.3 複合機能磁気デバイスを備えたコンバータと磁束解析

DC-DC コンバータは小型高効率が認められ，産業用製品から家庭電化製品とあらゆる電子機器に利用されている．これら電子機器の小型化や軽量化のため，電源装置である DC-DC コンバータには小型化，高効率化が常に求められている．この小型化要求に対し，複数ある磁気部品の機能を 1 つの磁気部品に統合化して DC-DC コンバータを高電力密度化する手段が提案されている．本節では，始めにこの一例としてハイブリッド型 DC-DC コンバータについて述

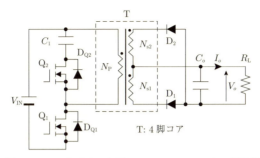

図 2.30 ハイブリッド型 DC-DC コンバータの回路図

べる．次にハイブリッド型 DC-DC コンバータに用いる 4 脚構造のコアの磁気回路について述べる．さらに脚の磁気抵抗の導出方法について述べた後に，4 脚構造のトランスの脚磁束責務について述べる．

2.3.1　ハイブリッド型 DC-DC コンバータの基本動作

　ハイブリッド型 DC-DC コンバータ [16)-18)] は，トランスに出力平滑チョーク機能を持たせるために 4 脚構造のトランスを用いている．さらに，この 4 脚構造のトランスに動作原理が異なる 2 種類の回路方式であるアクティブクランプ方式フォワードコンバータ [19)] とフライバックコンバータを組み合わせていることから「ハイブリッド型」と称している．本コンバータの回路図を図 2.30 に示す．トランス T の 1 次側はアクティブクランプ方式フォワードコンバータと同様の構成である．ダイオード D_{Q1} および D_{Q2} は，それぞれ MOS FET (metal-oxide-semiconductor field-effect transistor) Q_1 および Q_2 の寄生ダイオードである．C_o は平滑キャパシタである．本方式における出力電圧 V_o の制御は，スイッチング周波数を固定した PWM (pulse width modulation) により行う．Q_1 および Q_2 は相補的にオン・オフを繰り返し，双方が同時にオンすることのないよう，必要な最小限のデッドタイムを設けている．電源動作の定常状態において，キャパシタ C_1 は，Q_2 のドレイン端子側を正として入力直流電源電圧 V_{IN} に近い値に充電されている．

　Q_1 をオンさせると，T の 1 次巻線 N_p に V_{IN} が印加され，T の 2 次巻線 N_{s1} に生じた電圧がダイオード D_1 を通して負荷抵抗 R_L に印加される．ダイオー

ド D_2 は T の 2 次巻線 N_{s2} の電圧と V_o を合計した電圧により逆バイアスされてオフしている．同時に，T の励磁インダクタンスに励磁エネルギーが蓄えられる．Q_1 のオン期間の動作は従来のフォワードコンバータにおける主スイッチのオン期間の動作に相当する．次に，Q_1 がオフすると，T の励磁電流が D_{Q2} を流れる．D_{Q2} のオン期間中に Q_2 にゲート電圧を与えることにより，Q_2 ターンオン時の ZVS（zero voltage switching）が実現される．D_{Q2} を流れる電流によって C_1 は充電され，C_1 の電圧は C_1 と T の励磁インダクタンスとの共振によって上昇する．この D_{Q2} のオン期間，D_2 が導通し，T に蓄積された励磁エネルギーの一部を 2 次巻線 N_{s2} から R_L に供給する．Q_1 のオフ期間の動作は，従来のフライバックコンバータの主スイッチのオフ期間の動作に相当する．やがて C_1 の充電電圧がピークに達して Q_2 を介した放電に転じるが，この C_1 の放電期間中，C_1 に充電されていたエネルギーの一部も T を介して R_L に供給される．この Q_2 のオン期間の動作はフォワードコンバータの主スイッチのオフ期間に行われるトランスのリセット動作に相当し，このリセット動作をダイオードを用いた従来のクランプ回路に代わって能動素子である MOS FET を用いるため，本クランプ回路はアクティブクランプと呼ばれている．Q_1 および Q_2 ターンオフ時のドレイン・ソース間電圧は，V_{IN} と C_1 に充電されている電圧の合計値にクランプされる．C_1 の放電によって生じた T の励磁電流は，Q_2 がオフした後のデッドタイム期間に V_{IN} を通り D_{Q1} を導通させる．この状態で次のスイッチング周期に移行するため，Q_1 ターンオン時の ZVS が実現される．以上のように，ハイブリッド型 DC-DC コンバータは，フォワード動作とフライバック動作を交互に行うことで連続して R_L に電力を供給している．

2.3.2 4 脚トランスの磁気回路

ハイブリッド型 DC-DC コンバータの主回路とこの方式で用いる 4 脚トランスとの接続図を図 2.31 に示す．4 脚トランスの断面図を図 2.32 に示す．エアギャップを設けた 2 本の中脚に 2 次巻線 N_{s1} および N_{s2} をそれぞれ巻き，これら 2 次巻線の外側に 1 次巻線 N_p を巻いている．図 2.33 は図 2.31 に示した 4 脚トランスの磁気回路である．図 2.31 に示した磁束 $\phi_1 \sim \phi_6$ が通る磁路に対して，図 2.33 に示した磁気抵抗 $R_1 \sim R_6$ がそれぞれ対応している．図 2.31 の

2.3 複合機能磁気デバイスを備えたコンバータと磁束解析

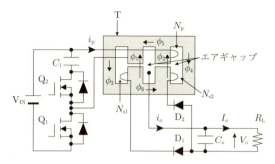

図 2.31 ハイブリッド型 DC-DC コンバータの構成図

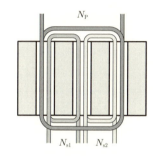

図 2.32 4脚トランスの断面図

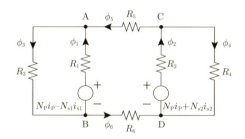

図 2.33 4脚トランスの磁気回路

MOS FET Q_1 のオンにより N_p には入力電源電圧 V_{IN} が印加され，1次電流 i_p が流れる．i_p が流れることで N_p を巻いている脚には起磁力 $N_p i_p$ が発生する．ダイオード D_1 がオンすることで N_{s1} に2次電流 i_{s1} が流れ，ϕ_1 が通る脚には起磁力 $N_p i_p$ を打ち消す向きに起磁力 $N_{s1} i_{s1}$ が発生する．一方，ダイオード D_2

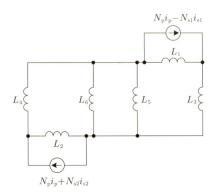

図 2.34　4脚トランスの磁気回路から変換して得た電気回路

はオフしており，N_{s2} に電流は流れないので，ϕ_2 が通る脚には起磁力 $N_p i_p$ が発生する．Q_1 をオフすると N_p にはキャパシタ C_1 の電圧 v_{C1} が印加され，その電圧はドット側を正にして V_{IN} から $-v_{C1}$ になる．これにより D_1 がオフするため，N_{s1} に電流は流れず，ϕ_1 が通る脚の起磁力は $N_p i_p$ となる．一方，D_2 のオンにより N_{s2} に2次電流 i_{s2} が流れ始め，ϕ_2 が通る脚の起磁力は $N_p i_p + N_{s2} i_{s2}$ となる．以上より，ϕ_1 が通る脚の起磁力は $N_p i_p - N_{s1} i_{s1}$ となり，ϕ_2 が通る脚の起磁力は $N_p i_p + N_{s2} i_{s2}$ になる．

2.3.3　磁気回路から電気回路への変換

ここでは，起磁力を巻線電流より算出するために回路シミュレーションを活用して巻線電流を得る方法を示す．ただし，回路シミュレーションではトランスの磁気回路と電気回路であるコンバータ回路を関係付ける必要がある．そのため，トランスの磁気回路を電気回路に変換してコンバータ回路と接続する．

まず，図 2.33 の磁気回路からそれと等価な電気回路に変換する．図 2.33 の磁気回路から変換した4脚トランスの電気回路を図 2.34 に示す．

この磁気回路から電気回路への変換が成り立つ物理的な裏付けをキルヒホッフの法則を用いて以下に説明する[16]．図 2.33 の磁気回路の磁束 $\phi_1 \sim \phi_6$ に対し，節点 A〜D における磁束の連続性より

A : $\phi_1 = \phi_3 - \phi_5$

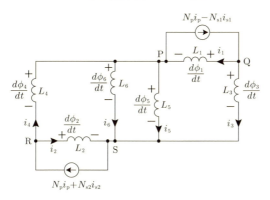

図 2.35　4 脚トランスの電気回路

B : $\phi_1 = \phi_3 - \phi_6$

C : $\phi_2 = \phi_4 + \phi_5$

D : $\phi_2 = \phi_4 + \phi_6$ \hfill (2.83)

を得る．また，これらの両辺を時間微分すると

$$\frac{d\phi_1}{dt} = \frac{d\phi_3}{dt} - \frac{d\phi_5}{dt}$$

$$\frac{d\phi_1}{dt} = \frac{d\phi_3}{dt} - \frac{d\phi_6}{dt}$$

$$\frac{d\phi_2}{dt} = \frac{d\phi_4}{dt} + \frac{d\phi_5}{dt}$$

$$\frac{d\phi_2}{dt} = \frac{d\phi_4}{dt} + \frac{d\phi_6}{dt} \tag{2.84}$$

を得る．(2.84) 式においてキルヒホッフの電圧則および図 2.33 に示した各巻線の起磁力より，図 2.35 に示す電気回路を得る．これは図 2.33 に示した 4 脚トランスの磁気回路と同じである．ここで，各インダクタンスは図 2.33 に示したトランスの各脚の磁気抵抗の逆数で，

$$L_1 = \frac{1}{R_1} \tag{2.85}$$

となる．$L_2 \sim L_6$ についても同様である．ここで，これらのインダクタンスの巻数はすべて 1 とし，$L_1 \sim L_6$ に流れる電流を $i_1 \sim i_6$ とした．

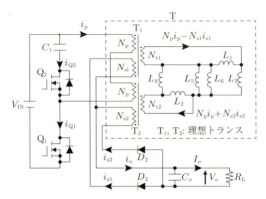

図 2.36 ハイブリッド型 DC-DC コンバータの等価回路

次に図 2.35 の 4 脚トランスの等価電気回路を図 2.31 のコンバータ回路に接続する方法について述べる．図 2.31 の各巻線には巻数比に応じた電圧が生じる．一方，図 2.35 に示した各インダクタンスの巻数を 1 としたので，Q-P 間および R-S 間に生じる電圧は，それぞれ N_p に印加される電圧の $1/N_p$ となる．したがって，巻数 1 の巻線 N_{t1} および巻線 N_{t2} をそれぞれ Q-P 間および R-S 間に接続し，巻線 N_p，N_{s1} および N_{t1} からなる T_1 および巻線 N_p，N_{s2} および N_{t2} からなる T_2 の 2 つの理想トランスを用いることで，4 脚トランスとコンバータ回路とを結合した．図 2.36 に示すハイブリッド型 DC-DC コンバータの等価回路において点線で囲って示したトランス T が，図 2.31 で示した 4 脚トランスの等価回路である．

2.3.4 出力平滑チョーク機能

図 2.31 において，Q_1 のオン期間に N_p に 1 次電流 i_p が流れることにより，N_{s1} を巻いた中脚および N_{s2} を巻いた中脚それぞれに ϕ_1 および ϕ_2 が発生する．このとき，D_1 が導通して N_{s1} に i_{s1} が流れ，C_o により平滑した出力電流 I_o が R_L に流れる．しかし，N_{s2} の電流は逆バイアスされている D_2 によって遮断されている．このとき，ϕ_2 が増加し，i_p および D_1 を流れる電流の急峻な増加を抑制している．次に，このことを図 2.36 で説明する．Q_1 のオン期間には V_{IN} からの電流 i_p が T_1 の N_p および T_2 の N_p を通って流れる．このとき，N_{s1} か

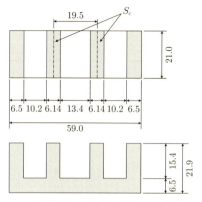

図 2.37 4脚トランスに用いるコアの外形寸法図例

ら電流 i_{s1} が D_1 を介して R_L に流れる．これと同時に N_{t1} には T_1 の N_p の電圧を N_p で割った値の電圧が発生し，この巻線に励磁電流 $N_p i_p - N_{s1} i_{s1}$ が流れる．またこのとき，T_2 の N_{s2} の電流 i_{s2} は D_2 がオフしているため流れないが，N_{t2} には電流 $N_p i_p$ が流れる．N_{t2} に接続されている L_2 は，等価的に V_{IN} に対して R_L および Q_1 と直列に接続されており，出力リップル電流および Q_1 の電流の急峻な上昇を抑制する出力平滑チョークの役割を果たしている．

2.3.5 磁気抵抗の導出

この項では図 2.37 に示す 4 脚トランスを例として，脚の磁気抵抗の導出方法を述べる．まず文献 20) 記載の 3 次元形状の磁気抵抗値の算出方法を用いて分割したコアの磁気抵抗を求める方法を述べる．次に，分割したコアブロックを合成することで脚に対応する磁気抵抗を求める方法を述べる．

まず，図 2.38 に示すようにコアを分割し，それぞれのブロックごとの磁気抵抗を求める．図 2.39(a) の磁気抵抗 R のブロックの各寸法を，同図 (b) のように W_1，W_2，D および H とする．この磁気抵抗ブロックを図 2.39(c) のように厚さ Δx，m 個の磁気抵抗を並列接続したものと考える．μ をコアの比透磁率とすると R は，

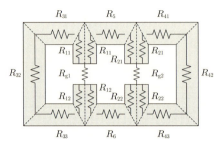

図 2.38　コアの分割

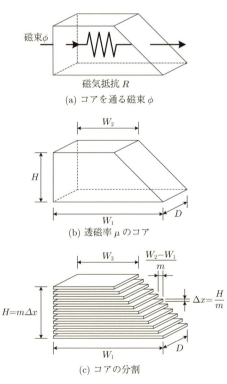

(a) コアを通る磁束 ϕ

(b) 透磁率 μ のコア

(c) コアの分割

図 2.39　脚の磁気抵抗の立体モデル

$$R = \cfrac{1}{\cfrac{1}{\frac{W_2}{\mu \Delta x D}} + \cfrac{1}{\frac{W_2 + \frac{W_1 - W_2}{m}}{\mu \Delta x D}} + \cfrac{1}{\frac{W_2 + 2\frac{W_1 - W_2}{m}}{\mu \Delta x D}} + \cdots + \cfrac{1}{\frac{W_2 + (m-1)\frac{W_1 - W_2}{m}}{\mu \Delta x D}}}$$

$$= \cfrac{1}{\mu D} \cfrac{1}{\cfrac{\Delta x}{W_2} + \cfrac{\Delta x}{W_2 + \frac{W_1 - W_2}{m}} + \cfrac{\Delta x}{W_2 + 2\frac{W_1 - W_2}{m}} + \cdots + \cfrac{\Delta x}{W_2 + (m-1)\frac{W_1 - W_2}{m}}}$$

$$= \cfrac{1}{\mu D \sum_{k=0}^{m-1} \cfrac{\Delta x}{W_2 + \frac{W_1 - W_2}{H}\frac{kH}{m}}} \tag{2.86}$$

となる．ここで，分割個数 m を無限大とすると (2.86) 式は

$$R = \frac{1}{\mu D \int_0^H \frac{1}{W_2 + \frac{W_1 - W_2}{H}x} dx} = \frac{W_1 - W_2}{\mu H D \log_e \left(\frac{W_1}{W_2}\right)} \tag{2.87}$$

となる．エアギャップの磁気抵抗 R_g はギャップ長 ℓ_g を，空気の透磁率が真空の透磁率 μ_0 と等しいとすると

$$R_\mathrm{g} = \frac{\ell_\mathrm{g}}{\mu_0 S_\mathrm{c}} \tag{2.88}$$

となる．この結果，$R_1 \sim R_4$ は

$$R_1 = \frac{R_{11} R_{11}}{R_{11} + R_{11}} + R_{g1} + \frac{R_{12} R_{12}}{R_{12} + R_{12}}$$

$$R_2 = \frac{R_{21} R_{21}}{R_{21} + R_{21}} + R_{g2} + \frac{R_{22} R_{22}}{R_{22} + R_{22}}$$

$$R_3 = R_{31} + R_{32} + R_{33}$$

$$R_4 = R_{41} + R_{42} + R_{43} \tag{2.89}$$

となる．

2.3.6 4脚トランスの磁束責務

図 2.36 の等価回路を用いた回路シミュレーションで図 2.35 の $L_1 \sim L_6$ に流れる電流を求め，これらより $\phi_1 \sim \phi_6$ を計算する．それには，4 脚トランス内部の直流成分の影響が現れない i_p，2 次巻線電流 i_s1 および i_s2 を用い，$N_\mathrm{p} i_\mathrm{p} - N_\mathrm{s1} i_\mathrm{s1}$ および $N_\mathrm{p} i_\mathrm{p} + N_\mathrm{s2} i_\mathrm{s2}$ それぞれを図 2.33 の磁気回路における起磁力として与え，$R_1 \sim R_6$ を通る $\phi_1 \sim \phi_6$ を計算する．

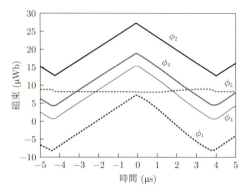

図 2.40　磁束 $\phi_1 \sim \phi_5$ のシミュレーション波形

以下に計算例を示す．回路シミュレーションの条件は，入力電圧 $V_{IN} = 100$ V，出力電圧 $V_o = 24$ V，スイッチング周波数 $f = 120$ kHz，負荷抵抗 $R_L = 4.2\ \Omega$，N_p の巻数を 14，N_{s1} および N_{s2} それぞれの巻数を 7 とした．キャパシタ C_1 の静電容量は，トランスのリセット動作に過不足のない 0.033 μF とした．コアは図 2.37 に示す形状とし，2 本の中脚のエアギャップ長 ℓ_g をともに 300 μm とし，コア材は JFE フェライト製 MBT1 材を利用し，その透磁率 μ はデータシートから 23 ℃ における値 3400 とした．2.3.5 項で述べた方法を用いて導出した図 2.36 のインダクタンスの値は L_1, $L_2 = 0.52\ \mu$H，L_3, $L_4 = 9.3\ \mu$H および L_5, $L_6 = 43\ \mu$H とした．

回路シミュレーションで得られたトランスの各巻線 N_p, N_{s1} および N_{s2} の電流 i_p, i_{s1} および i_{s2} を用いて図 2.33 に示した $\phi_1 \sim \phi_5$ を求めた結果を図 2.40 に示す．ここで，ϕ_6 は ϕ_5 と等しいので省略した．この結果から，出力平滑チョーク機能を担う直流磁束は ϕ_2 であることがわかる．この磁束の経路としては，ϕ_4 に加えてそれよりやや磁気抵抗が大きい経路のために ϕ_4 より小さい ϕ_5–ϕ_3–ϕ_6 の経路があることがわかる．一方，ϕ_1 には直流成分はないことがわかる．

2.4　複合トランスを用いた DC-DC コンバータ

電子機器の小型軽量化が進み，スイッチング電源の高効率化，小型軽量化，

2.4 複合トランスを用いた DC-DC コンバータ 109

低コスト化,および低電圧大電流出力対応などの市場要求が高まっている.スイッチング電源の小型化を図るには,大きな体積を占める磁気部品を小型化することが有効である.特に,大電流出力の用途では,磁気部品の大型化が重要な課題となっている.一般に,磁気部品の小型化には,鉄損を低減する磁性材料の開発が有効である.しかし,新しい磁性材料の開発には多くの時間と費用が必要となる.そこで,電力変換回路において,トランスやインダクタなど,磁気部品の構造や動作に工夫を凝らして,磁気部品全体での高効率化,小型軽量化を図り,スイッチング電源全体での電力損失を低減する新たな技術が必要となっている.有効技術としては,複数の磁性部品の機能を1つに一体化する複合トランス,および複合トランスを用いた高性能なコンバータの技術があり,これらの開発が重要となっている.

本節では,高性能な新しいスイッチング電源の技術として,複数の磁性部品の機能を1つに統合した複合トランス,および複合トランスを用いたコンバータの技術について解説する[1)-7),21)-24)].なお,本節で用いる複合トランスは,2.1.4項で示した複合トランスと共通する.

2.4.1 複合トランスを用いた出力チョークレス同期整流 ZVS コンバータ
(1) 回路構成

磁気部品であるトランスの動作に工夫を凝らして,絶縁トランスと出力チョークの機能を一体化した複合トランスを用いたコンバータ,すなわち出力チョークレス同期整流 ZVS ハーフブリッジコンバータの回路構成を図 2.41 に示す.複合トランスは,①電気絶縁,②電圧変換,③共振インダクタ,④平滑インダクタ,⑤巻線電圧駆動といった5つの磁気部品による機能を1つに複合化している.具体的に,図 2.41 に示す複合トランス T は,次の5つの役割を果たす.①1次巻線 n_p と2次巻線 n_o および2次巻線 n_s により1次側回路と2次側回路を電気絶縁する.②1次巻線 n_p と2次巻線 n_o の巻線比,および1次巻線 n_p と2次巻線 n_s の巻線比をそれぞれの電圧比として出力電圧を調整する.③共振インダクタ L_r により1次側スイッチング素子における ZVS (zero voltage switching) 動作を実現する.④平滑インダクタ L_{ro} により電流 i_L を平滑する.⑤巻線 n_s の電圧により同期整流スイッチング素子 Q_3 を駆動し,巻線 n_o の電

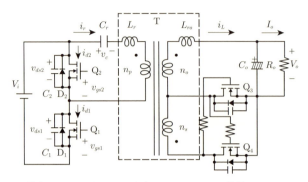

図 2.41 複合トランスを用いた出力チョークレス同期整流 ZVS コンバータ

圧により同期整流スイッチング素子 Q_4 を駆動する.

1 次側回路には，ハーフブリッジ構成を用い，低耐圧のスイッチング素子を用いることで高効率動作が期待できる．2 次側回路には，2 つの 2 次巻線 n_s と n_o を逆極性で直列に接続して構成する複合トランスにより，新しい 2 次側整流回路を構成する．ここでは，この整流回路を電圧加算整流回路と呼ぶ．

複合トランスは，1 次側巻線 n_p と 2 次巻線 n_o とを疎結合にして 2 次側漏れインダクタンスが大きくなる構成とする．これにより 2 次側漏れインダクタンスを出力電流を平滑するインダクタとして積極的に用いる．一方，1 次巻線 n_p と 2 次巻線 n_s は密結合となるように設計する．図 2.41 では，巻線 n_p，巻線 n_o に生成されるトランスの漏れインダクタンスを等価的なインダクタ L_r，L_{ro} として表す．巻線 n_s の 2 次側漏れインダクタンスは十分に小さく，表記していない．ダイオード D_1，D_2 は寄生ダイオード，キャパシタ C_1，C_2 は寄生容量を表す．キャパシタ C_r は，十分に大きなキャパシタンスとし，リップル成分を含むほぼ直流の電圧が印加される．同期整流回路を構成するスイッチング素子 Q_3，Q_4 は，トランスの 2 次巻線に発生する巻線電圧を用いて駆動する構成である．

(2) 動作モード

本コンバータは，電力を供給する対象である負荷での消費電力の大きさに応じて，スイッチング周期における動作機構が変化する．これらの動作機構を動

作モードと呼ぶ．スイッチング電源などの電力供給装置においては，電力を変換し，電力の流れを制御するために，動作モードを適切に把握して扱うことが必要となる．本コンバータでは，消費電力が小さい軽負荷と消費電力が大きい重負荷とで動作モードが変化する．具体的には，2次側インダクタ L_{ro} に流れる電流 i_L に応じて，2つの動作モードが存在する．ここでは，重負荷において電流 i_L が連続となる動作モードを2次電流連続モード（continuous conduction mode：CCM），軽負荷において，電流 i_L が減少して0Aとなった後に負電流となって逆方向に流れるモードを2次電流回生モード（regenerative current mode：RCM）と呼ぶ．動作モード(a)CCMと(b)RCM，および，ダイオード整流方式において現れる(c)2次電流不連続モード(discontinuous conduction mode：DCM)に関して，2次側インダクタ L_{ro} に流れる電流 i_L の波形を図2.42に示す．1スイッチング周期 T_s における1次側励磁電流 i_m に合わせて各波形を示す．動作モードである(a)CCMと(b)RCMにおいて，図2.41に示す回路図のスイッチング素子 Q_1 が導通状態になる時刻が時刻 a_0 となる．電流 i_L は増加し，スイッチング素子 Q_1 が非導通状態となる時刻が時刻 a_1 となる．傾きは，巻線 n_o の電圧と巻線 n_s の電圧を加算した電圧から出力電圧 V_o を引いた電圧をインダクタンス L_{ro} で割った値となる．これによって電流振幅 Δi_{Lp} が決定される．次に，電流 i_L は，時刻 a_1 から時刻 a_2 まで減少する．傾きは，巻線 n_o の電圧と巻線 n_s の電圧を加算した電圧から出力電圧 V_o を引いた電圧をインダクタンス L_{ro} で割った負の値となる．ここでは，巻線 n_s の両端電圧から巻線 n_o の両端電圧を減算した電圧が正の値となる．周期的な動作において，時刻 a_2 は時刻 a_0 と同じ起点であり，以降も同様の動作を繰り返す．時刻 a_1 において，(a)CCMにおける電流 i_L は正の電流となり，(b)RCMにおける電流 i_L は負の電流となることが特徴となる．

一方，ダイオード整流方式において現れる動作モードである(c)DCMでは，スイッチング素子 Q_1 が導通状態になる時刻が時刻 b_0 となる．電流 i_L は増加し，スイッチング素子 Q_1 が非導通状態となる時刻が時刻 b_1 となる．傾きは，巻線 n_o の電圧と巻線 n_s の電圧を加算した電圧から出力電圧 V_o を引いた電圧をインダクタンス L_{ro} で割った値となる．これによって電流振幅 Δi_{Lp} が決定される．次に，電流 i_L は減少し，電流 i_L が0となった時刻 b_2 において電流 i_L

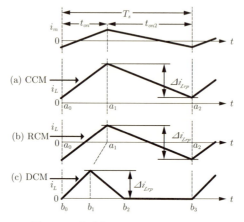

図 2.42 各動作モードにおける電流 i_L

は 0 となる.傾きは,巻線 n_o の電圧と巻線 n_s の電圧を加算した電圧から出力電圧 V_o を引いた電圧をインダクタンス L_{ro} で割った値となる.周期的な動作において,時刻 b_3 は時刻 b_0 と同じ起点であり,以降も同様の動作を繰り返す.時刻 b_0 と時刻 b_2 において,(c)DCM における電流 i_L は 0 となることが特徴となる.

本コンバータでは,重負荷では,同期整流方式とダイオード整流方式の双方ともに CCM で動作する.軽負荷では,同期整流方式は,電流 i_L は減少して 0A になった後に負電流が流れる RCM で動作する.一方,ダイオード整流方式は,電流 i_L が 0A となる期間が存在する DCM で動作する.

(3) 周期状態区分法 (periodic state dividing method)

コンバータの動作解析として提案されている周期状態区分法(periodic state dividing method)[25] を用いてスイッチング動作を解析する.周期状態区分法では,1 スイッチング周期を同じ等価回路の状態ごとに区分して過渡動作を解析する.FET やダイオードなどのスイッチング素子に注目して,導通状態であるか否かにより等価回路を決定し,過渡現象論を用いて 1 スイッチング周期の動作を解析する.

2.4 複合トランスを用いた DC-DC コンバータ

本コンバータの CCM における動作波形を図 2.43 に示す．トランスの 1 次巻線 n_p の励磁インダクタンスを L_m，励磁電流を i_m とし，スイッチング素子 Q_1，Q_2 に対してゲート・ソース間電圧を電圧 v_{gs1}，v_{gs2}，ドレイン・ソース間電圧を電圧 v_{ds1}，v_{ds2} とする．直接的な波形の観測が困難な励磁電流 i_m は点線で示している．また，水平な点線は，各波形の 0 V または 0 A の基準を示し，垂直な点線は，等価回路が変化する時刻 t_0〜t_6 を示している．これによって 1 スイッチング周期において，状態 1 から状態 6 まで 6 つの等価回路の状態に区分して動作を解析することができる．スイッチング素子 Q_1，Q_2 は，両スイッチング素子がオフとなる短いデッドタイムを挟んで交互にオン，オフ動作を行い，デッドタイム期間にスイッチング素子 Q_1，Q_2 に流れる電流を転流させて ZVS 動作を行う．1 スイッチング周期における動作を次に示す．

(a) 状態 1 t_0〜t_1

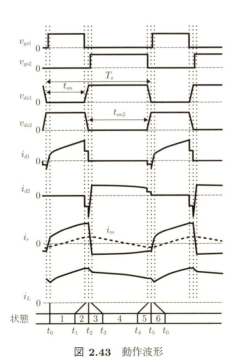

図 **2.43** 動作波形

スイッチング素子 Q_1 と Q_3 はオンしており，巻線 n_p に電流が流れ，キャパシタ C_r は充電される．巻線 n_p に印加された電圧により，2次側では，巻線 n_o に電圧が誘起され，漏れインダクタンス L_{ro} と負荷抵抗 R_o とスイッチング素子 Q_3 を通って電流が流れ，出力に電流が供給される．スイッチング素子 Q_1 がターンオフすると状態2となる．

(b) 状態 2　　$t_1 \sim t_2$

漏れインダクタンス L_r に流れる電流 i_r により，キャパシタ C_1 は充電され，キャパシタ C_2 は放電される．2次側では，漏れインダクタンス L_{ro} に流れていた電流が負荷抵抗 R_o とスイッチング素子 Q_3 を通って流れ，出力に電流が供給される．電圧 v_{ds1} が電圧 V_i，電圧 v_{ds2} が $0\,\mathrm{V}$ になると状態3となる．

(c) 状態 3　　$t_2 \sim t_3$

ダイオード D_2 は導通し，スイッチング素子 Q_2 をターンオンすることでZVS動作が行われる．2次側では，スイッチング素子 Q_3 がターンオフされ，スイッチング素子 Q_3 と Q_4 の寄生ダイオードがそれぞれ導通する．巻線 n_s の両端は同電位となって，トランスの各巻線には電圧は発生せず，漏れインダクタンス L_r, L_{ro} の両端に電圧が印加される．スイッチング素子 Q_3 に流れる電流が0Aになると状態4となる．

(d) 状態 4　　$t_3 \sim t_4$

スイッチング素子 Q_2 と Q_4 はオンしており，巻線 n_p には電流が流れ，1次側では励磁インダクタンス L_m と漏れインダクタンス L_r に電流が流れて，キャパシタ C_r は放電される．2次側では，巻線 n_p に印加された電圧により，巻線 n_s と巻線 n_o のそれぞれに誘起された互いに逆極性の電圧は加算される．巻線 n_p に流れる電流によって巻線 n_s には誘導電流が流れて，巻線 n_o により発生する磁束を打ち消す．漏れインダクタンス L_{ro} と負荷抵抗 R_o とスイッチング素子 Q_4 を通って電流は流れ，出力に電流が供給される．スイッチング素子 Q_2 がターンオフすると状態5となる．

(e) 状態 5　　$t_4 \sim t_5$

漏れインダクタンス L_r に流れる電流 i_r によりキャパシタ C_1 は放電され，キャパシタ C_2 は充電される．2次側では，漏れインダクタンス L_{ro} に流れていた電流が負荷抵抗 R_o とスイッチング素子 Q_4 を通って流れ，出力に電流が供給

される．電圧 v_{ds2} が電圧 V_i，電圧 v_{ds1} が 0 V になると状態 6 となる．

(f) 状態 6　　$t_5 \sim t_0$

ダイオード D_1 は導通し，スイッチング素子 Q_1 をターンオンすることで ZVS 動作が行われる．2 次側では，スイッチング素子 Q_4 がターンオフされ，スイッチング素子 Q_3 と Q_4 の寄生ダイオードがそれぞれ導通する．巻線 n_s の両端は同電位となって，トランスの各巻線には電圧は発生せず，漏れインダクタンス L_r，L_{ro} の両端に電圧が印加される．スイッチング素子 Q_4 に流れる電流が 0 A になると再び状態 1 となる．

(4)　新しい電圧加算整流回路の動作

スイッチング周期において，スイッチング素子 Q_1 が導通するオン期間では，入力電源 V_i はキャパシタ C_r を充電して 1 次巻線 n_p に電圧を印加する．2 次側では，2 次巻線 n_o に電圧が誘起され，スイッチング素子 Q_3 を通って出力に電流が供給される．スイッチング素子 Q_1 が非導通となるオフ期間では，スイッチング素子 Q_2 が導通し，キャパシタ C_r は放電して 1 次巻線 n_p に逆電圧を印加する．2 次側では，巻線 n_s と巻線 n_o に電圧が誘起され，互いに逆極性の電圧は加算し，結果的に電圧は減算されて，スイッチング素子 Q_4 を通って出力に電流が供給される．このようにオン期間とオフ期間の両期間において，1 次側から 2 次側にエネルギーを伝送することができる．特に，巻線 n_s と巻線 n_o の巻線比が 2:1 の場合，オン期間とオフ期間において，巻線 n_o に誘起される絶対値電圧が 2 次側出力回路に供給される．2 次側漏れ磁束によるインダクタ L_{ro} には，オン期間とオフ期間の両期間において同一方向に電流が流れ，スイッチング素子 Q_3 とスイッチング素子 Q_4 とが切り替わる期間で電流を平滑するように動作する．

スイッチング素子 Q_1 と Q_2 とが切り替わる転流期間では，1 次側漏れ磁束によるインダクタ L_r は，遅れ電流を供給する共振インダクタとして機能し，スイッチング素子 Q_1 と Q_2 における ZVS 動作を実現してスイッチング損失を低減する．

本コンバータに用いる電圧加算整流回路とフォワードコンバータに用いる整流回路，および出力電流 20 A における 2 次側インダクタ L_{ro} の電流波形をシ

ミュレートした結果を図 2.44 に示す．同図 (a) に示す電圧加算整流回路におけるインダクタ L_{ro} のインダクタンスは $1\,\mu\mathrm{H}$ であり，同図 (b) に示すフォワード整流回路におけるインダクタ L_{ro} のインダクタンスは $3\,\mu\mathrm{H}$ である．それぞれのインダクタ L_{ro} に流れる電流を比較する．それぞれの電流は，電流 i_L と電流 i_{L2} と表記している．図 2.44(c) より，それぞれの電流振幅を比較すると，電流 i_L の振幅は，電流 i_{L2} の振幅と比較して十分に小さい．電圧加算整流回路の方がインダクタンスが小さいにもかかわらず，電流 i_L の振幅は，十分に小さく，電流は十分に平滑されている．このように，電圧加算整流回路では，小さなインダクタンスでも出力電流リップルを大幅に低減でき，十分に平滑できることがわかる．

(5) 出力電力の制御

パルス幅変調（pulse width modulation：PWM）制御を行う一般的なハーフブリッジコンバータでは，スイッチ素子 Q_1，Q_2 は 2 つのスイッチ素子がともにオフとなるデッドタイムを挟んで交互にオンオフし，2 つのスイッチ素子 Q_1，Q_2 は同じオン期間を保ちながら，デッドタイムの長さを変化させることで出力電圧を制御する．1 スイッチング周期 T_s に対するスイッチ素子 Q_1 が導通する期間 t_{on} の比率となる時比率 D は，次式で表される．

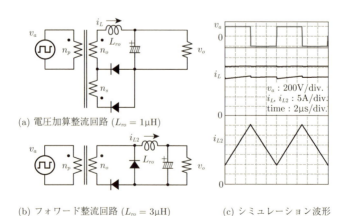

(a) 電圧加算整流回路 ($L_{ro} = 1\mu\mathrm{H}$)

(b) フォワード整流回路 ($L_{ro} = 3\mu\mathrm{H}$)

(c) シミュレーション波形

図 2.44　整流回路とシミュレーション波形の比較

$$D = \frac{t_{on}}{T_s} \quad (0 \leqq D \leqq 0.5) \tag{2.90}$$

時比率 D の制御範囲は，$0 \leqq D \leqq 0.5$ となる．ZVS 動作を実現するためには，一方のスイッチ素子がターンオフする際に流れていた電流により 2 つのスイッチ素子の出力容量の充放電を行い，この充放電を行う転流期間が終了した後にスイッチ素子の逆並列ダイオードが導通し，この導通期間において次のスイッチ素子をターンオンすることが必要となる．このため，出力電圧を安定化するためにデッドタイムの長さを変化させる PWM 制御方式では，ZVS 動作を実現する時比率 D の値は限定的となる．転流期間が十分に短い場合，時比率 D が最大となる $D = 0.5$ となる付近でしか ZVS 動作は実現できない．このため，負荷や入力電圧の変化範囲において，時比率 D が最大となる付近以外では ZVS 動作が実現されない．この場合，スイッチング素子においてスイッチング損失が発生して電力損失は増加し，スイッチング素子が発熱することなどが課題となる．

そこで，出力電力の制御方式として，新しいオン期間比（on-period ratio modulation：ORM）制御を用いる．一定のスイッチング周期において，2 つのスイッチング素子 Q_1 と Q_2 が導通する期間の比率をオン期間比 D_a とし，出力を制御するパラメータとして扱う．FET（field effect transistor）を用いた場合，寄生ダイオードが導通する期間を含め，スイッチング素子 Q_1，Q_2 が導通する期間のそれぞれをオン期間 t_{on}，t_{on2} として，オン期間比 D_a は，次式で表される．

$$D_a = \frac{t_{on}}{t_{on2}} \quad (0 \leqq D_a \leqq 1) \tag{2.91}$$

オン期間比制御方式では，全負荷範囲において ZVS 動作を行うことができ，かつデッドタイムをより小さく調整することで，電力損失をさらに低減することが可能となる．つまり，デッドタイムは，ZVS 動作を実現できる範囲において，より短い期間に調整する．ZVS 動作によりスイッチング損失を低減し，かつデッドタイムの期間に発生する電力変換回路における導通損を低減することが可能となる．

オン期間比制御方式では，全負荷範囲において ZVS 動作を行うことができ，スイッチング損失を大きく低減することによりスイッチング素子が発熱すると

いう課題は生じ難い．負荷や入力電圧の変化に合わせて，デッドタイムを必要な最小値に調整するためには，制御パラメータをオン期間比 D_a とする．

(6) 出力電圧特性

CCM における出力電圧特性について解析する．図 2.42(a) において，スイッチング素子 Q_2 の導通が終わってスイッチング素子 Q_1 の導通が始まる時刻を a_0，スイッチング素子 Q_1 の導通が終わってスイッチング素子 Q_2 の導通が始まる時刻を a_1，スイッチング素子 Q_2 の導通が終わってスイッチング素子 Q_1 の導通が再び始まる時刻を a_2 とする．

1 スイッチング周期 T_s に対して，スイッチング素子 Q_1 が導通する期間の比率を時比率 D，スイッチング素子 Q_2 が導通する期間の比率を $1-D$ とすると，オン期間 t_{on} における励磁インダクタンス L_m での磁束の変化量 $\Delta\phi_{Lm(on)}$ は次式で表される．

$$\Delta\phi_{Lm(on)} = \int_{a_0}^{a_1} (V_i - v_c(t)) dt \tag{2.92}$$

オン期間 t_{on2} での磁束の変化量 $\Delta L_{m(on2)}$ は次式となる．

$$\Delta\phi_{Lm(on2)} = \int_{a_1}^{a_2} v_c(t) dt \tag{2.93}$$

平衡状態では磁束の変化量は等しく，式 (2.92)，(2.93) より，次式が成り立つ．

$$\int_{a_0}^{a_1} (V_i - v_c(t)) dt = \int_{a_1}^{a_2} v_c(t) dt \tag{2.94}$$

式 (2.94) より，キャパシタ C_r の電圧 $v_c(t)$ の平均値 v_{cave} は次式となる．

$$v_{cave} = \frac{1}{T_s} \int_{a_0}^{a_2} v_c(t) dt = \frac{1}{T_s} \int_{a_0}^{a_1} V_i dt = DV_i \tag{2.95}$$

ここでキャパシタ C_r は十分に大きく，1 スイッチング周期 T_s における電圧の変化は十分に小さく無視できるとして，以降は電圧 $v_c(t)$ を一定値 v_{cave} として解析する．トランスを理想トランスとする場合，オン期間 t_{on} において出力電圧を供給する電圧として 2 次側に誘起電圧 v_{s1} は，

$$v_{s1} = \frac{n_o}{n_p}(V_i - v_{cave}) = \frac{n_o}{n_p}(1-D)V_i \tag{2.96}$$

2.4 複合トランスを用いた DC-DC コンバータ

となる．同様に，オン期間 t_{on2} において誘起電圧 v_{s2} は，

$$v_{s2} = \frac{n_s - n_o}{n_p} v_{cave} = \frac{n_s - n_o}{n_p} DV_i \tag{2.97}$$

となる．これらの誘起する電圧から得られる時間的な平均出力電圧を V_o とすると，式 (2.96)，(2.97) より，次式が得られる．

$$V_o = v_{s1}D + v_{s2}(1-D) = \frac{n_s}{n_p}D(1-D)V_i \tag{2.98}$$

よって，入力電圧 V_i に対する出力電圧 V_o の比である電圧変換率 G は，次式となる．

$$G = \frac{V_o}{V_i} = \frac{n_s}{n_p}D(1-D) \tag{2.99}$$

ZVS 動作を行うようにデッドタイムを変化させる場合は，オン期間比 D_a によって出力電圧 V_o を制御することが有効である．スイッチング素子として FET を用いた場合では，スイッチング素子 Q_1, Q_2 が導通する期間は，寄生ダイオードが導通する期間を含めることになる．

なお，2 次電流回生モード（RCM）においても 1 スイッチング周期 T_s における等価回路は，CCM と同じとなる．このため，出力電圧 V_o は式 (2.98) で表される．出力電圧 V_o に対して，出力電流 I_o に比例する抵抗成分による電圧降下を考慮し，CCM と RCM において，オン期間比 D_a の変化に対する出力電圧 V_o を解析した結果を図 2.45(a) に示す．オン期間比 D_a に対する出力電圧 V_o の変化率は正となる．

次に，ダイオード整流方式を用いた場合において，時比率 D の変化に対する出力電圧 V_o を解析した結果を図 2.45(b) に示す．ダイオード整流方式では，出力電流 I_o が大きい重負荷では動作モードは CCM となり，出力電流 I_o が減少する軽負荷では，動作モードは DCM となる．このように出力電流 I_o によって出力電圧特性は変化する．特に DCM の動作モードでは，時比率 D に対して出力電圧 V_o の変化率は大きく変化し，変化率の正負の極性が変わる時比率 D が存在することになる．このことは，出力電圧 V_o の変化率の正負に応じて，制御システムのアルゴリズムを替えるなどの複雑な制御が必要となることを示しており，シンプル化に対して好ましくない．

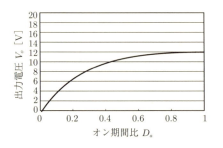

(a) 同期整流

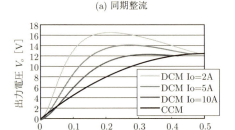

(b) ダイオード整流

図 2.45 同期整流方式とダイオード整流方式における制御特性の比較

本コンバータでは，同期整流方式を用いることで出力電圧 V_o の変化率の正負の極性が変わる時比率 D は存在せず，前述したダイオード整流方式における制御の複雑さの課題は生じ難い．これらにより，シンプルな制御アルゴリズムを用いたシステムを実現することができる．

2.4.2 複合トランスの解析
(1) 複合トランスの構造と磁束密度

本コンバータに用いる複合トランスについて有限要素法を用いたシミュレーションによる磁界解析を行う[13]．解析では，解析領域の外周の境界条件には固定境界，コアの比透磁率は 2500 を用い，巻線に流れる電流を直流電流として解析する．試作する複合トランスの解析モデルを図 2.46 に示す．コアのサイズは EER49 に準じる．コア幅は 49 cm，外形は「E」の字の組合せ，中脚は円柱形状である．巻線 n_p と巻線 n_o との間の漏れインダクタンスを大きく設計するた

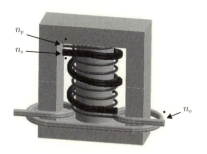

図 **2.46** 複合トランスの解析モデル

めに，巻線 n_o は外脚に巻く構成とする．巻線 n_p，n_s，n_o の巻数は，それぞれ 8 ターン，2 ターン，1 ターンとし，図 2.46 では，巻線の極性を表す巻始めの記号としてドット「・」を用いる．

複合トランスは，大型コンピュータ機器用の電源装置などにおいての活用が期待されている．このような用途の電源装置では，出力において，低電圧，大電流の仕様が要求される．ここでは，出力電流を 50 A，1 次巻線数を 2 次巻線数で割った巻線比を 8 と設定して解析する．解析では，オン期間とオフ期間に分けて解析する．巻線 n_p，n_s，n_o の電流値は，電流と巻線の極性を同じとして，オン期間では，I_{np}=6.25 A，$I_{no} = -50$ A，I_{ns} =0 A，オフ期間では，電流値，$I_{np} = -6.25$ A，$I_{no} = -50$ A，I_{ns} =50 A を条件として解析する．

オン期間とオフ期間の電流経路と方向を図 2.47，コアにおける磁束密度分布の解析結果を図 2.48 に示す．図 2.48 より，オン期間では外脚での磁束密度が高くなり，最大で 0.43 T，オフ期間では中脚の磁束密度が高くなり，最大で 0.44 T となっている．

巻線 n_p，n_o，n_s の自己インダクタンスをそれぞれインダクタンス L_p，L_o，L_s，漏れインダクタンスを L_r，L_{ro}，L_{rs} として，各巻線のインダクタンスの解析結果と試作した複合トランスの測定結果を表 2.6 に示す．表 2.6 より，解析値と測定値はよく一致しており，解析の有効性が示されている．なお，インダクタンス L_{rs} の解析値は，0.09 μH と小さいために，表 2.6 ではこのインダクタは表記していない．

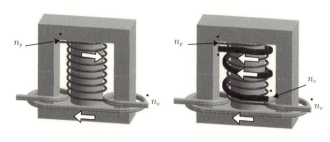

(a) オン期間　　　　　(b) オフ期間

図 **2.47**　巻線電流の経路と方向

max (0.43T)　　　　　max (0.44T)

(a) オン期間　　　　　(b) オフ期間

図 **2.48**　コアの磁束密度

表 **2.6**　複合トランスの解析値と測定値

[μH]	L_p	L_o	L_s	L_r	L_{ro}	L_{rs}
解析値	308	5.1	21.7	2.2	0.45	0.09
測定値	315	5.1	19.5	2.1	0.46	0.13

(2)　リップル電流 Δi_{Lrp} と漏れインダクタンス L_{ro}

　電流 i_L の変動成分であるリップル電流の大きさ Δi_{Lrp} とインダクタンス L_{ro} との関係について解析する．スイッチングコンバータ回路のシミュレータを用いて図 2.41 の回路について解析する．コンバータの入出力条件は，入力電圧 V_i =200 V，出力電流 I_o =20 A とする．動作周波数としては，民生機器用途で用いられる絶縁形コンバータで一般的に利用される 100kHz 程度を設定する．スイッチング素子の駆動条件は，スイッチング周波数 f_s =100kHz，オン期間比 D_a =1，デッドタイム $\Delta td = 0.2\,\mu$s (D =0.48) とする．回路定数は，前述の

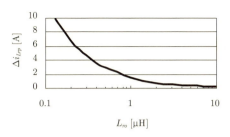

図 2.49　漏れインダクタンス L_{ro} とリップル電流の関係

解析値よりインダクタンス $L_r = 2.2\,\mu\text{H}$ とし，スイッチング周波数 f_s において，インダクタンス L_r との LC 共振周波数が十分に大きくなるようにキャパシタンス $C_r = 1.2\,\mu\text{F}$ を設定し，電流平滑に対して十分な容量値となるように $C_o = 6\,\text{mF}$ とする．漏れインダクタンス L_{ro} を変化させた場合の出力電流リップル Δi_{Lrp} の変化を図 2.49 に示す．漏れインダクタンス L_{ro} は出力電流を平滑する機能を有し，漏れインダクタンス L_{ro} が大きくなる構造にて複合トランスを設計することにより，出力電流リップル Δi_{Lrp} を小さくできることがわかる．

2.4.3　実験結果

(1) 実験における動作波形

設計仕様は，入力電圧 V_i を定格 200 V（150〜250 V），出力電圧 V_o を 12V，出力電流 I_o を定格 50 A（0〜50 A）とする．2 次側同期整流回路に用いる MOSFET は，2 次側巻線に発生する方形波電圧を用いて駆動するシンプルな構成とする．表 2.6 に示す値の複合トランスを用い，コアは EER49 のフェライトコアをギャップなしで用いる．また，キャパシタンス C_r は $1.2\,\mu\text{F}$，スイッチング周波数 f_s は 100 kHz である．入力電圧 V_i は，200 V とする．

実験では，出力電流 $I_o = 50$ A において，オン期間比 D_a は 0.92 となって CCM で動作している．この場合の動作実験波形を図 2.50 に示す．電圧 v_{ds1} の波形より 1 次側 MOS FET の電圧ストレスは入力電圧と同等である．ZVS 動作が確認でき，スイッチング損失が低減できる．

出力電流 $I_o = 10$ A では，オン期間比 D_a は 0.67 となって RCM で動作する．

124   第 2 章　スイッチング電源に用いる高周波パワー磁気デバイス

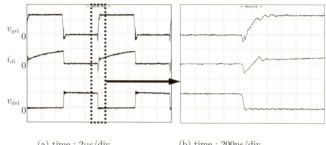

　　　　(a) time : 2μs/div.　　　　　　(b) time : 200ns/div.
　　　　(D_a= 0.92,　I_o= 50A,　v_{gs1} : 10V,　v_{ds1} : 200V,　i_{d1} : 10A/div.)

図 **2.50**　実験測定波形

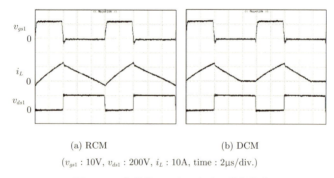

　　　　　　(a) RCM　　　　　　　　　　(b) DCM
　　　　(v_{gs1} : 10V,　v_{ds1} : 200V,　i_L : 10A,　time : 2μs/div.)

図 **2.51**　各動作モードにおける動作波形

　動作波形を図 2.51(a) に示す．RCM での動作では，整流回路のスイッチング素子に負の電流が流れる．一方，同条件においてダイオード整流方式を用いた場合は，DCM となる．この場合の動作波形を図 2.51(b) に示す．DCM では電流 i_L が 0 A となる期間が存在することが波形からわかる．

(2)　出力電圧特性

　オン期間比 D_a を固定して出力電流 I_o を変化させて，回路シミュレーションにより出力電圧 V_o を解析した値と実験により得られた値を図 2.52 に示す．解析値と実験値はよく一致している．図 2.52(a) より，同期整流方式の特性では，コンバータは軽負荷において RCM で動作し，出力経路における抵抗成分の影

2.4 複合トランスを用いた DC-DC コンバータ　　125

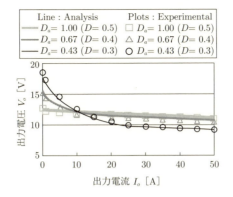

(a) 同期整流

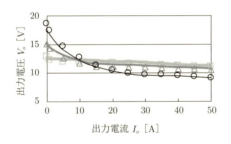

(b) ダイオード整流

図 2.52　同期整流とダイオード整流での出力電圧特性

響によって，出力電流 I_o の変化に対して出力電圧 V_o は線形的に変化することが示されている．

一方，図 2.52(b) より，ダイオード整流方式の特性では，コンバータは軽負荷において DCM で動作することが示されている．実験においては，CCM と DCM が切り替わる出力電流 I_o は，オン期間比 $D_a = 0.43$, 0.67, 1.0 の場合，それぞれ 22 A, 12 A, 0.4 A となっている．CCM ではオン期間比 D_a が大きくなると出力電圧 V_o も大きくなるのに対して，DCM では時比率 D が大きくなっても出力電圧 V_o は小さくなる負荷範囲が存在する．これは出力電圧 V_o の増減に対して，オン期間比 D_a の増減の方向が一致しないことを意味し，CCM と

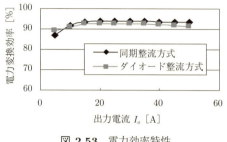

図 2.53 電力効率特性

DCM で制御アルゴリズムを切り替えるなどの対応が必要となることを示している．これに対し，同期整流方式を応用することで軽負荷から重負荷まで同一の制御アルゴリズムで出力を制御することが可能となり，シンプルな制御システムが構成できる．

(3) 電力効率特性

高効率化を図るためには，出力電流の変化に応じてデッドタイムを変化させることが有効である．実験においては，MOS FET Q_1 と Q_2 の導通期間が入れ換わる転流期間は，出力電流が 5A から 50A まで増加するに従って，150 ns から 120 ns までほぼ線形的に減少することが測定される．転流期間とは，図 2.43 の動作波形における状態 2 または状態 5 となる期間である．この転流期間の変化に対応するために，スイッチング素子を駆動するデッドタイムは，測定された転流期間の約 1.4 倍に調整する．デッドタイムは，210 ns から 160 ns までほぼ線形的に短くなるように設定する．このように制御することで，全負荷範囲において ZVS 動作を実現し，かつ，より短いデッドタイムが実現できる．ZVS 動作によりスイッチング損失を低減し，より短いデッドタイムの設定により電力変換動作における導通損を低減することが可能となる．これらにより，コンバータの高効率化を図ることができる．

出力電流 I_o の変化に対して，オン期間比 D_a を変化させて，出力電圧 V_o は一定になるよう制御した場合の実験における電力効率特性を図 2.53 に示す．出力 12 V，25 A において電力変換効率 94.1%，出力 12 V，50 A において電力変換

2.4 複合トランスを用いた DC-DC コンバータ

図 2.54 複合トランスを用いたプロトタイプサンプル

効率 93.3 % を達成している．出力 50 A において同期整流方式とダイオード整流方式を比較する．同期整流方式での入力電力は，643.0 W（=12 V×50 A/0.933）となる．ダイオード整流方式での電力変換効率と入力電力は，91.3 % と 657.1 W（=12 V×50 A/0.913）となる．同期整流方式での入力電力とダイオード整流方式での入力電力の差より，同期整流方式は，ダイオード整流方式と比べて整流損失をおよそ 14.2 W 低減できる．

(4) プロトタイプサンプルの設計例

大型コンピュータ機器用の電源装置を想定し，解析と実験に基づいて，入力 250～380 V，出力 600 W，12 V，0～50 A を電気仕様として，新たな複合トランスを設計して開発したスイッチング電源を紹介する．複合トランスを用いた出力チョークレス同期整流 ZVS ハーフブリッジコンバータのプロトタイプサンプルを図 2.54 に示す．縦 90 mm ×横 130 mm ×高さ 35 mm であり，複合トランスが主要部品として，中央付近に配置されている．本試作品を用いた実験では，入力 330 V，出力 600 W において，電力変換効率 96 % を達成している．

2.4.4 まとめ

スイッチング電源の高効率化，小型軽量化を実現するには，大きな体積を占めるトランスやインダクタなどの磁気部品の高効率化，小型軽量化が重要となる．本節では，電力変換回路において，トランスの構造や動作に工夫を凝らし

て磁気部品全体の高効率化,小型軽量化を図ることを目的に,2.1.4 項で示した複合トランスを用いた出力チョークレス同期整流 ZVS コンバータの技術を解説した.解説した技術は,複合トランスの最適設計,多様な電力変換回路への応用,新たな複合トランスの開発,電力変換効率を向上する新技術の開発などに活用され,応用展開されることが期待される.新たな複合トランスの開発には,電力変換回路を構成する磁性部品がどのように動作し,どのように機能しているかを詳細に把握し,電力変換動作のなかで同じ機能が果たせるようにトランスの構造や動作に工夫を凝らして,複数の磁性部品の機能を 1 つの複合トランスとして統合することが重要となる.本節で解説した主な事項を以下にまとめる.

(1) 複合トランスは,①電気絶縁,②電圧変換,③共振インダクタ,④平滑インダクタ,⑤巻線電圧駆動といった 5 つの磁気部品による機能を 1 つに統合する.2 つの 2 次巻線を逆極性に直列に接続して構成する複合トランスにより,新しい 2 次側整流方式である電圧加算整流回路を構成し,漏れインダクタンス L_{ro} を大きく設計することで出力電流を平滑するインダクタとして積極的に活用できる.

(2) オン期間比制御方式により出力電力を制御する.電力変換動作は,周期状態区分法を用いて解析し,より高い電力効率を達成するために,負荷や入力電圧の変動に合わせて,デッドタイムを最小に調整して ZVS 動作を実現する技術を用いることができる.

(3) 複合トランスの動作解析には,有限要素法による磁界解析シミュレーションを用いる.1 スイッチング周期をオン期間とオフ期間に分けて磁界解析をするという工夫により,トランスの等価回路定数を得ている.

(4) コンバータ動作を解析するため,磁界解析により得られたトランスの等価回路定数を用いた回路シミュレーションを実施する.シミュレーションにより,2 次側漏れインダクタンス L_{ro} を大きく設計することで出力電流リップルが低減できることが示される.また,本コンバータでは,同期整流方式を用いることにより,よりシンプルな電力制御の実現が可能である.

(5) 実験においては,全負荷範囲で ZVS 動作を実現して高効率化を図っている.出力 25 A において電力変換効率 94.1%,出力 50 A において電力変換効率

93.3%を達成している．解析と実験に基づいて新たに設計された出力 600 W のプロトタイプサンプルでは，出力 600 W において電力変換効率 96%を達成している．

第2章　演習問題

演習問題 2.1

図 2.22 に示す降圧コンバータにおいて，入力電圧に対する出力電圧の割合となる電圧変換率 G を求めよ．ただし，時比率を D とする．

演習問題 2.2

図 2.22 に示す昇圧コンバータにおいて，入力電圧に対する出力電圧の割合となる電圧変換率 G を求めよ．ただし，時比率を D とする．

演習問題 2.3

図 2.22 に示す昇降圧コンバータにおいて，入力電圧に対する出力電圧の割合となる電圧変換率 G を求めよ．ただし，時比率を D とする．

演習問題 2.4

図 2.6 に示す磁心を用いて磁心の磁気飽和を考慮し，磁束密度 $B_m = 0.45\,\text{T}$ とするインダクタを設計する．巻線に流す電流 i を求めよ．ただし，磁心の比透磁率 μ_r は 2500，磁心の断面積 S は $0.9 \times 10^{-2}\,\text{m}^2$，平均磁路 l は $84 \times 10^{-3}\,\text{m}$，巻き数を 5 ターンとする．

演習問題 2.5

図 2.16 に示す Zeta 回路に関して双対回路の関係となるコンバータを求めよ．

演習問題 2.6

図 2.16 に示す Sepic 回路に関して，電力の流れが逆方向となるコンバータを求めよ．

演習問題 2.7

図 2.55 は，トランスの励磁エネルギーをリセット巻線を介して入力電源に戻すフォワードコンバータである．スイッチ Q のオフ期間に励磁エネルギーのリセットを完了する巻数比 N_3/N_1 条件を求めよ．定常状態で，平滑インダクタは CCM 動作を行い，各部の電圧降下をゼロとする．

演習問題 2.8

図 2.35 の節点 P，Q，R および S それぞれにおけるキルヒホッフの電流則と図 2.33 に示した磁気回路における起磁力方程式が整合していることを示せ．

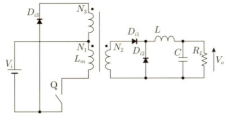

図 2.55

演習問題 2.9

図 2.41 に示すコンバータにおいて，オン期間比 D_a を用いた出力電圧 V_o の式を求めよ．ただし，巻線数 n_p, n_s と入力電圧 V_i を用いて表すこと．

演習問題 2.10

図 2.41 に示すコンバータの整流回路をダイオード整流方式とした場合において，DCM となる動作モードでの出力電圧 V_o の式を求めよ．ただし，スイッチング周期 T_s に対して，スイッチング素子 Q_1 が導通する期間の比率を D，期間 t_{on2} において電流 i_L が流れる期間の比率を D'_{on2}，期間 t_{on2} において電流 i_L が流れない期間の比率を D'_{off} とし，各巻線の巻線数 n_p, n_s, n_o と入力電圧 V_i を用いて表すこと．

演習問題 2.11

図 2.41 に示すコンバータの整流回路をダイオード整流方式とした場合において，DCM となる動作モードでの出力電流 I_o の式を求めよ．ただし，インダクタンス L_{ro}，時比率 D，比率 D'_{on2}，巻線数 n_p, n_o，入力電圧 V_i，出力電圧 V_o，スイッチング周期 T_s を用いて表すこと．

演習問題 2.12

図 2.41 に示すコンバータの整流回路をダイオード整流方式とした場合において，DCM となる動作モードでの出力電圧 V_o の式を求めよ．ただし，比率 D'_{off}, D'_{on2} を用いずに表すこと．

参考文献

1. 細谷達也，早乙女英夫：「DC-DC コンバータに適用される磁気デバイスの複合機能化技術」，電学論，Vol. 131-A，No. 1，pp. 38-41（2011）．

2. 細谷達也，澤田明宏，藤原耕二，石原好之：「出力チョークレス ZVS 同期整流ハーフブリッジコンバータ」，電気学会研究会資料，マグネティックス研究会，MAG-09-141，pp. 17-22（2009）．

3. 細谷達也：「複合磁気トランスを用いた ZVS コンバータ」，電気学会関西支部連合会予稿集，S1-2（2008）．

4. 澤田明宏，細谷達也，藤原耕二，石原好之：「複合トランスを用いた出力チョークレス ZVS 同期整流ハーフブリッジコンバータ」，信学論 (B)，vol. J94-B，No. 12，1517pp. 1517-1525，December（2011）．

5. 澤田明宏，細谷達也，藤原耕二，石原好之：「同期整流を用いた ZVS ハーフブリッジコンバータ」，信学技報，EE2009-62，pp. 39-44（2010）．

6. 伊東秀樹，細谷達也，藤原耕二，石原好之，戸髙敏之：「複合磁気トランスを用いた出力チョークレス電圧クランプ ZVS コンバータ」，信学技報，EE2008-14，pp. 13-18（2008）．

7. 伊東秀樹，細谷達也，藤原耕二，石原，戸髙：「複合磁気トランスを用いた ZVS ハーフブリッジコンバータ」，信学技報，EE2007-61，pp. 101-106（2008）．

8. 山田直平：『電気磁気学』，電気学会（1950）．

9. 平山博：『電気回路論』，電気学会（1951）．

10. 後藤憲一，山崎修一郎：『詳解 電磁気学演習』，共立出版（1970）．

11. 原田耕介，二宮保，顧文建：『スイッチングコンバータの基礎』，コロナ社（1992）．

12. 電気学会マグネティックス技術委員会編：『磁気工学の基礎と応用』，コロナ社（1999）．

13. http://www.muratasoftware.com

14. Erickson, Maksimovic: *Fundamentals of Power Electronics 2nd Edition* (2001).

15. 早乙女英夫，若月嘉真，齋藤正，湯川格，渡辺晴夫，海野洋，菊地芳彦：「直流リアクトル機能付DC-DCコンバータ用トランスの脚磁束解析」，日本磁気学会誌，vol.31, pp.114-118（2007）．

16. 海野洋，渡辺晴夫，早乙女英夫，若月嘉真：「ハイブリット型DC／DCコンバータに適用する四脚トランスの設計法」，*Journal of the Magnetics Society of Japan*, vol.33, pp.21-27（2009）．

17. 海野洋，早乙女英夫：「ハイブリッド型DC-DCコンバータの出力リップル電流を低減させるトランス設計条件」，*Journal of the Magnetics Society of Japan*, vol.34, pp.599-605（2010）．

18. Vicor Corporation, Westford, Mass: "Optimal Resetting of the Transformer's Core in Single Ended Forward Converters", US Patent 4, 441, 146, Apr. 3 (1984).

19. Y. Saito: "Three-Dimensional Analysis of Nonlinear Magnetodynamic Fields in a Saturable Reactor", *Computer Methods In Applied Mechanics And Engineering*, Vol. 22, pp. 289-308 (1980).

20. 細谷達也，澤田明宏，藤原耕二，石原好之：「固定周波数で動作する電流複共振ZVSコンバータ」，信学技報，EE2010-30, pp.11-16（2011）．

21. 澤田明宏，細谷達也，藤原耕二，石原好之：「電流複共振ZVSハーフブリッジコンバータにおけるトランスの動作解析」，電気学会研究会資料，マグネティックス研究会，MAG-10-147（2010）．

22. 澤田明宏，細谷達也，藤原耕二，石原好之：「複合トランス同期整流ZVSハーフブリッジコンバータのトランス解析及び実験」パワーエレクトロニクス学会第181回定例研究会講演予稿集，JIPE-35-43（2009）．

23. 伊東秀樹，細谷達也，藤原耕二，石原好之，戸髙敏之：「複合磁気トランスを用いたZVSハーフブリッジコンバータ」，パワーエレクトロニクス学会第171回定例研究会講演予稿集，JIPE-33-28（2007）．

24. 細谷達也：「GaN FET を用いた 6.78MHz ZVS D 級直流共鳴ワイヤレス給電」，信学技報，WPT2014-50（2014）.

第3章
ワイヤレス給電

　本章においては，あまたの磁気応用技術の中でも，特に電磁気学，電気回路学と深くかかわる非接触電力伝送技術とその応用例について説明する．かつてニコラ・テスラ（Nikola Tesla）が夢見たワイヤレス給電システムのいわば具現化である．ただし，それは電波を意味する無線のみならず，エネルギー輸送に電線を使わない「無」線での給電を基礎とする．以後，このような技術をまとめてワイヤレス給電技術と呼ぶことにするが，ワイヤレス給電技術は古くて新しい技術であり，原理は1831年のファラデーによる電磁誘導則にさかのぼる．電磁誘導方式によるワイヤレス給電技術からは，電動歯ブラシをはじめコードレス電話，ICカードなどにおいてさまざまな実用品がすでに生まれているが，2007年にMITによる磁界共振結合方式（「磁界共鳴」方式と通称されることが多い）の提案と共に応用範囲が拡大し，さまざまな応用展開が企業主導で急進展している分野でもあり，学術的議論を経ないままに「ワイヤレス給電」という用語が定着しつつある．本章においてもこの用語を表題に掲げるが，各節においてはあえて用語の統一は図らずに論を進める．読者は，各節において解説される非接触電力伝送技術の要点を整理し，その根幹をなす物理現象の基本についての理解に努めていただきたい．

3.1 ワイヤレス給電基本原理

3.1.1 はじめに
　私たちが暮らす近代社会は電気エネルギー利用の上に成り立ち，それは今後も変わることはないであろう．電気エネルギー，すなわち電力は (1) 変換効率，(2) エネルギー密度，(3) エネルギー品質のすべての点において，他のエネルギー

形態を凌駕する優れた特性をもつゆえに近代社会の牽引役を果たしているが，電気エネルギーをそのまま貯蔵しておく手段を私たちは持ち合わせていない．電池は電気エネルギーを化学エネルギーに変換して貯蔵しているため，電気エネルギーの特徴を活かした高速性を活かすことができない．システムを考えていく際にこのことは足かせとして残る．電池技術のブレークスルーが電気社会のブレークスルーにつながるといわれる1つの要因であろう．

　折しもエネルギー問題が耳目を集め，電気自動車の市場投入機運が高まるタイミングからにわかにワイヤレス充電技術に対する関心が高まりを見せている．電気自動車を本格的な日常の移動手段として位置づけるためには，インフラと組み合わせた移動体システムとして捉えることが必須なのではないかと思われる．電池性能が飛躍的に改善するまでのつなぎのシステムではなく，本質的なことである．その意味でも，インフラ側から随時，充電を行っていくことで半永久の大容量電池を搭載したかのような環境をシステムとして実現できる「ワイヤレス給電」は，本格的なユビキタス社会の実現に向けて，今後もっとも重要なテーマとなる可能性を秘めている．

　ワイヤレス給電方式では，電磁誘導方式が歴史的に見て，最も早くから電池に対する非接触給電技術として実用化された方式であるが，その伝送電力は100 mW以下，伝送距離はミリメートルのオーダーであった．日常の電子機器の基本となる構成要素は半導体であり，その動作電圧は現状では少なくとも1 V程度は必要であり，微小電力はすなわち微小電流を意味することになる．したがって損失は電流の2乗に比例することとなる．電力としてたとえば100 mWを想定すると電圧1 V電流100 mAであるが，電力量が1桁下がると電圧1 V電流10 mAとなるため，損失の絶対量は2桁下がることとなり，伝送効率はほとんど意味をもたなくなる．また，微小電力になればなるほど相対的に高インピーダンス負荷の状態（軽負荷状態）で動作する機器となる．反面，伝送電力量を増加させようとすると負荷インピーダンスの低下に伴い，伝送効率向上が最重要課題となってくる．これは伝送系の設計思想そのものを変更する必要があることを意味する．

3.1.2 ワイヤレス給電の基礎原理

電磁気現象を記述するマックスウェルの方程式は以下の4つの式群で表現され，これらの方程式の中から電磁波の存在が予言され，実証されたことは周知のところである．

$$\mathrm{rot}\boldsymbol{H} = \boldsymbol{J} + \frac{\partial \boldsymbol{D}}{\partial t} \tag{3.1}$$

$$\mathrm{rot}\boldsymbol{E} = -\frac{\partial \boldsymbol{B}}{\partial t} \tag{3.2}$$

$$\mathrm{div}\boldsymbol{B} = 0 \tag{3.3}$$

$$\mathrm{div}\boldsymbol{D} = \rho \tag{3.4}$$

ここで $\boldsymbol{H}$ は磁界ベクトル，$\boldsymbol{E}$ は電界ベクトル，$\boldsymbol{J}$ は電流面密度ベクトル，ρ は電荷の体積密度である．$\boldsymbol{D}$ および $\boldsymbol{B}$ はそれぞれ次式で与えられる電束密度ベクトルおよび磁束密度ベクトルである．

(3.1) 式中，右辺の電流密度 $\boldsymbol{J}$ は当初より流れている伝導電流密度を表したものである．誘導電流ではなく，外部からの条件により定まり実際に流れている電流密度のことを指す．変位電流は電束密度の時間による偏微分 $\frac{\partial \boldsymbol{D}}{\partial t}$ で表現されている．(3.1) 式からわかるように，電流密度と変位電流（正確には変位電流密度であるが，慣習的に変位電流と呼ばれることが多い）は代数的に加算されている．これは両者が同じ単位を持つこと，そして質的には対等であることを意味する．変位電流を伝導電流と同等と認めると，変位電流の周囲に「変位磁界」すなわち交流磁界が誘導されると考えるのは自然である．一方，(3.2) 式は磁束密度の時間変化によって電界が誘導されることを示している．結局，伝導電流が流れていない状態であっても，変位電流が流れ，それにより生じる誘導磁界の時間変化によって新たな誘導電界が発生することになることを (3.2) 式は表している．これら誘導されるものが十分な強度を持っていればさらにまた新たな誘導場を生じることになる．この繰り返しが電磁波につながる．したがって，変位電流が無視できる場合には (3.1) 式の右辺は伝導電流密度のみとなり，電束密度は磁界を誘導しない，あるいは誘導しても微々たるものとなる．このような場合は電界，磁界，あるいはまとめて電磁界などと表現し，電磁波とは呼ばないのが通例である．この領域では，たとえ電界が変動していてもそ

れによる磁界の誘導は無視できる．そのため，電界の存在する空間に電界のエネルギーを蓄積することはできるが，エネルギーの空間伝搬は生じないと考えてよい．

同様に，磁界が存在する空間に磁気エネルギーを蓄えることはできるが，エネルギーの伝搬はない．ただし，時間変動磁界であれば，電界を誘導しうる点が，電界の場合と異なる．(3.2) 式により，磁束密度の時間変化 $\frac{\partial B}{\partial t}$ は常に電界を誘導するからである．

3.1.3 エネルギー伝搬

空気中では電界強度を高めると放電が生じるため，むやみに高くすることができない．環境条件にもよるが，おおよそ 10^3 kV/m 程度が限界といわれる．このとき空気中に蓄えうる電界エネルギーは 4.5 J/m^3 程度となる．これに対し磁界には空気中での「放電」に相当する現象は存在しないため，100 mT の磁束密度で 4 kJ/m^3 と電界に比べて桁違いに大きなエネルギーを空間に蓄積できることがわかる．

発生源から次々と空間内に電界，磁界が誘導される状態に関して，その変化の一区切りの長さを波長と呼ぶ．誘導電界，誘導磁界の大きさが十分で，電界 → 磁界 → 電界 → 磁界 → ⋯ と遠くまで続いていく場合は，誘導されているものが次の電界，磁界を誘導する「主体性」をもつ．これがいわゆる電波，あるいは電磁波と呼ばれる状態である．発生源の性質よりも誘導を繰り返す場である伝搬空間媒体の性質に依存した状態が電磁波である．このときの媒体の性質が特性インピーダンスと呼ばれ，媒体が真空の場合には次式

$$Z_0 = \frac{E}{H} = \sqrt{\frac{\mu_0}{\varepsilon_0}} = 120\pi = 377\,[\Omega] \tag{3.5}$$

で与えられる．特性インピーダンスが意味を持つのは変化の繰り返しが起きている，すなわち波長を考慮する必要のある電磁波が存在する領域であることに注意が必要である．この領域を遠方界と呼ぶ．遠方界においては，誘導されたものが次の誘導電界・磁界を生み出すので，エネルギーが伝搬される．このエネルギー伝搬はポインティングベクトル $S = E \times H$ [W/m^2] で表現され，電磁波を受ける面に対する単位時間当たりのエネルギー面密度の単位をもつ．空間

を電磁波自身がエネルギーを伝送するので，ワイヤレス給電技術のいわば「王道」に見える．ただし，式の上には現れないが，背景に波長の概念，そして変位電流の存在があることを忘れてはならない．

時間的に変動している電界あるいは磁界が存在するが一波長に満たない領域における電界・磁界の空間分布は，もともとの電界，あるいは磁界を生み出す発生源の形状や性質の影響を強く受けている．この空間領域を近傍界と呼ぶ．

遠方界とは異なり，近傍界では一波長に満たない領域のためポインティングベクトルは有効に機能せず，エネルギーの空間伝搬は見込めないが，時間変動するエネルギーが空間に蓄積されていることは確かである．そこで，この空間に蓄積されているエネルギーを電界・磁界の発生源と異なる場所において，何らかの方法でくみ出せば，エネルギーを取り出すことができる．実は「大電力」を伝送する場合にはこの領域を使用する方が優位となる．

マックスウェルの方程式中の (3.2) 式は，「時間変動磁界によって電界を誘導する」というファラデーの電磁誘導の法則を表すが，電界を誘導させる法則であり，電流を誘導することはないことに注意する必要がある．すなわち，(3.2) 式で誘導される電界を電圧化し，負荷を接続した電気的閉回路を接続することではじめてこの閉回路に電流が流れることになり，これが変位電流の代替となることで，場の発生源からこの電気的閉回路までエネルギーを「移す」ことができる．誘導電界を電圧化する部分と電気的閉回路部分（あわせて受電部と呼ぶことにする）は一体化することも，分離しておくことも可能である．この場合，エネルギーを取り出しやすい電界・磁界の空間分布の構成法，そして効率よくエネルギーを取り出す受電部回路設計法が開発の鍵となる．

高結合型の電磁誘導方式である電力用変圧器は受電部を一体化した例であるし，低結合型の電磁誘導方式や磁界結合共振方式は受電部を分離した例と見ることができる．

一方，時間変動磁界の代わりに時間変動電界を空間に発生させそのまま使用すると，空間に分布した変位電流を直接利用することになり，同様にエネルギーを発生源から回路に移すことができる．電界結合共振方式はこの例といえる．

以下，各方式の特徴，およびそれらの応用例について見ていくこととする．

3.2 さまざまなワイヤレス給電方式

前節のとおり，ワイヤレス給電では，空間に発生させた電磁界を介することで離れた場所へ無線でエネルギーを伝送することが可能になる．電磁界を用いたワイヤレス給電方式として，マイクロ波送電方式，電界共振結合送電方式，磁界共振結合送電方式，そして電磁誘導送電方式などがある．これらは，それぞれ周波数・波長および送受電器形状などが異なるため，可能な送電距離や送電電力規模に違いがある．

ワイヤレス給電全体の構成を図 3.1 に示す．大きく分けると，電源回路，送電器，受電器，整流および変換回路，そして負荷の 5 つから構成される．上記に挙げたどのワイヤレス給電方式においてもほぼ図のような構成となる．構成の中で方式によって大きく違いが生じる部分は送受電器の部分である．本節では上記に挙げた 4 つの方式について取り上げ，それぞれの原理および特徴について述べる．

3.2.1 マイクロ波送電方式

マイクロ波とは波長の長さが 1 mm から 1 m 程度までの電磁波の総称であり，このマイクロ波をワイヤレス給電に応用した方式がマイクロ波送電方式（microwave power transmission）である．波長と伝送距離の関係は $\lambda/2\pi$ を超えるため遠方界の領域である．周波数として，産業・科学・医療のために設けられた

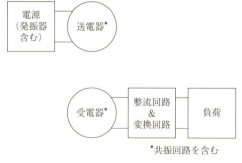

図 3.1 ワイヤレス給電の基本構成

ISM 周波数帯である 2.45 GHz あるいは 5.8 GHz が選択されることが多い．遠方界の領域を利用しているため，電磁波は磁界と電界が相互に誘導し合うことでエネルギーを輸送する．このエネルギー伝搬は前節で述べたポインティングベクトルで表現され，電磁波を受ける面に対する単位時間当たりのエネルギー面密度を表している．また，電界と磁界は直交しているため，ポインティングベクトルは電磁波の進行方向と一致している．マイクロ波送電方式では，送電アンテナから放射された電磁波が 3 次元的に空間へ広がることでポインティングベクトルの分布が形成される．しかし，電磁波が空間に均等に広がった場合，送電アンテナから放射したエネルギーを位置やサイズ等に制約のある受電アンテナで効率良く回収することは難しい．それゆえ，効率を高めるためには，送電アンテナから出力されるマイクロ波ビームを任意に配置された受電アンテナの方向へ向ける必要がある．また，受電アンテナの位置は固定されているとは限らないため，ビームの方向を受電アンテナの位置に合わせて調整することも必要になる．そこで，フェーズドアレーアンテナ (phased array antenna) がマイクロ波送電方式において有効である．フェーズドアレーアンテナは，複数のアンテナをアレー状に配置し，アンテナへ投入する高周波発振器からの出力の位相を制御することでマイクロ波ビームの方向調整や多彩な放射パターンを実現することが可能であり，受電アンテナの位置が変化するワイヤレス給電に適したアンテナ形態である．

図 3.2 にマイクロ波送電方式の概略図を示す．送電側では，高周波発振器からの出力が送電アンテナに入力されることで送電アンテナからマイクロ波が出力される．受電側では，マイクロ波を受電アンテナで受け，整流回路を通し，負荷へと電力が伝送される．特にマイクロ波送電方式では，受電アンテナと整流器をまとめてレクテナ (rectenna) と呼ぶ．一般的に，電磁界を介するワイヤレス給電において，受電器からの出力は交流である．しかし，負荷として想定される多くの回路では直流を必要とするため，一度直流に変換する必要がある．マイクロ波送電方式も例外ではない．特に，マイクロ波帯の整流回路で用いるダイオードは，高周波利用時における寄生容量やオン抵抗の影響が問題視されてきた．しかし近年，従来の Si 系半導体よりも優れた特性を示すワイドバンドギャップ半導体材料が開発されたことにより直流への変換効率が改善されてき

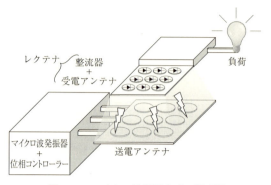

図 3.2　マイクロ波送電方式の概略図

ている．

　マイクロ波送電方式を語る上で欠かすことができないものがある．それは宇宙太陽光発電（space solar power systems：SSPS）である．宇宙空間に太陽電池を設置し，集めた太陽光からのエネルギーをマイクロ波のエネルギーへ変換することで地上へ電力を供給するシステムである．宇宙太陽光発電の考え自体は 1968 年にアメリカのピーター・グレイザー（Peter Glaser）博士により提案されており，今日まで研究開発は続いている．技術的な欠陥は少なく，実現の可能性は非常に高いが，宇宙空間に設置するためのコストが莫大であることが問題となっている．また，地上側では受電アンテナを設置する広大な土地が必要となるため，設置できる場所は限定されてしまう．しかし，化石燃料のように枯渇や大気汚染の心配をすることなく利用できる新たなエネルギー源として期待されている．

　遠方界の電磁波を利用したマイクロ波送電方式によるワイヤレス給電技術は，マイクロ波の特性上，アンテナ間距離やアンテナの位置関係の制約を受けることが少なく，非常に利便性の高い技術である．そのため，あらゆる用途での利用が考えられる．また，近年注目を集めている空間を飛び交う電磁波からエネルギーを取得するエネルギー・ハーベスティングにもレクテナの技術は利用可能である．

3.2.2 電界共振結合送電方式

前項のマイクロ波送電方式は電磁波の遠方界の利用によるものだが，本項からは近傍界の利用形態について述べる．最初に，近傍電界の利用によるワイヤレス給電技術である電界共振結合送電方式（wireless power transfer via electric resonant coupling）について説明する．当該方式では，数十 kHz から数十 MHz の周波数帯である高周波電界をワイヤレス給電に用いることで送電側から受電側への無線による電力供給を可能にしている．このとき，送受電器としては，軽量かつ安価で容易に作成が可能であることから電極板が用いられる．

電界共振結合送電方式における電極の配置方法は電界結合の形態により異なり，さまざまな方法が提案されている [1],[2]．図 3.3 に電極の配置方法と等価回路を示す．図 3.3(a) は，容量間の相互キャパシタンスを利用した方法である [1]．平行平板の場合，電気力線の大部分は極板間に集中することになるが，いくらか極板の外側に放射される電気力線も存在する．このとき，平行平板の外側に放射された電界が他方の電極と結合することで無線での電力伝送が可能になる．ここで，この方式を外部電界結合方式と呼ぶことにする．外部電界結合方式では，マイクロ波送電方式と異なり，近傍界の電界を利用するため，電界の減衰は送受電間の距離に大きく影響を受ける．ゆえに，伝送距離を拡大したときの

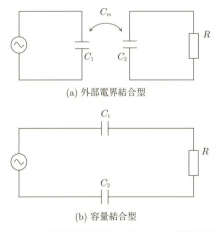

(a) 外部電界結合型

(b) 容量結合型

図 3.3　電界結合送電方式における等価回路

結合度の低下は著しい．ただし，外部電界結合を利用する場合は，電界結合のみでワイヤレス給電を実現している例は少なく，後述する磁界結合と混在させた電磁界結合となることが多い．

一方，図 3.3(b) の構成は，極板が送電側と受電側に分かれて向かい合う形を取ることで電極間の結合を高めた方法（容量結合方式と呼ぶことにする）である[2]．電気力線は極板間に集中することになるため，電界の結合度は非常に高い．また，電気回路の観点から言えば，2 つのコンデンサにより直列回路を構成したことと等価である．このとき，平行平板の場合，静電容量は以下の式で求めることができる．

$$C = \varepsilon \frac{S}{d} \tag{3.6}$$

S は極板の面積，d は極板間の距離，そして ε は誘電率である．このコンデンサに電流 I を流すために必要な電極間の電圧 V_C は以下の式となる．

$$V_c = \frac{I}{\omega C} = \frac{Id}{\omega \varepsilon S} \tag{3.7}$$

上式によると，極板面積が狭く静電容量が小さい場合，送電に必要な電圧が大きくなるため，大きな入力電圧が必要となる．特に，ワイヤレス給電に応用する場合には，小型であることが求められることが多く，必然的に容量が小さくなる．そこで，回路にインダクタを挿入することで入力電圧の低減を図る．図 3.4 にインダクタを挿入した回路を示す．図のとおり，LCR の直列共振回路の構成となるため，以下の共振周波数で駆動することで力率の補償と入力電圧の低減を可能にする．

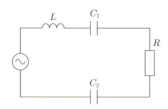

図 3.4　インダクタを挿入した容量結合方式の等価回路

$$f_{OE} = \frac{1}{2\pi\sqrt{L\dfrac{C_1 C_2}{C_1 + C_2}}} \tag{3.8}$$

容量結合方式では，極板を向かい合わせるだけでよいため非常に簡単で堅牢な構造を実現できる．また，細かい位置合わせが不要であり，柔軟性の高いワイヤレス給電装置を実現できる．そのため，電界共振結合送電方式としては容量結合方式が一般的である．ただし，共振により入力電圧は低下しているが，電極部の電圧自体は高いままであるため，大電力を取り扱う場合には，電極間における絶縁破壊に注意しなければならない．

3.2.3 磁界共振結合送電方式

磁界共振結合送電方式（wireless power transfer via magnetic resonant coupling）は，2007年にマサチューセッツ工科大学（MIT）のMarin Soljacicらの研究グループが発表[3]したことを境に急激に研究報告が増加した方式である．磁界共鳴方式あるいは磁気共鳴方式と呼ばれることもある．原理として，送電側および受電側それぞれに配置された共振器間の磁気結合により無線での電力伝送を実現しており，基本的には近傍磁界を利用した送電方式である．磁界を効率良く生み出すために共振器の構造はコイル形状が選択されることが多い．使用される周波数帯は，共振器構造にもよるが，数十kHzから数十MHzまでが報告されており，電界共振結合送電方式と差はない．共振器は非常に高いQ値を有しており，長距離伝送時における磁気結合の低下による伝送効率の劣化をQ値で補っている．

磁界共振結合方式はインダクタンスとキャパシタンスによる共振（LC共振）を基本とするが，その共振用キャパシタンスの扱い方は1つではない．図3.5に共振用キャパシタンスを考慮した共振器を示す．共振現象の種類として，2種類存在し，本節ではコイルがもつ分布容量をキャパシタンスとして利用したものを分布容量型LC共振，コイルに直接コンデンサを接合したものを集中定数型LC共振と呼ぶことにする．

最初に分布容量型LC共振について説明する．この方法における伝送周波数帯は，数MHzから数十MHzの間であることが多い．理由として，コイルを製

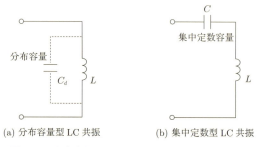

(a) 分布容量型 LC 共振　　　(b) 集中定数型 LC 共振

図 3.5　分布容量型 LC 共振と集中定数型 LC 共振

作した際の分布容量が関係している．コイルのようなインダクタでは，低周波数帯ではインダクタとして働くが，周波数が上昇するにつれて分布容量がもつインピーダンスを無視することができなくなってくる．そしてある周波数に到達すると分布容量とインダクタンスが共振し，コイルのインピーダンスは極値をとる．分布容量はコイル形状，サイズ，巻線間隔，そして空間の媒質などによって変化するため共振周波数を制御することは容易ではないが，コンデンサを直接接続するよりも高い Q 値をもつ共振器が期待できる．共振器としてコイルを用いた場合，基本的には高周波磁界による磁気結合が主要となるが，共振に分布容量を用いていることから分布容量間の相互キャパシタンスによる電界結合も無視できない．そのときの等価回路を図 3.6 に示す．図のように，磁界結合と電界結合の両方（電磁界結合と呼ぶ）の影響を考慮した共振系であるため，電磁界共振型あるいは電磁界共鳴型と呼ぶこともある．分布定数を用いた電磁界結合による共振器はマイクロ波帯の帯域通過フィルタ（BPF）の分野では既知の技術であり，本節で解説した分布容量型 LC 共振による磁界共振結合送電方式はマイクロ波帯における BPF の技術を MHz 帯でのワイヤレス給電に応用したものであるとも言える．

次に集中定数型 LC 共振による方法について説明する．上述のとおり分布容量は，コイルの形から周囲の媒質まで影響を受ける要素が多岐に渡る．そのため，共振周波数を自在に制御することは簡単ではない．そこで，分布容量の代わりに集中定数容量，つまり既存のコンデンサを共振に利用した方法が集中定数型 LC 共振である．図 3.7 にその等価回路を示す．この方法による利点は，コ

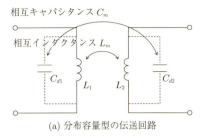

(a) 分布容量型の伝送回路

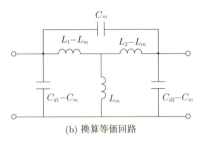

(b) 換算等価回路

図 3.6 分布容量型 LC 共振の等価回路

ンデンサにより静電容量を自由に選択できるため，コイル形状による周波数の制限がほとんどない．そのため，共振周波数は数十 kHz から数 MHz と，分布容量が見えない周波数帯での電力伝送が可能である．このことは，コンデンサ間の電界結合を考慮する必要がないため設計がしやすいという利点にもつながる．一方で，既存のコンデンサは，材質や構造によって無視できない等価直列抵抗をもっていることから，回路の Q 値を低下させる原因にもなる．

集中定数型 LC 共振では，次項で説明する電磁誘導型送電方式と同等の特性を示すだけでなく，コイルやその周りの回路に関する設計についても共通するところが多い．そのため，現段階で集中定数型 LC 共振による磁界共振結合送電方式と電磁誘導型送電方式の区別は明確ではない．

3.2.4 電磁誘導型送電方式

図 3.8 のように，1 次コイルに流す電流をスイッチによって時間変化させると，2 次コイルには起電力が発生し電流が誘導される．この現象は，1831 年にイギリスのファラデーによって発見され，電磁誘導（electromagnetic induction）

148　第3章　ワイヤレス給電

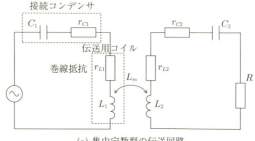

(a) 集中定数型の伝送回路

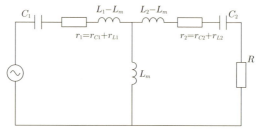

(b) T型換算等価回路

図 3.7　集中定数型 LC 共振の等価回路

という．電磁誘導現象は，今日，発電機や変圧器など身近な電気機器に利用されている．電磁誘導の原理をワイヤレス給電に応用した方式が，電磁誘導型送電方式（inductive power transmission）である．図 3.8 に示すとおり，1 次コイルと 2 次コイルは磁界を介してつながっているだけであり，その間には何も存在しない．変圧器では，その何もない空間に鉄心（あるいは磁性コアとも呼ぶ）を配置することで，1 次コイルからの磁束を 2 次コイルへ効率良く誘導することができ，高い変換効率を実現している．

　図 3.9 に変圧器および電磁誘導型送電方式の等価回路を示す．図からもわかるように，ワイヤレス給電における電磁誘導型送電方式の原理は，基本的には変圧器の動作原理とよく似ている．図 3.9 の回路における大きな違いは，1 次側と 2 次側にコンデンサが接続されている点である．この回路構成は図 3.7 に示した集中定数型 LC 共振による磁界共振結合送電方式の回路と同じである．電磁誘導型送電方式において，1 次側と 2 次側にコンデンサを接続する方法は磁

3.2 さまざまなワイヤレス給電方式　149

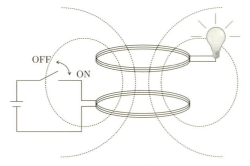

図 3.8　電磁誘導の原理

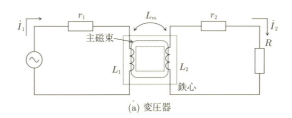

(a) 変圧器

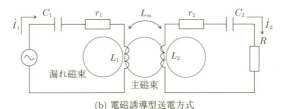

(b) 電磁誘導型送電方式

図 3.9　変圧器と電磁誘導送電方式の等価回路

界共振結合方式が発表されるよりも以前に発表[4]されており，磁界共振結合方式に限った技術ではない．

　ここで，電磁誘導型送電方式における伝送効率を求めてみよう．図3.7(b)，図3.9 より，1 次側電流と 2 次側電流の間の関係は以下の式となる．

$$j\omega L_m \dot{I}_1 = \left\{ r_2 + R + j\left(\omega L_2 - \frac{1}{\omega C_2}\right) \right\} \dot{I}_2 \tag{3.9}$$

伝送効率 η は，回路で消費されたすべての消費電力における負荷で消費された電力の割合と定義すると，以下の式で表すことができる．

$$\eta = \frac{R\left|\dot{I}_2\right|^2}{r_1\left|\dot{I}_1\right|^2 + r_2\left|\dot{I}_2\right|^2 + R\left|\dot{I}_2\right|^2} = \frac{1}{\dfrac{r_1}{R}\left|\dfrac{\dot{I}_1}{\dot{I}_2}\right|^2 + \dfrac{r_2}{R} + 1} \tag{3.10}$$

式 (3.9),(3.10) より,伝送効率は以下の式となる.

$$\eta = \frac{1}{\dfrac{r_1}{R}\dfrac{1}{\omega^2 L_m^2}\left\{(r_2+R)^2 + \left(\omega L_2 - \dfrac{1}{\omega C_2}\right)^2\right\} + \dfrac{r_2}{R} + 1} \tag{3.11}$$

このとき,2 次側コンデンサとして

$$C_2 = \frac{1}{\omega^2 L_2} \tag{3.12}$$

を選択すると,伝送効率は以下の式で表すことができ,効率を改善することができる.

$$\eta = \frac{1}{\dfrac{r_1}{R}\dfrac{1}{\omega^2 L_m^2}(r_2+R)^2 + \dfrac{r_2}{R} + 1} \tag{3.13}$$

式 (3.13) より,伝送効率の式の分母は負荷抵抗 R に依存し,かつ最小値をもつことがわかる.そこで,分母が最小,つまり伝送効率の最大値を求めるために,分母を R で微分して極値となる R(ここでは最適負荷 R_{opt} と呼ぶことにする)を求める.すると,R_{opt} は以下の式となる.

$$R_{opt} = r_2\sqrt{1 + \frac{(\omega L_m)^2}{r_1 r_2}} \tag{3.14}$$

式 (3.14) となる負荷を回路に接続することで伝送効率を最大にすることが可能になる.式 (3.14) を式 (3.13) に代入すると最大伝送効率 $\eta_{\max}$ は以下の式で表される.

$$\eta_{\max} = \frac{1}{1 + \dfrac{2\left(1 + \sqrt{1+\alpha}\right)}{\alpha}} \tag{3.15}$$

$$\alpha = \frac{(\omega L_m)^2}{r_1 r_2} = k^2 \cdot \frac{\omega L_1}{r_1} \cdot \frac{\omega L_2}{r_2} = k^2 Q_1 Q_2 \tag{3.16}$$

ここで,k はコイル間の磁気的結合係数である.$\eta_{\max}$ は α によって一意に決ま

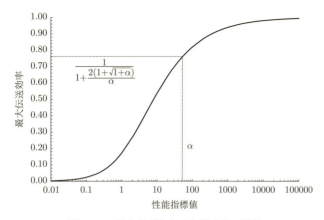

図 3.10 性能指標と最大伝送効率の関係

るため α は伝送系の性能を決める指標となる．そこで，本書では α を性能指標と呼ぶことにする．式 (3.15) から求めた最大伝送効率と性能指標の関係を図 3.10 に示す．高効率な電力伝送を実現するためには一定以上の性能指標が必要であることが読み取れる．式 (3.16) より，性能指標はコイルの Q 値と結合係数に依存している．つまり，磁界結合の弱い，コイル間の距離が長いときには，高い Q 値をもつコイルを用いることで結合係数の低さを補償することが可能である．このことは磁界共振結合送電方式と変わりない点でもある．

電磁誘導型送電方式において，コンデンサの接続方法は図 3.9 に示す直列接続だけとは限らない．2 次側のコンデンサの接続方法の例を図 3.11 に示す．このとき，$\eta_{\max}$ はコンデンサの接続方法によらずすべて式 (3.15) と同じ形になる．1 次側および 2 次側コイルの形状と位置関係が変化しない限り，コンデンサの接続方法の違いにより回路構成が変化しても η_{max} は変わらない．それではコンデンサの接続方法で変化するものは何か．そこで，電磁誘導型送電方式の等価回路における 2 次側等価直列抵抗以降の部分におけるインピーダンス（負荷インピーダンス）を一般化した回路を図 3.12 に示す．この回路において，伝送効率が最大となる負荷インピーダンスのリアクタンス成分 X_L および抵抗成分 R_L の条件は以下の式となる．

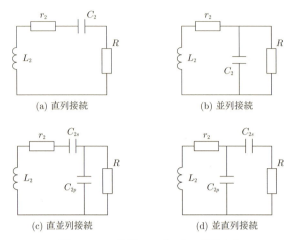

図 **3.11** 2次側コンデンサの接続方法

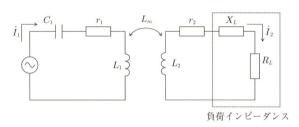

図 **3.12** 電磁誘導型送電方式の等価回路（負荷の一般化）

$$X_L = -\omega L_2 \tag{3.17}$$

$$R_L = r_2\sqrt{1+\alpha} \tag{3.18}$$

コンデンサの接続方法を変化させても，2次側等価直列抵抗以降の負荷部分を抵抗成分とリアクタンス成分の和として換算することができ，換算した値を式 (3.17) および (3.18) と一致させることで伝送効率を最大にすることができる．このとき，換算した R_L と X_L の値はコンデンサの接続方法により異なる．そのため，効率が最大となるコンデンサの値は，式 (3.12) に示すような LC 回路の共振条件として知られているものだけとは限らない．ゆえに，電磁誘導型送電方式では共振現象を利用しているというよりは，効率が高くなるように負荷

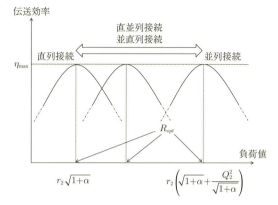

図 **3.13** 2次側コンデンサの接続方法と最適負荷の関係

インピーダンスの調整をコンデンサで行っているとも言える．また，最適負荷の値においても，回路ごとに異なってくるため，目的とするアプリケーションに合わせた回路選択が必要になる．図 3.13 にコンデンサ接続方法と R_{opt} の関係を示す．図に示すとおり，直列接続の R_{opt} の値が最も低く，そして並列接続が最も高くなる．直並列接続および並直列接続ではその間に R_{opt} が存在し，その値は2つのコンデンサのバランスで自在に設定できる．ただし，直列接続と並列接続を超える範囲に R_{opt} を調整することはできない．

電磁誘導型送電方式のその他の特徴として，動作周波数の低さが上げられる．数 kHz から数百 kHz の間で設定されることが多く，他のワイヤレス給電方式と比較しても低い．その長所として，送受電部のインピーダンスを抑えることができ，大電力を容易に扱うことができる．また，インバータや整流回路などの変換回路の効率も上げやすく，電源から負荷までを考慮した総合効率を高く維持することが可能である．ただし，コイルの位置関係（コイル間距離やずれ）に対して動作周波数が低すぎると十分な Q 値を確保することができず，結果として伝送効率の低下を引き起こす．そのために，しばしば位置ずれによる許容度の低さが欠点として示される．アプリケーションに合わせた Q 値を設計すれば，LC 共振を用いた磁界共振結合送電方式と遜色ない位置ずれ許容度を実現することが可能である．

3.3 医療分野への応用

3.3.1 はじめに

　ユビキタスという言葉が世の中に現れて以降，非接触給電技術，いわゆるワイヤレス電力伝送技術はその利便性が着目され，さまざまな民生機器への適用が検討されてきた．技術形態，仕様など非常に限定された技術規格が各企業の意図もあってさまざま登場したが，そのどれもが世界的な主流とは成りえず，まだ黎明期にあるといってもよい．また近年，ヘルスケア機器という言葉がわれわれの生活において頻繁に登場するようになってきたが，生体に近いところで非接触給電技術の適用が盛んに検討されているのがこの分野である．ヘルスケア機器とは日常生活に根ざした健康管理機器という意味合いが大きく，バイタルサインのモニタリング等，情報通信が主となっている．

　スマートフォンと連動する腕時計型の情報表示端末も市販される昨今，通信分野での生体情報とのかかわりは非常に密接になってきている．これら日常的に使用が可能なヘルスケア機器は，一般・管理・高度の種別に分類された医療機器とは違い，生活を豊かにしてくれるツールであり，製品規格や電気的規格等の認定も医療機器に比べて簡便である．

　一方，医療分野への非接触給電技術，ワイヤレス給電技術は，民生機器の充電システムや，ヘルスケア機器用充電等の一般機器向け電力伝送や通信技術ではなく，治療や生命維持を含めた高度医療分野を対象にした技術であり，体外から体内へ経皮的に非接触で電力伝送を行うことを目的とする．

　単純に電気機器を動作させるだけの電力源を構築することではなく，伝送した電力をどのようなエネルギー形態として利用するかが重要となる．そして，生体親和性を考慮することが必須であり，一般的な産業用途や家電用途を対象に設計される伝送システムとは一線を画すものとなる．また，体内埋め込み機器へエネルギーを供給し，治療や機器駆動を行う場合は，非侵襲，無侵襲，低侵襲といった言葉に代表されるように，生体に負担を要しないエネルギー供給方法としては必要不可欠な技術である．

　工業用途や産業用途，もしくは家庭用電気機器を対象にした非接触電力伝送

技術は，主に蓄電池を介して動作を行う機器アプリケーションが主要であるが，生体を想定した場合，もしくは医療機器を対象に考えると，多少扱いの異なったものとして整理できる．

体外から何らかの媒体を介して行われる体内でのエネルギー変換構成を考えると，体外から伝送された電気エネルギーを機械的出力として使用するもの（いわゆるアクチュエータの動力源，電力源として使用するもの），電圧，電流として直接生体へ作用を行うもの，そして熱的な出力として利用するものに大別できる．医療機器におけるワイヤレス電力伝送技術は，電気的にもその用途的にも幅広い領域を持ち，個々の最終的なアプリケーションによってその形態は大きく変わることとなる．なお，医療用途の電力伝送を行うプロトコル技術は電磁誘導方式となる．

先に述べたように，民生機器を対象にしたものではさまざまな規格が発生し，さまざまな名称により電力伝送が定義されているが，基本原理は電磁波を用いた電磁誘導に帰着することとなり，この原理を逸脱していない．限定した電磁界共振条件を利用する方法や，電界等を用いた方式も発表されているが，まったく新規の技術ではないことから，民生分野においては，正しい技術の見極めが重要である．医療分野における伝送方式も中間周波数帯の kHz オーダーを中心とした電磁誘導方式となる．以下，医療分野におけるワイヤレス・エネルギー伝送技術の具体例として，人工臓器，治療機器，計測機器の一例について述べる．

3.3.2 体内埋込人工臓器への構成例

体内埋込人工臓器と言われる代表的デバイスには現在研究開発中のものを含めて，人工心臓（補助人工心臓），人工心肺，人工眼（人工網膜），人工内耳，人工肛門括約筋，人工食道，人工心筋等があり，その研究開発背景にはさまざまな医学的意味や歴史上の成り立ちがある．

表 3.1 に代表的な人工臓器，埋込治療機器と大凡の消費電力の関係を示す．（なお ICD（埋込型除細動器），DBS（脳深部刺激装置）も実用化されているが，消費電力に幅があるためここでは割愛した．）また体内埋込機器を構成する上での概念を図 3.14 に示した．人工臓器の代表例として，特に移植代替の議論として大きな意味を持つ人工心臓を考えた場合，体内に非常に長期に留置される

表 3.1 体内埋込機器の消費電力一例

体内埋込機器	消費電力
心臓ペースメーカー，人工内耳等	1 mW～10 mW
人工網膜等	10 mW～100 mW
人工心筋，機能的電気刺激等	100 mW～1 W
人工肛門括約筋，埋込ハイパーサーミア等	1 W～10 W
人工心臓（LVAD，TAH），人工食道等	10 W～40 W

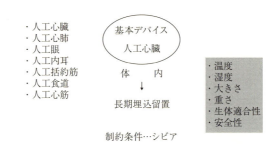

図 3.14 体内埋込機器用ワイヤレス給電の概念

ことが想定されるため，医学的側面のみならず，機器としての工学的視点からも，人工臓器として成立する要件は制約が多く非常にシビアである．したがって，これら機器に適用を考える場合のワイヤレス電力伝送システムも同様に厳しい条件が課されることになり，民生電気機器，産業用途機器への構成とは別のアプローチが必要となる．温度，湿度，大きさ，重さ，生体適合性，安全性等，直接生命にかかわるデバイスであり厳しい要求がなされる．

人工心臓へのワイヤレス電力伝送技術は，とりわけ TETS（transcutaneous energy transmission system：経皮的電力伝送）と称されることが多く，古くは 1960 年代頃に体外から体内への電気エネルギー供給方法として学術論文に掲載されている[5]．図 3.15 は代表的な TETS の一例である．完全埋め込み式人工心臓システムは，体内側では，埋め込まれる血液ポンプ，そのポンプを駆動するモータ，モータ制御ドライバ，体内通信回路，緊急時バックアップ用 2 次電

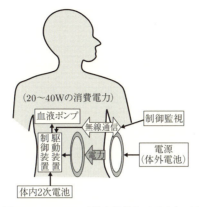

図 3.15 TETS（経皮伝送システム）の例

池が装備される．体外側は電池，直流電源，通信回路から構成され，体外から皮膚を貫通することなく電力を供給するためのシステムがこの TETS である．このシステムは皮膚上に置かれた体外コイルと皮下に埋め込まれた体内コイルを相対させ，高周波電磁界により電力を伝送するものである．同時に体内外での通信システムを備えた例もある．しかしながらこの TETS には課題が残されている．皮下に埋め込まれるために電機部品からの発熱に対して，血流による放熱効果は期待できず，温度上昇に対して設定される条件が厳しい．発熱量が大きければそれだけ放熱のために面積を必要とするから，都度デバイスは大型化する．特に人工心臓は世界的に見てもオーダーメードの感が強く，これに伴う TETS も同時に個別の機器として最適化されており，現在のところノウハウ的な要素が多い．また TETS に用いられる体外コイルは患者の動作や呼吸により位置ずれが発生することも考えられ，それに伴いコイル間の磁気的結合が変化し電圧変動が起きる．コイルの形状，材質によっては生体に対して圧迫壊死を起こすことから幾何的な工夫も必要であり，形状等は使用する患者にとってストレスとならないようなコスメティックへの配慮も重要である．コイル形状として，ポットコア，体外結合型等も開発されているが，現在は平面渦巻き型が主流である．

　TETS の実例（東北大と東大の共同開発）を図 3.16 と図 3.17 に示す．前述

図 3.16　TETS 体外側コイル

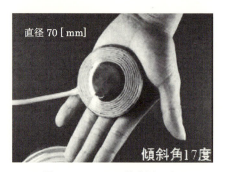

図 3.17　TETS 体内側コイル

の幾何的バランスにも配慮した構成となっている．図 3.18 には TETS の電源システム例を示す．TETS の体外コイルから送られた電力は体内コイルを経て整流回路で直流に戻される．半導体素子によって構成されるインバータによりモータを回転させ血液ポンプを駆動する．また体内の整流回路の出力電圧は駆動回路の動作可能な最大電圧，体内 2 次電池によりバックアップが開始される電圧（体内 2 次電池が完全放電した場合には駆動回路の停止する電圧）により決まる．体内 2 次電池と TETS の切り替えを行う必要があるが，これにはダイオードスイッチを用いる．その理由として，コイルの位置ずれ等により TETS の出力電圧が低下した場合，TETS と体内 2 次電池両方から同時に電力供給が為されることと，完全に TETS と体内 2 次電池を切り替えるようなシステムでは TETS の出力電圧が低下し体内 2 次電池に切り替わった際に負荷は開放状態

3.3 医療分野への応用　159

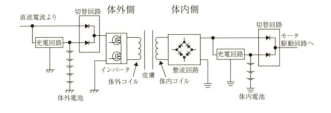

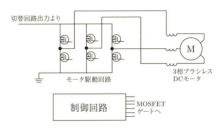

図 3.18　人工心臓用 TETS 電源システムの一例

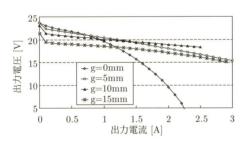

図 3.19　TETS 効率特性

になり，出力電圧は回復し再び TETS に切り替わる現象を考慮してのことである．図 3.19 は経皮的電力伝送システムの出力電流に対するインバータ入力から整流回路出力までの効率特性を示している．最大効率は 93%〜94% と高効率である．図 3.20 は出力電流に対する出力電圧特性を示したものである．

3.3.3　体内治療機器へのワイヤレス・エネルギー伝送技術

　四肢麻痺患者などの運動機能を再建する治療法として，機能的電気刺激（functional electrical stimulation：FES）がある．これは生体埋め込みデバイスへワ

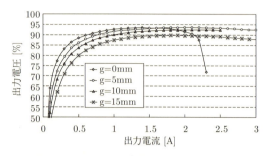

図 3.20　TETS 出力電流 対 出力電圧特性

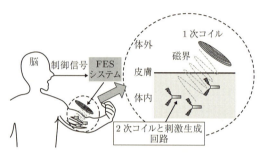

図 3.21　完全埋込型 FES システムの構成

イヤレス電力伝送を行い，その発生刺激パルスにより運動機能再建を図る方法である．現在わが国の肢体不自由者数は増加傾向にあり，これを受けて障害者の自立や社会参加を促す制度的取り組みが促進しているが，彼らに対する有効な治療法は確立されておらず，社会的自立は非常に困難な状況にある．このような患者への治療法として期待されているのが FES である．これは電気刺激が筋収縮を誘発することを利用したものであり，介護負担の軽減や障害者の社会参加に大きく貢献するものと考えられている．以降，完全埋め込み型 FES の代表的な刺激方式として，刺激精度の高さや管理の容易さから，直接給電法について述べる．これは，体内 (皮下 20 mm) に埋め込まれた小型刺激素子へ，高周波電磁界を用いて体外から効率的にワイヤレス電力伝送および刺激命令信号を送信して四肢の筋肉・神経を刺激させる方式である．この完全埋め込み型 FES システムの概念図を図 3.21 に，電力・信号伝送系と体内回路構成を図 3.22 に

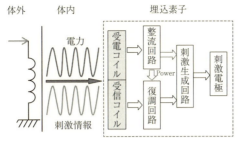

図 3.22 電力・信号伝送系と体内回路構成

示す．まず体外側の 1 次コイルから，刺激情報を送るための信号と，その刺激情報を元に実際の刺激パルスを生成するのに必要な電子回路を駆動するための電力を同時に伝送する．体内側の埋め込み素子では，受電コイルが電力を受け取り，整流回路で直流にした後，復調回路と刺激生成回路を駆動，それと同時に受信コイルでは刺激情報を受け取り，復調回路を通過して刺激生成回路で情報処理した後，刺激電極で刺激パルスを再生するというシステムである．電力および刺激波形情報の伝送方式として，電力伝送と信号伝送で異なる周波数帯を使用して伝送する方式を採用している．また，信号伝送では，デジタル情報を ASK 変調により重畳させ，複数チャンネルの刺激波形情報を単一周波数のキャリア上で時分割多重（time division multiplexing：TDM）方式により伝送している．用いる周波数として，電力伝送では生体への熱作用の影響が比較的少ないと思われる 100 kHz の磁場を，信号伝送では時分割多重方式におけるキャリア周波数として 1 MHz の周波数を採用している．

実際に埋め込みを想定している素子の形状は図 3.23 のようになっている．埋め込み素子は電力を受電するための受電コイル，信号を受信するための受信コイルと刺激波形を生成する電子回路からなる．コイルは棒状の高透磁率のフェライト（Ni-Cu-Zn 系）を用いたソレノイドコイルとした．フェライトのサイズは $0.7 \times 0.7 \times 10$ mm であり，コイルの巻線を巻いた状態でも $1.0 \times 1.0 \times 10$ mm ほどの小型なものとなる．この形状を用いることにより，小型の素子でもより多くの磁束を集めることができ，小型化・励磁条件の点で優れたものとなる．この方式を利用して，針状埋め込み素子（$0.7 \times 0.7 \times 10$ mm）に対する約 100 mW

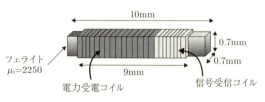

図 **3.23** 体内埋込素子構成

の同時給電・通信に成功している．

3.3.4 生体計測機器へのワイヤレス・エネルギー伝送技術（ワイヤレス通信）

　放射線治療はがん治療法の1つで，主に他のがん治療法と併用して行われる．近年，CTやMRIなどの画像診断装置の進歩により，腫瘍のサイズや位置を正確に測定できるようになり，PET（positron emission tomography）を用いることで，腫瘍の性質，悪性度を知ることができるようになった．それゆえ照射精度は依然と比べ向上しているが，いまだ過剰照射による副作用といった問題が起きている．その原因は治療時において患部付近の実際の照射線量がわからないことにあり，目標線量が正確に照射されているかどうかを知るため，実際に体内の照射線量を測定する必要がある．現在存在する唯一の体内線量測定システムでは，治療後でないと線量を測定することができないため，過剰照射を防ぐことができない．そのため，放射線治療時にリアルタイムで体内の腫瘍付近の線量を測定するシステムが必須となり，リアルタイム体内線量測定システムが考案された．体内埋め込み可能な線量計を腫瘍付近に留置し，線量計に含まれるX線検出器を用いて照射線量を測定する．得られた線量データをワイヤレスでリアルタイムに体外へ伝送する．この体外で受信したデータを用いることで，過剰照射することなく正確な放射線照射が可能となる．本システムのワイヤレス通信システムは，一対のコイル間の電磁結合を用いた磁場による通信を採用しており，これにかかわる体内回路を駆動させるために，ワイヤレス電力伝送システムの搭載が必須となる．ここでは微少電力伝送ということで，ワイヤレス通信を含めて述べる．

　リアルタイム体内線量測定システムは体内埋め込み可能な線量計，ワイヤレ

3.3 医療分野への応用　163

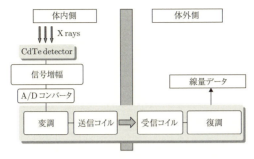

図 3.24　ワイヤレス通信システムの概略

ス電力伝送システムと同様のワイヤレス通信システムで構成される．放射線治療時において，LINAC（medical - linear accelerator）のような外部照射機器を用いて X 線を照射した際，体内の線量計に含まれる CdTe 検出器を用いて体内の腫瘍付近の照射線量を測定する．CdTe 検出器から出力された微小信号を増幅，ディジタルデータ化し，ワイヤレス通信システムにより体外へ線量データの伝送を行う．線量データの測定および伝送は，放射線治療時にリアルタイムで行われる．体外で受信した線量データをコントロールルームから外部照射機器へフィードバックすることで，正確な放射線照射が可能となる．体内から体外へデータ伝送を行うのと同時に，体内に埋め込まれた線量計を駆動させるため，体外からコイルを用いて磁場によりワイヤレス電力伝送システムで給電を行う．線量計は CdTe 検出器，体内コイル，体内回路からなり，注射器やカテーテルを用いて目標部位に留置する．ワイヤレス通信システムに関して，患者の腹腔内，筋肉層，脂肪層を考慮し少なくとも 200 mm の伝送距離が必要とされる．

図 3.24 はワイヤレス通信システムの概略図となっている．ワイヤレス通信システムは一対の通信用コイルと変復調回路で構成される．通信用コイルを図 3.25 に示した．体内コイルとして，長さ 10 mm，1 辺 0.7 mm のフェライトコアに 100 turns のコイルを巻いたソレノイドコイルを作成した．これは線量計をカテーテルで留置することを想定した形状で，CdTe 検出器を含めても埋め込み可能なサイズとなっている．また体外コイルとして，縦 135 mm，横 240 mm，厚さ 0.8 mm の平面フェライトコアに左右それぞれ 7 turns のコイルを巻いた

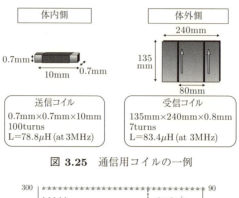

図 3.25　通信用コイルの一例

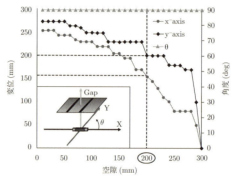

図 3.26　測定通信可能範囲

クロスコイルを作成した．続いて，通信用コイル，変復調コイルを用いて，ワイヤレス通信システムの通信能力評価を行った．線量データを模擬した 10000 bit のデータを PC で作成・出力し，体内コイルを用いてワイヤレスでデータ伝送を行う．体外コイルでデータの受信・復調を行い，PC に再び取り込み BER（bit error rate）を計算する．BER が 0% であるところを通信可能範囲としている．ある通信距離における X 軸方向，Y 軸方向，回転方向における許容位置ずれ・角度ずれの値を測定し，通信可能範囲の測定を行った．測定した通信可能範囲を図 3.26 に示す．X 軸方向，Y 軸方向への位置ずれがなく，つまり体外コイルが原点に存在するとき，通信距離は 300 mm となっている．リアルタイム体内線量測定システムでは通信距離 200 mm が必要とされるが，実験より通信距離 200 mm において，X 軸方向へは 150 mm，Y 軸方向へは 200 mm の位置

ずれが許容できるという結果が得られた．以上のことから，今回作成したワイヤレス通信システムを用いることで，通信距離 200 mm において線量データの伝送が可能であることが確認された．

その他，電力伝送エネルギーを体内で熱的出力に変換してがん治療を行う，素子埋込式ハイパーサーミア（ソフトヒーティングハイパーサーミア）などもあるが，ここではエネルギー変換後に電力として利用する方法に留めた．以上，人工臓器，治療機器，計測機器を対象に，非接触電力伝送の用途とその実際の一例を述べた．日常生活中でわれわれが簡易に利用するヘルスケア機器も含め，仕様にさまざまな制約があり，シビアな安全管理が求められるのは当然のことである．一方，医療現場で使用される機器はその必然性からここで紹介した内容に留まらず，飲込可能なカプセル内視鏡や，心拍，脈を含めた詳細な生体情報をあらゆる場所でモニタリング可能なシステム等も検討されており，今後さまざまな機器に対してエネルギー源を担う役割は続いていくものと思われる．医療分野への適用は，機器本体はもとより，電磁界の安全性と生体親和性を両立することに尽きると思われる．

3.4 ワイヤレス給電のシステム化と直流共鳴システム

本節では，新しい学際分野である高周波パワーエレクトロニクスを示し，ワイヤレス給電のシステム化に関して，直流共鳴ワイヤレス給電システムの技術を解説する．直流共鳴ワイヤレス給電との用語は，「直流から共鳴を起こしてワイヤレス給電する」という技術思想に基づいている．高効率なワイヤレス給電システムの実現を目的として，直流（DC）から共鳴を起こすエネルギー変換システムであり，空間を超えて電気を送る技術である．直流電気を送電共振機構に断続的に与えて，送電共振機構と受電共振機構を相互に作用させ，空間に高周波（RF：radio frequency，または HF：high frequency）の電磁界共鳴フィールド（electromagnetic resonance field）を形成し，電気機器に直流電気を供給するシステムである．共鳴フィールドでは，離れた空間にある電界や磁界のエネルギーが相互にやり取りされる．送電から受電までのシステム全体を総合的に捉えて DC-RF-DC 変換での電力効率の向上を図る．

ワイヤレス給電システムの設計では，共鳴結合回路の統一的設計手法を導く3つの手法として，複共振回路解析（MRA, multi-resonance analysis）手法，調波共鳴解析（HRA, harmonic resonance analysis）手法，F 行列共鳴解析（FRA, f-parameter resonance analysis）手法を解説する．また，これらのシステム設計理論に基づいて，10 MHz 級の動作実験などを紹介する [6)-21)]．

3.4.1 高周波パワーエレクトロニクスと共鳴ワイヤレス給電
(1) 高周波パワーエレクトロニクス

今日，民生機器を始めとするほとんどの電気機器，電子機器にはスイッチング電源装置が用いられている．DC-DC コンバータなどを包括するスイッチング電源技術は，主に電子工学におけるパワーエレクトロニクスとして位置付けられる．ワイヤレス給電においてもスイッチング技術を用いること，パワーエレクトロニクスを応用することが期待される．電力用半導体素子であるスイッチング素子の技術，回路技術，制御技術，そして磁界解析技術などの進歩にともなってスイッチング電源技術は進化し，高性能化，高機能化を実現し，電力損失の発生を低減している．電力用半導体素子は，オン（飽和領域）とオフ（遮断領域）を遷移して周期的なスイッチング動作を行う．常に能動領域で動作するA級などの線形増幅回路などと比較すると電力用半導体素子における電力損失は遥かに小さくできる．ワイヤレスで電力を供給するという目的において，電力損失をできるだけ低減しようとする技術開発は大変に重要である．ワイヤレス給電システムとは，電力源から負荷装置まで，空間的に離れた場所への電力供給の過程を対象とするシステムであり，電力変換と電力制御の技術を扱う．システム電力効率の向上，安全や安心を担保するワイヤレス給電の利用価値が高い用途，技術などが重要な課題として扱われる．

送電と受電の結合が小さなワイヤレス給電では，多くの場合，MHz 以上の高周波動作が要求される．通信システムとの混信の抑制，複数の電子機器を用いることを想定した電磁干渉ノイズの抑制などから，ISM（ISM, industry-science-medical）バンドを用いることが推奨される．ISM バンドは，無線通信以外での産業・科学・医療などの分野において高周波エネルギー源を利用するために割り当てられた周波数帯である．最低周波数は 6.78MHz である．無線部にフェラ

イトなどの磁気部品を用いることが適さない場合や，送電コイルや受電コイルに小型化が求められる場合などにおいて，高周波動作は有効である．

新しい価値創造を目指した新しい技術分野として，「高周波パワーエレクトロニクス」が提唱されている[6]．概念図を図 3.27，高周波パワーエレクトロニクスの周波数領域を図 3.28 に示す．たとえば，高周波パワーエレクトロニクスの新しい周波数帯域として期待される 10 MHz 付近の周波数帯域は，静電界や静磁界を扱うパワーエレクトロニクスと電磁波を扱う無線通信技術の間にあり，現行のパワーエレクトロニクスよりは高い周波数ではあるが電力は小さく，現行の無線通信技術よりは低い周波数ではあるが電力は大きい，といった高周波電力変換技術を扱うのに適した周波数帯域と考えられる．ワイヤレス給電におけるいくつかの技術は，このような周波数帯域を扱う技術として期待される．

パワーエレクトロニクス分野と電磁波分野において，マックスウェルの方程式の扱いを比較してみる．特に差異があるのは，マックスウェルの方程式におけるアンペール-マックスウェルの式における変位電流の項の扱いである．アンペール-マックスウェルの式は，電界の時間変化である変位電流と電流とで磁界が生じていることを示す式である．

パワーエレクトロニクス分野においては静電界や静磁界を扱い，変位電流の項を省略して解析する場合がある．扱う周波数が低いことから変位電流の項を無視しても，解析結果に大した影響を与えない場合が多い．変位電流の項を省略することで，解析を簡素化すること，解析計算の時間を短縮することが可能になるという利点がある．パワーエレクトロニクス分野では，解析対象に対して動作周波数での波長が十分に大きい近傍界の領域を扱うことが多い．また，結果的に，電界解析と磁界解析を分けて解析できることは，簡素化では利点となる．一方，パワーエレクトロニクスでは，動作周期において時間ごとに等価回路が変化するという非線形のスイッチング動作を解析することが必要となり，複雑な解析技術が求められる．

一方，マイクロ波などを扱う無線通信分野においては，マイクロ波や電磁波を扱う．波動方程式を扱うため，アンペール-マックスウェルの式における変位電流の項を省略して解析することはできない．変位電流の項を無視すると，解析結果に大きな影響を与え，物理法則に反した結果となってしまう．変位電流

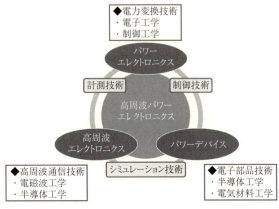

図 3.27　高周波パワーエレクトロニクスの概念図

の項を省略できないために，解析を簡素化すること，解析計算の時間を短縮することは難しい．電磁波分野では，解析対象に対して波長が小さい遠方界の領域を扱うことが多い．電界解析と磁界解析を分けて解析することはできない．また例えば，送信器と受信器は互いに独立的に扱うことができ，フリスの伝送公式などを利用することができる．ただし，パワーエレクトロニクスのように非線形スイッチング動作を扱う必要はほとんどなく，波源を単一周波数の線形正弦波電圧として解析する場合が多く，解析を簡素化できる．

「高周波パワーエレクトロニクス」は，「静電界や静磁界」と「電磁波」を上手に扱う領域として捉えることができる．それぞれの有用技術を適材適所で有効に活用することが期待される．

「高周波パワーエレクトロニクス」は，「パワーエレクトロニクス」，「高周波エレクトロニクス」，「パワーデバイス」の3つの技術分野を柱とし，技術融合と相乗効果により技術発展を期待する新しい学際分野である．パワーエレクトロニクスは，1973年に Dr. Newell によって示された．電力用半導体素子をスイッチとして用い，電力を変換，制御する技術の総称である．高周波エレクトロニクスは，電磁波工学や半導体工学等を手段として，通信を目的にさまざまなデバイスやシステムを開発する技術である．パワーデバイスは，電力用半導体工学や電気材料工学等を手段として，電力用電子部品を開発する技術である．

3.4 ワイヤレス給電のシステム化と直流共鳴システム 169

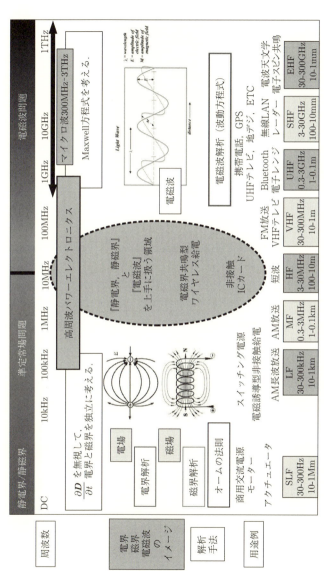

図 3.28 高周波パワーエレクトロニクスの周波数領域

各技術分野の強みを活かした技術融合と相乗効果により技術革新を推進する．ワイヤレス給電により，高周波パワーエレクトロニクスという新しい学際技術分野を拓き，世界を変える新しい技術，新しい価値創造を期待する．

(2) 共鳴ワイヤレス給電における先行技術

近年，共鳴現象を用いたワイヤレス給電の研究開発は活発化している[1)-3),6)-21)]．2007年にマサチューセッツ工科大学 (MIT) より発表された周波数10 MHz，距離2 mの実験では，伝送効率は40〜50%と報告され，注目を集めた．一方，入力と出力のそれぞれの有効電力の割合である電力効率は15%と低い[3)]．コルピッツ発振による高周波増幅装置を用いたためと推察される．

10年以上先行した1994年に，ソフトスイッチングを用いたワイヤレス給電が日本より報告されている[23),24)]．ソフトスイッチングとは，電力変換回路において，スイッチング動作をする電力半導体素子におけるスイッチング損失を，回路動作の工夫により低減する技術である．主には，ZVS（zero voltage switching）動作とZCS（zero current switching）動作とがある．ZVS動作は，スイッチング素子の電圧が0 Vとなってからターンオンする技術，ZCS動作は，スイッチング素子の電流が0 Aとなってからターンオフする技術である．スイッチング動作におけるスイッチング損失を低減して，電力損失を大きく低減できる．

日本より報告されたソフトスイッチングを用いたワイヤレス給電の技術は，10 MHz級複共振形ZVSコンバータとして発表され，空心トランスを用いた10 MHz級の実験において出力20.4 W，電力効率77.7%を達成している[25)]．

MITより報告された研究と日本より報告された先行研究を比較する．①動作周波数が10 MHz，②2つのコイルが空間で磁気結合する，③2つのコイルに同じ周波数の共振電流が流れて電力伝送する，といった点では，MITの実験は日本の先行研究と酷似する．一方，それぞれの研究は，次のような特徴がある．MITの研究では，大型の共振器コイルを用いて長い伝送距離での電力伝送を目標とし，コイル間の結合を主として研究している．一方，日本の研究では，小型のコイルと共振キャパシタを用いて高い電力効率を目標とし，①直流電圧源から高周波交流電流への送電変換，②直流電圧を得るための受電交流電流の整流平滑動作，③電力の制御などを研究している．

(3) 直流共鳴ワイヤレス給電システム

　直流共鳴ワイヤレス給電システムは，直流電気を送電共振機構に断続的に与えて，送電共振機構と受電共振機構を相互に作用させて共鳴現象を起こす，電気と電磁界のエネルギー変換システムである．電気機器への電力の供給過程において電力変換回数を削減し，シンプルな構成により高い電力効率を実現する．電磁界の相互作用（interaction）を利用した電磁界共鳴フィールドを用いる．空間的に離れた送電部と受電部に存在する電界エネルギーと磁界エネルギーを相互に作用させて同じ周波数で振動させる．複数の共鳴装置を配置することで共鳴フィールドを拡大して，受電できる空間領域を広げることもできる．この場合，送電装置と共鳴装置と受電装置は，それぞれが相互にエネルギーをやり取りする．このように，複数の送電装置，共鳴装置，受電装置を組み合わせて動作をさせる電力供給システムの実現も可能である．

　2007年にMITより研究報告された実験は，共鳴現象を利用して，共振器から共振器へと一対一の電力伝送を実現している[1),3),22)]．直流共鳴方式のシステムとMITが示した磁界共鳴方式のシステムを比較すると，両方とも自然法則に基づく共鳴現象を利用する点においては同じである．一方，直流共鳴システムは，共鳴現象を起こして電力を「供給」するという技術思想であるのに対し，磁界共鳴システムは，共鳴現象を利用して電力を「伝送」するという技術思想として捉えることができる．

　直流共鳴システムは直流電気から共鳴現象をつくるアクティブ（能動的）技術であり，磁界共鳴システムは交流電気から共鳴現象で伝えるパッシブ（受動的）技術として見ることができる．磁界共鳴システムでは共振器に高周波磁界を与える高周波交流装置が別に必要となり，産業上の利用においては，異なる物理現象の異なる技術思想と位置付けられる．直流共鳴方式は，ワイヤレス給電システムの全体を総合的に捉え，直流の電気エネルギー源から，どのように負荷装置に電力を供給するのかを扱う技術ということができる．

(4) インピーダンス変換とインピーダンス整合

　共鳴ワイヤレス給電では，信号伝送システムの構成に基づく研究も多く報告されている[22)]．送電部と受電部との間にある共鳴部に対して50Ω系のインピー

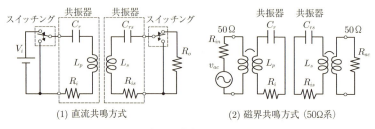

(1) 直流共鳴方式　　　　(2) 磁界共鳴方式 (50Ω系)

図 3.29　直流共鳴方式と磁界共鳴方式

ダンス整合を扱うものが多い．一方，直流共鳴方式では，共鳴現象を起こすという技術思想に基づき，送電部と受電部を一体化して共鳴現象を起こす．共役複素数を考慮するインピーダンス整合ではなく，所望の電圧を得るためのインピーダンス変換や共鳴を起こすための条件を扱う．直流共鳴方式と一般的な 50Ω 系の磁界共鳴方式を図 3.29 に示す．直流共鳴方式では直流電圧をスイッチングするのに対し，一般的な磁界共鳴方式では，高周波交流源を用いる．高周波交流源では，いかなる負荷に対しても出力インピーダンスが 50Ω になることや振幅電圧が一定となることが要求される．50Ω 系の高周波交流源を用いた場合，電力供給部での 50Ω と負荷部での 50Ω において電圧は分圧され，理論上の電力効率は最大でも 50% が限界となる．システムにおける電力効率は著しく低くなる．また，単純に電力供給部での 50Ω を 0Ω に変えたくても MHz を超えた電力を扱うことができ，かついかなる負荷に対しても出力インピーダンスが安定な 0Ω と見なせる高周波交流源をつくることは技術的に至難である．

　直流共鳴システムでは，送電部，共鳴部，受電部と分けることができ，送電部と共鳴部，共鳴部と受電部は一体的であり，共鳴部において共鳴フィールドを扱う．ワイヤレス給電システムの設計において，送電部，共鳴部，受電部の各部を独立させて扱うことは考慮していない．特に，送電部だけを独立して，出力インピーダンスを一定にするという考えはない．

　一方，信号伝送システムの構成は，一般に，送信部，伝送部，受信部と独立して扱われ，電圧信号を伝送することを目的に，分離して考察される．送信部では，独立して扱えるように，出力インピーダンスが 50Ω 一定となるように設計されることが多い．受信のための抵抗値を 50Ω 一定として扱い，出力インピー

ダンスが 50 Ω になること，振幅電圧が一定となることが要求される．また，伝送部では，送信部と受信部に対して共役複素数を考慮するインピーダンス整合が要求される．このように，電力供給システムと信号伝送システムは，目的や構成が異なる．

電力供給を目的とする場合，負荷となる電気機器においては，その電気機器の利用状態によって消費電力は変化する．すなわち負荷はシステム設計者が決定できるものではなく，外的要因によって決定されるものとなる．このため，送電部を独立させて，出力インピーダンスを一定にするというしくみは合理的とは言い難い．

電気エネルギーとして身近に利用できる電気は，ほとんどが直流である．電池やバッテリーだけでなく，50 Hz や 60 Hz の商用交流でさえ，商用交流電圧を整流平滑した直流電圧を用いている．直流電圧を利用した電力変換により負荷に電力を供給している．また，受電電力を利用する電気機器のほとんどは，直流電圧で動作する．実用的には，直流電圧から空間を超えて直流電圧を供給するということが重要となる．これらの社会実情を考慮し，直流共鳴方式では，直流から共鳴を起こし，空間を超えて直流の電力を供給する技術を扱う．ここで電磁界共鳴とは，空間を超えて送電と受電のそれぞれに構成される共振機構を互いに作用させ，電界と磁界のエネルギーを一体的かつ周期的に相互に作用させる電磁界の共鳴現象と定義される．

3.4.2 直流共鳴ワイヤレス給電システム

高効率なワイヤレス給電システムの実現を目的として，直流共鳴ワイヤレス給電システムの構成や共鳴フィールドの解析について解説する．

(1) 直流共鳴ワイヤレス給電システムの構成

直流共鳴ワイヤレス給電システムの原理的な一例として共振コイルを用いた D 級直流共鳴ワイヤレス給電システムを図 3.30 に示す．送電コイル n_p と受電コイル n_s を用い，コイル間に形成される電磁界共鳴フィールドを用いて電力を供給する．送電コイル n_p と受電コイル n_s のそれぞれにスイッチング素子を直接に接続して構成する．送電コイル n_p と受電コイル n_s は，コイルが共振器

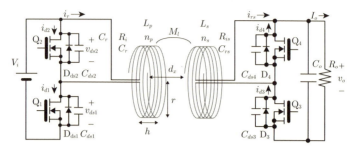

図 3.30 共振コイルを用いた D 級直流共鳴システム

となって自己共振する自己共振器として利用される．送電コイル n_p と受電コイル n_s の自己インダクタンスを L_p, L_s, 等価的な漏れインダクタンスを L_r, L_{rs}, 相互インダクタンスを L_{mp}, L_{ms}, コイルの浮遊容量を C_r, C_{rs} とする．共振キャパシタ C_r, C_{rs} は外部部品で構成することも可能である．送電共振機構を漏れインダクタ L_r, 浮遊容量 C_r, 受電共振機構を漏れインダクタ L_{rs}, 浮遊容量 C_{rs} により構成する．スイッチング素子 Q_1, Q_2, Q_3, Q_4 には FET を用い，スイッチング素子 Q_3, Q_4 は整流素子または同期整流素子として動作させる．スイッチング素子 Q_1 と Q_2 は交互にオンオフし，直流電圧 V_i を送電共振機構に断続的に与える．送電側と受電側の双方に LC 共振回路を構成し，反射電力を電力損失としない構成によってシステムの電力効率を向上させる．

直流共鳴ワイヤレス給電システムの別の構成例としてループコイルを用いた E 級プッシュプル直流共鳴ワイヤレス給電システムを図 3.31 に示す．D 級が，直流電圧を送電共振機構に断続的に与える構成であるのに対し，E 級は，直流電流を送電共振機構に断続的に与える構成となる．直流電圧に十分に大きなインダクタ L_{f1}, L_{f2} を接続することで，それぞれ電流源として機能させることができる．ここでは，送電コイルと受電コイルにシンプルなループコイルを用いている．スイッチング素子 Q_1, Q_2 は交互にオンオフする．スイッチング動作にともなう高調波の抑制には，スイッチング素子 Q_1, Q_2 と共振キャパシタ C_r とループコイル n_p からなる送電共振機構との間に，高調波を抑制するローパスフィルタを接続することが効果的である．

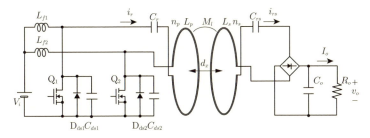

図 3.31 ループコイルを用いた E 級プッシュプル直流共鳴システム

(2) 直流共鳴ワイヤレス給電システムの動作

D 級直流共鳴ワイヤレス給電システムについて時間領域解析を行う．エネルギー変換を行う回路動作の解析には，周期状態区分法（periodic state dividing method）を用いることが有効である．周期状態区分法では，1 スイッチング周期を等価回路の状態ごとに期間を区分して過渡動作を解析する．各状態の等価回路に関しては，FET やダイオードなどのスイッチング素子が導通か非導通かを判断して等価回路を決定することができる．過渡現象の解析では，各状態における等価回路より導出される時間関数の回路方程式の初期値は，前状態の等価回路における回路方程式での終値となる．平衡状態においては，同一等価回路における初期値の値は，繰り返し周期において同じ値に収束する．周期ごとの初期値の差分が十分に小さくなることで，収束したこと，動作が平衡状態になったこと，を判断することができ，平衡状態における安定動作でのスイッチング動作波形を解析することができる．理想的なスイッチング動作波形を図 3.32 に示す．1 スイッチング周期において，送電回路は，等価回路の状態ごとに 4 つの期間に区分できる．FET Q_1，Q_2 のゲート電圧を v_{gs1}，v_{gs2}，ドレイン電圧を v_{ds1}，v_{ds2} として，キャパシタ C_r に流れる共振電流を i_r，FET Q_3，Q_4 に流れる電流を電流 i_{d3}，i_{d4} とする．送電側 FET Q_1，Q_2 は，デッドタイム t_d を挟んで交互にオンオフし，直流入力電圧 V_i を台形波電圧に変換する．電磁界共鳴現象により共振電流 i_r の波形はほぼ正弦波となる．受電側の FET Q_3，Q_4 は，整流動作を行い台形波電圧は直流電圧 v_o に変換される．電流 i_{d3}，i_{d4} の波形はほぼ半波の正弦波となる．FET を用いた同期整流技術は，一般に，ダ

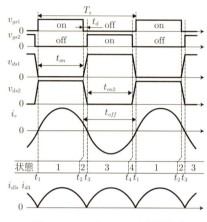

図 3.32 スイッチング動作波形

イオード整流よりも整流損失を低減できる.

送電側から見た負荷側への入力インピーダンスは誘導性となるように設計する. デッドタイム t_d において共振電流 i_r の遅れ電流により ZVS 動作を実現し, スイッチング損失を低減する. デッドタイム t_d は, ZVS 動作に必要なより短い期間が好ましく, 時比率 $D(D = t_{on}/T_s, 0 < D < 1)$ は, 0.5 に近い.

(3) 共鳴フィールドの周波数領域解析

送電コイル n_p と受電コイル n_s は, 自己インダクタンス L_p と浮遊容量 C_p が共鳴動作に関与する共振器となる. 送電, 受電コイル n_p, n_s は, 巻数 $n_p = n_s = 5$ ターン, コイル半径 $r = 10\,\mathrm{cm}$, コイル高さ $h = 5\,\mathrm{cm}$, 線径線 $\phi = 2\,\mathrm{mm}$, 材質は銅とする. 有限要素法を用いた磁界解析シミュレーションを用いて [26], 磁界と電界を静解析する. 距離 $d_x = 10\,\mathrm{cm}$ での磁界強度と電界強度を図 3.33(1), (2) に示す. 磁界解析より自己インダクタンス $L_p = 7.5\,\mu\mathrm{H}$, 電界解析よりコイルの浮遊容量 $C_p = 3.54\,\mathrm{pF}$ となる. 内部抵抗 R_i は $678\,\mathrm{m\Omega}$ が得られる. 自己共振周波数 f_r は, 次式となる.

$$f_r = \frac{1}{2\pi\sqrt{L_p C_p}} = 30.8\,[\mathrm{MHz}] \tag{3.19}$$

3.4 ワイヤレス給電のシステム化と直流共鳴システム　　177

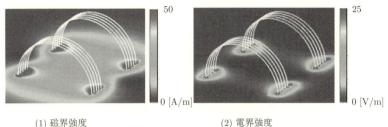

(1) 磁界強度　　　　　　　　(2) 電界強度

図 **3.33**　電磁界シミュレーションによる磁界強度と電界強度（距離 $d_x = 10\,\mathrm{cm}$）

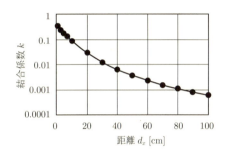

図 **3.34**　距離に対する結合係数 k の変化

パラメトリック解析を用いた磁界解析により，距離 d_x を変化させた場合の結合係数 k を図 3.34 に示す．距離 d_x が大きくなると結合係数 k は小さくなり，漏れインダクタンス L_r は自己インダクタンス L_p とほぼ等しくなる．さらに，磁界解析シミュレーションを用いて結合係数 k を 10 MHz の周波数で解析した結果を図 3.35 に示す．図 3.34 と図 3.35 を比べると，結合係数 k は，静解析と 10 MHz での解析とでほぼ一致することが確認できる．

送電コイル n_p と受電コイル n_s のそれぞれ単独でのインピーダンス周波数特性を磁界解析シミュレーションを用いて解析する．その結果を図 3.36 に示す．30 MHz 付近に自己共鳴周波数 f_r があり，静解析により求めた式 (3.19) の値とほぼ一致する．図 3.36 に示される共鳴周波数 f_r の方がやや低いのは，内部抵抗 R_i による影響である．

動作周波数を 10 MHz 級とするために，共振コイルの両端に $C_{pa} = 30\,\mathrm{pF}$ を接続して解析したインピーダンス周波数特性を図 3.37 に示す．このとき共振周

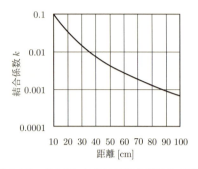

図 3.35　10 MHz における結合係数 k の変化

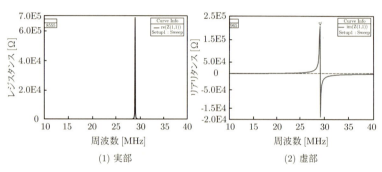

(1) 実部　　　　　　　　　　(2) 虚部

図 3.36　2 つの共振コイルのインピーダンス周波数特性

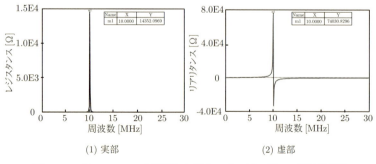

(1) 実部　　　　　　　　　　(2) 虚部

図 3.37　$C_{pa}=30\,\mathrm{pF}$ を接続した場合のインピーダンス周波数特性

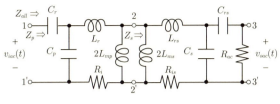

図 3.38 複共振回路

波数 f_r の計算値は次式となる.

$$f_r = \frac{1}{2\pi\sqrt{L_p(C_p + C_{pa})}} = 10.0 \text{ [MHz]} \tag{3.20}$$

共振キャパシタを接続することで共振コイルの自己共振周波数を調整できることが示される.

3.4.3 共鳴結合回路の統一的設計法(MRA/HRA/FRA 手法)
(1) 複共振回路解析(MRA)

送電回路と受電回路を備えたワイヤレス給電システムにおける共鳴結合回路の統一的な設計法として,複共振回路解析(MRA),調波共鳴解析(HRA),F 行列共鳴解析(FRA)の 3 つの手法を解説する [6)-21)]. 複共振回路解析(MRA)では,4 次元時空間の電磁界の振る舞いを 2 次元にモデル化した複共振回路 (multi-resonant circuit) を用いて,電圧と電流の時間的変化を解析する.共振コイルに直列に共振キャパシタ C_r を備える場合,形成される電磁界共鳴結合を含めた等価的な複共振回路は図 3.38 となる.

HRA 手法では,2 石の FET を交互にオンオフして得られる台形波電圧をフーリエ級数展開し,各周波数成分により諸特性を解析する.スイッチング動作により得られる台形波電圧をフーリエ級数展開した電圧 $v_{isqf}(t)$ は次式となる.

$$v_{isqf}(t) = \frac{V_i}{2} + \frac{V_i}{\pi}\sum_{n=1}^{\infty}\frac{1}{n}\left\{\sqrt{2(1-\cos(\pi n))}\sin(n\omega_s t + \theta)\right\} \tag{3.21}$$

$$\theta = \cos^{-1}\left(\frac{1-\cos(\pi n)}{\sqrt{2(1-\cos(\pi n))}}\right), \quad \omega_s = 2\pi/T_s \tag{3.22}$$

直流共鳴方式では,共鳴現象を用いることで,複共振回路に流入する電流は

ほぼ正弦波となる．フーリエ（Fourier）の定理より，周波数が互いに異なる2つの周期関数の積に対する周期積分値は0となる．すなわち，周波数が互いに異なる電流と電圧が同時に存在しても，電流と電圧の積である瞬時電力の周期積分値は0となる．周期積分値が0となるということは電力消費がないことを意味する．したがって，電圧波形が高調波を含む台形波であっても，電流波形が単一周波数の正弦波である場合，基本波に対してのみ電力を消費し，高調波に関しては電力を消費しない．このため基本的な電力の解析は，入力電圧波形の基本波 $v_{iac}(t)$ を用いて解析することが可能となる．

また，受電側において直流電圧が供給される直流負荷抵抗 R_o は，電力消費が等価となる交流実効負荷抵抗 R_{ac} に変換する．基本波電圧 $v_{iac}(t)$，倍電圧整流における交流抵抗 R_{ac} は次式となる．

$$V_{iac}(t) = \frac{2V_i}{\pi}\sin(\omega_s t), \quad R_{ac} = \frac{2R_o}{\pi^2} \tag{3.23}$$

FRA手法では，複数のLC共振回路から構成される複雑な複共振回路を F 行列（F パラメータ）によりシンプルに解析する．図3.38における端子 1-1' と 2-2' 間の送電共振回路，端子 2-2' と 3-3' 間の受電共振回路，端子 1-1' と 3-3' 間の全体の複共振回路に対する F 行列をそれぞれ F_p, F_s, F_{all} として，$j\omega \to s$ にして表すと次式を得る．

$$F_p = \begin{bmatrix} 1 & \frac{1}{sC_r} \\ 0 & 1 \end{bmatrix} \begin{bmatrix} 1 & 0 \\ sC_p & 1 \end{bmatrix} \begin{bmatrix} 1 & sL_r + R_i \\ 0 & 1 \end{bmatrix} \begin{bmatrix} 1 & 0 \\ \frac{1}{2sL_{mp}} & 1 \end{bmatrix} \tag{3.24}$$

$$F_s = \begin{bmatrix} 1 & 0 \\ \frac{1}{2sL_{ms}} & 1 \end{bmatrix} \begin{bmatrix} 1 & sL_{rs} + R_{is} \\ 0 & 1 \end{bmatrix} \begin{bmatrix} 1 & 0 \\ sC_s & 1 \end{bmatrix} \begin{bmatrix} 1 & \frac{1}{sC_{rs}} \\ 0 & 1 \end{bmatrix} \begin{bmatrix} 1 & 0 \\ \frac{1}{R_{ac}} & 1 \end{bmatrix} \tag{3.25}$$

$$F_{all} = F_p F_s \tag{3.26}$$

F 行列の要素を用いて入力インピーダンス Z_{all} および電圧変換率（$= v_o/V_i$）である電圧利得 G_{all} は次式で表される．

$$Z_{all} = \left|\frac{F_{11}}{F_{21}}\right|, \quad Gall = \left|\frac{1}{F_{11}}\right| \tag{3.27}$$

共鳴現象を用いた電磁界共鳴結合を形成するには，複共振回路の入力インピーダンス Z_{all} においてリアクタンス X_m がほぼ 0 となり，大きさが極小付近となることが必要である．出力電力は，式 (3.27) の電圧利得 G_{all} により解析することができる．また，スイッチング周波数や入力電圧 V_i を調整することで電力を制御することができる．

(2) 入力インピーダンスと電圧利得の解析

ワイヤレス給電システムの諸特性について解析する．回路パラメータは有限要素法による磁界解析によって得られた定数である $L_p = 7.55\,\mu\text{H}$，$C_p = 3.54\,\text{pF}$，$R_i = 678\,\text{m}\Omega$ を用いる．そして 10 MHz 動作におけるワイヤレス給電の基本原理動作の確認を行うために，$C_r = 30\,\text{pF}$ を用い，入力電圧 $V_i = 50\,\text{V}$，スイッチング周波数 $f_s = 10\,\text{MHz}$ 程度を設定する．抵抗 $R_o = 50\,\Omega$ として，距離 d_x を 10〜50 cm と変化させた場合を解析する．式 (3.27) より，入力インピーダンス Z_{all} に対する実部のレジスタンス R_{re} と虚部のリアクタンス X_m の周波数特性をそれぞれ図 3.39(1)，(2) に示す．レジスタンス R_{re} は，複共振回路の共鳴周波数 f_r 付近では距離 d_x が大きくなるに従い小さくなる．一方，距離 $d_x = 0.2\,\text{m}$ 以下では，リアクタンス X_m が 0 となる周波数は 3 つ存在して双峰特性となる．$X_m = 0$ となる周波数を低い方から順に共鳴周波数 f_{r1}，f_r，f_{r2} と定義する．

入力インピーダンス Z_{all} の大きさと電圧利得 G_{all} の周波数特性を図 3.40(1)，(2) に示す．Z_{all} と G_{all} は，距離が大きくなると，双峰特性，臨界特性，単峰特性と変化する．電圧利得 G_{all} は，単峰特性となる距離 $d_x = 0.4\,\text{m}$ 付近にて最大となり，出力電圧 v_o，出力電力 P_o も最大となる．

FRA 手法を用いた AC-AC 変換での数式計算による DC 出力電圧を解析する．図 3.40(2) に示す AC 入力電圧 v_{iac} に対する AC 出力電圧 v_{oac} の電圧変換比率である電圧利得 G_{all} を用い，$V_i = 50\,\text{V}$ として DC 出力電圧 v_o を計算した結果を図 3.41(1) に示す．また，スイッチングコンバータの電力変換動作を解析するスイッチング回路シミュレーションを行い，DC-RF-DC 変換での DC 出力電圧の解析結果を図 3.41(2) に示す．解析では，整流素子にダイオードを用い，ダイオードの順方向電圧降下は 0.7 V，FET のオン抵抗は 100 mΩ，寄生容量 $C_{ds} = 100\,\text{pF}$ としている．図 3.41(1) と (2) は，ほぼ一致している．FRA

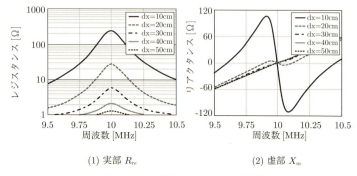

(1) 実部 R_{re}　　(2) 虚部 X_m

図 **3.39**　実部と虚部の周波数特性

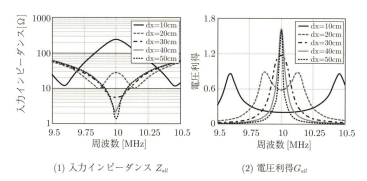

(1) 入力インピーダンス Z_{all}　　(2) 電圧利得 G_{all}

図 **3.40**　入力インピーダンスの大きさと電圧利得の周波数特性

手法は，AC-AC 電圧変換について複共振回路を用いて解析をし，共鳴結合システムの統一的設計法として有効である．回路シミュレーションは，DC-RF-DC 電圧変換についてスイッチング回路動作を反復計算を用いて解析し，回路システムの設計として有効である．FRA 手法を用いた数式計算と，反復計算によるシミュレーション解析は，解析手法はまったく異なるが，解析結果は一致することが確認できる．

　共鳴結合システムの解析手法として FRA 手法と回路シミュレーションを用いた解析手法を比較して考察する．FRA 手法は，数式計算を用いた解析手法であるため，解析のための計算機などを必要とせずにシステムの特性を確認できる．また，数式として表現できるために，システムの定性的な傾向を把握するこ

3.4 ワイヤレス給電のシステム化と直流共鳴システム

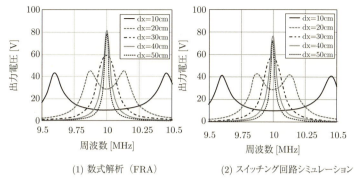

(1) 数式解析（FRA）　　(2) スイッチング回路シミュレーション

図 **3.41** 出力電圧の周波数特性

とが可能である．一方，回路シミュレーターを用いた解析では，反復計算を必要とするため，解析のための計算機が必要となる．また，計算時間も反復計算であることから数式計算よりは時間がかかる．利点としては，回路シミュレーターでは，適切な利用手順を理解するだけで，複雑な計算理論を用いることなく，回路の特性を解析できる．

　直流共鳴システムにおける DC-RF-DC 変換における総合電力効率特性について，スイッチング回路シミュレーションを用いて距離 d_x を変化させた場合について解析した結果を図 3.42(1) に示す．用いた回路シミュレーションでは，スイッチング速度は瞬時として扱うために電力損失は少なく見積もられる傾向があるが，システムの DC-RF-DC 変換における総合電力効率は 70%を超えている．MIT の研究報告では DC-RF-DC 変換における総合電力効率は 15%である．直流共鳴システムは圧倒的な高効率特性を得ることが可能である．また，距離 $d_x = 20$cm で位置ずれの値を変化させた場合について，DC-RF-DC 変換における総合電力効率特性を解析した結果を図 3.41(2) に示す．解析では，磁界解析により得られた結合係数 k を用いシステム設計理論に基づく SCAT により電力効率を解析している．空間的に離れて位置する送電コイルと受電コイルに対する結合係数 k が磁界解析などにより得られれば，回路シミュレーションを用いてワイヤレス給電システムの DC-RF-DC 電力効率を解析できることが示されている．また，図 3.41(2) に示される出力電圧と図 3.42(1) に示される総合

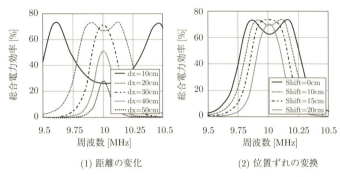

(1) 距離の変化 　　　　(2) 位置ずれの変換

図 3.42　スイッチング回路シミュレーションを用いた DC-RF-DC 電力効率特性の解析

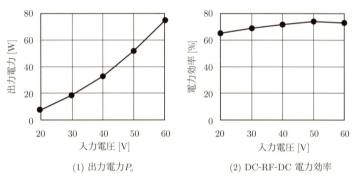

(1) 出力電力 P_o 　　　　(2) DC-RF-DC 電力効率

図 3.43　実験における出力電力と DC-RF-DC 電力効率特性（8.2 MHz）

電力効率は異なる特性であることが示されている．伝送電力と電力効率は，それぞれが最大となる条件は一致しないことがわかる．

3.4.4　GaN FET を用いた 10 MHz 級動作実験
(1)　GaN FET を用いた 50 W 実験

共鳴結合回路の統一的設計法を用いてシステムを設計し，高周波動作が期待されるワイドバンドギャップの電力用化合物半導体である GaN (gallium nitride) FET (field effect transistor) を用いて実験による検証を行う．実験では，共振キャパシタに，高周波特性に優れた中高圧積層セラミックコンデンサを用いる．スイッチング素子には，100 V 耐圧，20 A パルス耐圧，オン抵抗 0.21 Ω，スレッ

ショルド電圧 0.8 V のノーマルオフ型 GaN FET を用いる．上昇，降下時間はともに 6 ns であり，高速スイッチング動作が期待できる．整流素子には，ショットキーバリアダイオードを用いる．基本的な知見を得るために，磁界を発生させる最小単位のループコイルを送電と受電のコイルとして用いる．半径 5 cm，線径 1 mm の 2 つのループコイルを接近させて用い，主に，送電部の送電能力を確認する．共鳴フィールドの形成では，一般に，幾何学的な寸法に対する相似則が成り立つ．対応する寸法の比がすべて等しい図形の相似で考えることができる．距離とコイル半径の比率において，距離を大きくする場合は半径を大きくするという対応となる．スイッチング周波数 f_s =8.2 MHz，負荷 R_o = 50 Ω，結合係数 k = 0.567 において，実験により得られた出力電力特性とシステムにおける DC-RF-DC 電力効率特性を図 3.43 に示す．入力電圧 60 V では，出力電圧 61.2 V，最大供給電力 74.9 W，DC-RF-DC 変換総合電力効率 73.3%，また，入力電圧 50 V では，出力電圧 51.0 V，供給電力 52.0 W，DC-RF-DC 変換総合電力効率 74.0% を達成している．

(2) GaN FET を用いた 6.78 MHz 実験

GaN FET を用いた直流共鳴ワイヤレス給電における 6.78 MHz 実験について解説する．ワイヤレス給電では，無線通信システムとの混信を避けるために，国際的な ISM（ISM, industry science medical）バンドの利用が有効となる．6.78 MHz は，ISM バンドにおいて最も低い周波数である．

スイッチング周波数 f_s =6.78 MHz，$C_r = C_{rs}$ =1.68 nF，距離 d_x =3 mm において，小型の GaN FET を用いて実験する．GaN FET として 40 V 耐圧，10 A，16 mΩ のノーマルオフ型 FET，Si FET として 45 V 耐圧，20 A，35 mΩ の FET を用いる．入力電圧 V_i = 15 V として負荷を R_o =20～160 Ω に変化させた場合の DC-RF-DC 電力効率を図 3.44(a) に示す．GaN FET では，負荷 R_o = 110 Ω において DC-RF-DC 電力効率 89.5%，出力 11.1 W を達成している．圧倒的に高効率な DC-RF-DC 電力効率を達成する．入力電圧 V_i =18 V，負荷 R_o = 170 Ω においては，出力 61.8 V，給電電力 22.4 W を達成している．一方，Si FET では，入力電圧 V_i =15 V，R_o = 40 Ω にて，DC-RF-DC 変換総合電力効率 87.1%，出力 4.01 W となる．Si FET では，6.78 MHz の高周波動作

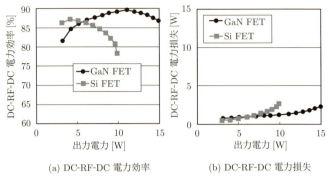

(a) DC-RF-DC 電力効率 　　(b) DC-RF-DC 電力損失

図 3.44　GaN FET と Si FET を用いた電力特性

に追従することは厳しく，GaN FET の優位性が確認できる．

入力電圧 V_i =15 V における GaN FET と Si FET の DC-RF-DC 変換での電力損失を図 3.44(b) に示す．線形増幅回路を用いたシステムでは，理論上，DC-RF 変換の電力効率は 50% 以下となる．これに対し，直流共鳴システムは，DC-RF 変換の電力効率と RF-DC 変換の電力効率の積である DC-RF-DC 変換の総合電力効率において約 90% を達成している．直流共鳴システムは，線形電力増幅回路システムと比較して圧倒的に小さい電力損失となる．GaN FET を用いた出力 11.3 W での電力損失は 1.29 W となる．GaN FET が 6.78 MHz の高速動作に対応できること，DC-RF-DC 変換において圧倒的に高い総合電力効率を達成できることなど，画期的な成果が示されている．

(3)　共鳴フィールドの実証実験

送電と受電にループコイルを用い，共鳴ループコイルを適宜複数配置して，電磁界共鳴フィールドの拡大について実験する．磁界解析と実験の結果を図 3.45 に示す．磁界解析では電磁界共鳴フィールドにおける磁界ベクトルを解析している．実験では，太陽電池により発電した直流電圧から共鳴を起こして電磁界共鳴フィールドを形成し，受電装置に備えた複数の LED を点灯させている．①直流-直流の給電，②複数負荷への給電，③共鳴フィールドの拡大，④さまざまな方向への給電など，これまでにない画期的な技術を実証している．産業へ

3.4 ワイヤレス給電のシステム化と直流共鳴システム　187

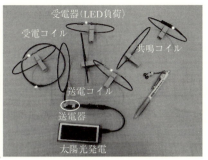

(a) 共鳴フィールドの解析（磁界ベクトル）　　(b) 直流共鳴システムの実証実験

図 3.45　共鳴フィールドのシミュレーションと実証実験

の利用が大いに期待できる．

3.4.5　まとめ

　新しい価値創造を目指した新技術分野として，「高周波パワーエレクトロニクス」が提唱されており，電磁界共鳴フィールドを用いた直流共鳴ワイヤレス給電システムについて解説した．直流共鳴システムは，直流から共鳴を起こし，空間を超えて電気を送るエネルギー変換システムである．共鳴結合回路の統一的設計法では，電磁界解析などにより送電コイルと受電コイルに関する結合係数が得られれば，ワイヤレス給電システムの設計が可能となり，出力電圧，給電電力，システムにおける DC-RF-DC 電力効率などを設計できることを示した．本節において解説した事項を以下にまとめる．

　(1) 直流共鳴ワイヤレス給電システムは，直流から共鳴を起こしてワイヤレス給電する技術である．送電コイルと受電コイルにスイッチング素子を直接に接続して，送電コイルと受電コイルの間で電磁界共鳴結合を形成して電力を供給する．

　(2) 送電コイルと受電コイルの間には，電磁界共鳴フィールドが形成される．電磁界共鳴フィールドでは，電磁界の相互作用があり，空間的に離れた送電部と受電部に存在する電界エネルギーと磁界エネルギーが相互に作用し，同じ周波数で振動する．複数の共鳴装置を配置することで共鳴フィールドを拡大して，

受電できる空間領域を広げることができる．

(3) 共鳴結合回路の統一的設計法として，3つの手法，複共振回路解析 (MRA)，調波共鳴解析 (HRA)，F行列共鳴解析 (FRA) を解説した．距離変化や位置ずれの変化に対しては，結合係数をパラメータとすることでシステム特性を解析できる．

(4) 実験においては，100 V 耐圧の GaN FET を用いた 10 MHz 動作実験において，給電電力 75 W, DC-RF-DC 変換総合電力効率 74.0%を得る．また，40 V 耐圧の小型 GaN FET を用いた 6.78 MHz 動作実験では，給電電力 22.4 W, DC-RF-DC 変換総合電力効率 89.5%を達成している．出力 11.3 W での DC-RF-DC 変換における電力損失は，1.29 W と小さい．

(5) 複数の共鳴コイルを配置した電磁界共鳴フィールドの実証実験では，空間において共鳴フィールドを拡大し，受電できる領域を広げている．送電装置と共鳴装置と受電装置は，それぞれが相互にエネルギーをやり取りする．複数の送電装置，共鳴装置，受電装置を組み合わせて動作をさせる電力供給システムの実現も可能である．

これらの解析手法や実験技術を応用展開することで，直流共鳴システムを有効に活用することができる．ワイヤレス給電のさらなる技術発展と新市場における新しいアプリケーションの展開，産業への応用が期待できる．

第3章 演習問題

演習問題 3.1
性能指標 α が 80 のときの最大伝送効率の値を求めよ．また最大伝送効率が 0.9 となる α の値を求めよ．

演習問題 3.2
2 次側並列共振時において，伝送効率が最大となるコンデンサの値および最適負荷値を求めよ．

演習問題 3.3
図 3.38 に示す複共振回路に対して，浮遊容量 C_p, C_s が十分に小さく無視できる場合における端子 1-1' と 3-3' 間の全体の複共振回路に対する F 行列である F_{all} を求めなさい．

演習問題 3.4
演習問題 3.3 に関して，共鳴周波数 f_{r1} と f_{r2} を共鳴周波数 f_r と結合係数 k を用いて表しなさい．ただし，内部抵抗 R_i, R_{is} は十分に小さく無視できるとする．

演習問題 3.5
演習問題 3.4 に関して，共鳴周波数 f_r を共鳴周波数 f_{r1} と f_{r2} を用いて表しなさい．

演習問題 3.6
演習問題 3.5 に関して，結合係数 k を共鳴周波数 f_{r1} と f_{r2} を用いて表しなさい．

参考文献

1. 居村，岡部，内田，堀：「等価回路から見た非接触電力伝送の磁界結合と電界結合に関する研究」, *The Institute of Electrical Engineers of Japan*, vol. 130, no. 1, pp. 84-92（2010）．

2. 原川，影山，鶴田，三浦：「電界結合・共振型ワイヤレス電力伝送技術—並

列共振型電力伝送回路—」，信学技報，WPT 2011-24 (2011-2012).

3. Kurs, A. Karalis, R. Moffatt, J. D. Joannopoulos, P. Fisher, and M. Soljačić: "Wireless Power Transfer via Strongly Coupled Magnetic Resonances" *Science Express*, Vol. 317, no. 5834, pp. 83-86 (2007).

4. T. Matsuzaki, and H. Matsuki: "Transcutaneous Energy-Transmitting Coils for FES", *J. Magn. Soc. Jpn.*, 18, pp. 663-666 (1994).

5. J. C. Schuder, H. E. Stephenson, Jr., and J. F. Townsend: "Energy transfer into a closed chest by means of stationary coupling coils and a portable high-power oscillator," *Trans. Amer. Soc. Artif. Int. Organs*, vol. 7, pp. 327-331（1961）.

6. 細谷達也：「高周波パワーエレクトロニクスによる ZVS 共鳴型ワイヤレス給電の結合係数を用いた設計理論」，信学技報，WPT2012-23（2012）.

7. 細谷達也：「ソフトスイッチング技術を用いた新しい共鳴型ワイヤレス給電システムの設計理論」，信学技報，WPT2011-22（2011）.

8. T. Hosotani, "Importance of High Power/High Frequency CS-devices on Wireless Power Supply Using Direct Current Resonance System", *IEEE IMWS-IWPTCS MANTECH Proc.*, pp. 15-19 (2015).

9. 細谷達也：「GaN FET を用いた 6.78MHz 直流共鳴 ZVS-D 級ワイヤレス給電」，電気学会全国大会，S3-8（2015）.

10. 細谷達也：「GaN FET を用いた MHz 帯直流スイッチング共鳴ワイヤレス給電」，信学会総合大会，BCI-3-4（2015）.

11. 細谷達也：「GaN FET を用いた 6.78MHz ZVS D 級直流共鳴ワイヤレス給電」，信学技報，WPT2014-50（2014）.

12. 細谷達也：「GaN FET を用いた 6.78MHz 直流共鳴方式最適 ZVS D 級ワイヤレス給電」，信学会ソサイエティ大会，B21-4（2014）.

13. 細谷達也：「鏡面対称構成 E 級直流共鳴方式双方向無線給電」，信学技報，WPT2014-20（2014）.

14. 細谷達也：「直流共鳴方式によるワイヤレス給電の設計理論と 10MHz 級 GaN FET 動作実験」，自動車技術会，6-20135507（2013）.
15. 細谷達也：「電磁界共鳴フィールドを用いた直流共鳴方式 ZVS ワイヤレス給電システムと 10MHz 級実験」，信学技報，WPT2013-16（2013）.
16. T. Hosotani, I. Awai, "A Novel Analysis of ZVS Wireless Power Transfer System Using Coupled Resonators", *IEEE IMWS-IWPT Proc.*, pp. 235-238 (2012).
17. 細谷達也：「電磁界共鳴結合コイルを用いた複共振形 ZVS ワイヤレス給電システム」，マグネティックス研究会，MAG-12-030, pp. 43-48（2012）.
18. 細谷達也：「電磁界共鳴結合共振器を用いた複共振形 ZVS ワイヤレス給電システムの動作解析」，信学技報，WPT2012-5（2012）.
19. 細谷，大林，藤原，石原：「電磁界共鳴結合を用いた複共振形 ZVS 電力伝送システム」，マグネティックス研究会，MAG-11-070, pp. 47-52（2011）.
20. T. Hosotani, I. Awai, "A Novel Analysis of ZVS Wireless Power Transfer System Using Coupled Resonators", *IEEE IMWS-IWPT Proc.*, pp. 235-238, 2012.
21. 大林，細谷，藤原，石原：「電磁界共鳴結合を用いた複共振形 ZVS ワイヤレス電力伝送システム」，パワーエレクトロニクス学会（2011）.
22. A. Kurs, A. Karalis, R. Moffatt, J. D. Joannopoulos, P. Fisher, and M. Soljacic: "Wireless Power Transfer via Strongly Coupled Magnetic Resonances", *Science Express* on 7 June, vol. 317, no. 5834, pp. 83-86 (2007).
23. T. Hosotani, K. Harada, Y. Ishihara, T. Todaka, "A novel ZVS multi-resonant converter with rectifiers' deadtime control operated in 20 MHz range", *IEEE INTELEC Proc.*, pp. 115-122 (1994).
24. 細谷，原田，石原，戸高：「整流デッドタイムを有する 10MHz 級零電圧スイッチング電流共振形コンバータ」，電学論，vol. 117-A, no. 2, pp. 140-147（1997）.

25. 田中, 夏目, 原田, 石原, 戸高:「10MHz 級 DC-DC コンバータにおける絶縁用トランスの検討」, 信学技報, PE95-69 (1996).

26. http://www.muratasoftware.com

第4章
電磁エネルギー変換

電磁界の性質を利用するエネルギー変換を電磁エネルギー変換と呼び，変圧器をはじめ，モータや発電機，さらに電気音響機器など，エネルギー変換や計測・制御の分野で広く利用されている．4.1節では電磁エネルギー変換の原理について説明する．4.2節では基本的な直流と交流モータに加えて，最近注目されているPMモータとリラクタンスモータについて紹介する．4.3節では，これらの電磁機器の動作解析に必要な磁気回路の取り扱いとこれに基づく解析手法について述べる．さらに，新規な電磁機器として，4.4節において磁歪を利用した振動発電，4.5節において非線形磁気特性を利用した可変インダクタについて紹介する．

4.1 電磁エネルギー変換の基礎

4.1.1 基本方程式
一般に，電磁エネルギー変換機器は強磁性体を磁束の通路に使用するため，集中定数回路的な取扱いが可能になり，電磁界の方程式も積分形式で使用したほうが便利である．また，通常の電磁エネルギー変換機器は，準静的な磁界系を通して結合された電気－電気あるいは電気－機械結合系であり，電荷や電気変位は無視してよい．よって，基本方程式は次のように表される．

$$\oint_C \boldsymbol{H} \cdot d\boldsymbol{l} = \int_S \boldsymbol{J} \cdot d\boldsymbol{S} \tag{4.1}$$

$$\oint_C \boldsymbol{E} \cdot d\boldsymbol{l} = -\frac{d}{dt}\int_S \boldsymbol{B} \cdot d\boldsymbol{S} \tag{4.2}$$

$$\int_S \boldsymbol{B} \cdot d\boldsymbol{S} = 0 \tag{4.3}$$

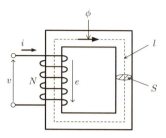

図 4.1 簡単な磁気回路

$$B = \mu_0 \mu_r H = \mu H \tag{4.4}$$

ここで，H は磁界の強さ，B は磁束密度，E は電界の強さ，J は電流密度である．(4.4) 式の μ_0 は真空の透磁率（$\mu_0 = 4\pi \times 10^{-7}$ H/m），μ_r は比透磁率，$\mu = \mu_0 \mu_r$ は透磁率と呼ばれる．

(1) 電流と磁界

一般の電磁エネルギー変換機器では，図 4.1 のように，鉄心に巻かれたコイルに電流 i を流して磁束 ϕ を発生させる．このように鉄心に巻線を巻いた磁気デバイスをリアクトルと呼ぶ．同図の破線を積分路にとりその長さを l とすれば，(4.1) 式の左辺は次式で与えられる．

$$\oint_C \bm{H} \cdot d\bm{l} = Hl \tag{4.5}$$

コイルの巻数を N とすれば，積分路が囲む面内の電流分布は Ni で与えられるので，(4.1) 式の右辺は次のようになる．

$$\int_S \bm{J} \cdot d\bm{S} = Ni \tag{4.6}$$

これらの式が等しいので

$$Hl = Ni \tag{4.7}$$

を得る．(4.7) 式は電流と磁界の関係を表すアンペールの法則（アンペアの法則ともいう）であり，コイルの巻数と電流の積 Ni を起磁力と呼ぶ．

(2) 磁束と誘起起電力

図 4.1 において，鉄心の磁束密度を B とすれば，

$$\phi = \int_S \boldsymbol{B} \cdot d\boldsymbol{S} \tag{4.8}$$

したがって (4.2) 式より，

$$\oint_C \boldsymbol{E} \cdot d\boldsymbol{l} = -\frac{d\phi}{dt} \tag{4.9}$$

ここで積分路はコイルに一致させている．(4.9) 式は 1 ターンあたりのコイルの誘起起電力なので，巻数が N ターンの場合は，

$$e = -N\frac{d\phi}{dt} \tag{4.10}$$

(4.10) 式がファラデーの電磁誘導の法則であり，変圧器はこの性質を利用して電圧変換を行っている．なお，コイルの抵抗が無視できるときは

$$v = -e = N\frac{d\phi}{dt} \tag{4.11}$$

となる．このような v を逆起電力という．

図 4.2 のように，磁束分布 ϕ が時間 t と座標 x の関数で与えられる磁界中を N ターンのコイルが運動している場合，コイルの誘起起電力は，

$$e = -N\frac{d\phi}{dt} = -N\frac{\partial \phi(x,t)}{\partial t} - N\frac{\partial \phi(x,t)}{\partial x} \cdot \frac{dx}{dt} = e_t + e_s \tag{4.12}$$

で与えられる．右辺第 2 項の $e_s = -N(d\phi/dt)\cdot(dx/dt)$ は，コイルが運動する場合

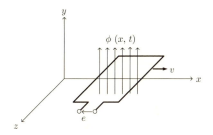

図 **4.2** 磁界中をコイルが移動する場合

に現れる項で，速度起電力と呼ばれる．これに対して第1項の $e_t = -N(\partial\phi/\partial t)$ は，巻線が静止している状態でも現れる項で，変圧器起電力と呼んでいる．速度起電力は導体が磁束を切ることによって発生する起電力であり，発電機の基本原理にもなっている．

(3) 磁気抵抗

a) 磁気特性が線形の場合

図 4.1 において，任意の鉄心断面で磁束は一様とすれば，

$$B = \frac{\phi}{S} \tag{4.13}$$

(4.7) 式から

$$H = \frac{Ni}{l} \tag{4.14}$$

これらの式を $B = \mu H$ に代入すると次式が得られる．

$$Ni = \frac{l}{\mu S}\phi = R_m \phi \tag{4.15}$$

(4.15) 式は電気回路におけるオームの法則に対応するもので，$R_m = l/\mu S$ を磁気抵抗（磁気リラクタンス）という．4.3 節で述べる磁気回路法は，磁気抵抗を用いて起磁力と磁束を計算する手法である．

(4.15) 式は以下のように書き換えることができる．

$$N\phi = \frac{\mu S N^2}{l} i = \frac{N^2}{R_m} i \tag{4.16}$$

インダクタンスの定義は $N\phi = Li$ なので，

$$L = \frac{\mu S N^2}{l} = \frac{N^2}{R_m} \tag{4.17}$$

が成り立つ．これより，リアクトルの巻線インダクタンスは磁気抵抗に反比例し，巻数の 2 乗に比例することがわかる．

b) 磁気特性が非線形の場合

一般に磁性材料の磁気特性は，図 4.3 に示すごとく非線形性を有する．非線

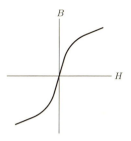

図 **4.3** 非線形磁気特性

形磁気特性を考慮する場合は，磁化曲線を次のような多項式で近似すればよい．

$$H = \alpha_1 B + \alpha_n B^n \tag{4.18}$$

ここで α_1，α_n，および n は磁化曲線で決まる定数であり，非線形性が強いほど n は大きな値になる．磁路長を l，断面積を S とすれば，

$$\frac{Ni}{l} = \alpha_1 \frac{\phi}{S} + \alpha_n \left(\frac{\phi}{S}\right)^n \tag{4.19}$$

書き直して

$$Ni = \left(a_1 + a_n \phi^{n-1}\right) \phi \tag{4.20}$$

ここで $a_1 = \alpha_1 l/S, a_n = \alpha_n l/S^n$ である．(4.20) 式は，磁気特性の非線形性が無視できない場合，磁気抵抗が磁束の大きさに依存して変化することを示す．4.3 節では，このような非線形磁気抵抗を使った計算についても紹介する．

4.1.2 磁気回路のエネルギー

図 4.1 において，入力端子に電圧 v を加えたときの電気的入力 W_E [J] は，

$$W_E = \int_0^\infty vi\, dt \tag{4.21}$$

で与えられる．定常状態 ($t = \infty$) における巻線電流を i_a，鉄心の磁束を ϕ_a とすると，(4.11) 式から

$$W_E = \int_0^\infty N \frac{d\phi}{dt} i\, dt = \int_0^{\phi_a} Ni \cdot d\phi \tag{4.22}$$

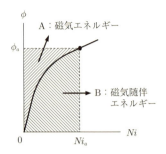

図 4.4 磁気エネルギーと磁気随伴エネルギー

となる．(4.22) 式は，リアクトルに供給される電気的なエネルギーが図 4.4 の斜線の部分の面積 A に相当することを示す．コイルの抵抗を無視しているので，このエネルギーは磁気エネルギー W_F [J] として鉄心に保存されているといえる．また，図 4.4 において，磁化曲線と横軸のなす面積 B は

$$W'_F = \int_0^{i_a} \phi \cdot d(Ni) \tag{4.23}$$

で与えられる．これを磁気随伴エネルギーという．磁化曲線が非線形な場合は磁気エネルギーと磁気随伴エネルギーは異なった値になるが，磁気特性が線形であれば，$Ni = R_m \phi$ より磁気エネルギーは，

$$W_F = \int_0^{\phi_a} R_m \phi d\phi = \frac{1}{2} R_m \phi_a^2 \tag{4.24}$$

また $N\phi_a = Li_a$ より磁気随伴エネルギーは

$$W'_F = \int_0^{i_a} \phi \cdot d(Ni) = \frac{1}{2} L i_a^2 \tag{4.25}$$

と求められる．$N\phi_a = Li_a$，$L = N^2/R_m$ なので，

$$W_F = \frac{1}{2} R_m \phi_a^2 = \frac{1}{2} L i_a^2 = W'_F \tag{4.26}$$

となり，両者は等しいことがわかる．

次に，図 4.5 のように鉄心が空隙を有する場合を考える．鉄心部および空隙部の磁界の強さを H_i および H_g，鉄心部および空隙部の磁路長を l_i および l_g とすると，

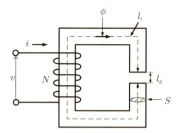

図 **4.5** 空隙を有する鉄心

$$Ni = \oint_C \boldsymbol{H} \cdot d\boldsymbol{l} = H_i l_i + H_g l_g \tag{4.27}$$

空隙部の磁束のフリンジングを無視し，鉄心部と空隙部の断面積を S とすれば，

$$H_i = \frac{B}{\mu_i} = \frac{\phi}{\mu_i S}, H_g = \frac{B}{\mu_0} = \frac{\phi}{\mu_0 S} \tag{4.28}$$

ここで鉄心の磁気特性は線形で，その透磁率を μ_i としている．μ_0 は真空の透磁率である．これらの式を用いて磁気エネルギーを求めると，

$$W_F = \int_0^{\phi_a} Ni \cdot d\phi = \int_0^{\phi_a} (H_i l_i + H_g l_g) \cdot d\phi = \frac{1}{2}\left(\frac{l_i}{\mu_i S}\right)\phi_a^2 + \frac{1}{2}\left(\frac{l_g}{\mu_0 S}\right)\phi_a^2 \tag{4.29}$$

(4.29) 式の右辺第 1 項は鉄心に蓄えられる磁気エネルギー，第 2 項は空隙に蓄えられるエネルギーである．これらを W_i，W_g と表し，その比を求めると，

$$\frac{W_g}{W_i} = \frac{\mu_i}{\mu_0} \cdot \frac{l_g}{l_i} = \mu_r \frac{l_g}{l_i} \tag{4.30}$$

ここで μ_r は比透磁率で一般の磁性材料では $10^3 \sim 10^4$ 程度である．一例として $\mu_r = 3000$，$l_g = 1\,\mathrm{mm}$，$l_i = 100\,\mathrm{mm}$ とすると，$W_g/W_i = 30$ となり，磁気エネルギーの大部分は空隙に蓄えられることがわかる．

4.1.3 磁気エネルギーと機械的仕事

(1) 直線運動系の場合

図 4.6 の直流電磁石において，電流 i を流したときの電磁力によって可動鉄

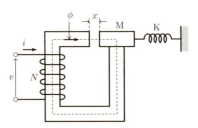

図 4.6 可動鉄片を有する磁気回路

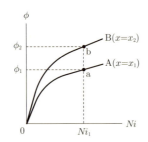

図 4.7 磁気エネルギーと機械的仕事

片 M は x 方向に動くものとする．図 4.7 における曲線 A, B は，それぞれ空隙長が $x = x_1$ および $x = x_2$ における磁化曲線を示している．ここで $x_1 > x_2$ としている．ϕ_1 は巻線電流が i_1 で空隙長が x_1 における磁束，ϕ_2 は巻線電流が i_1 で空隙長が x_2 における磁束を示す．いま $t = t_0$ で，空隙長 $x = x_1$, $i = 0$ とする．このとき磁束もゼロなので動作点は原点となる．まず，可動鉄片 M を動かないようにして，電流を i_1 まで増加させると，動作点は磁化曲線 A に沿って a 点まで移動する．このときの時刻を $t = t_1$ として電気的入力エネルギー W_{E1} を求めると，

$$W_{E1} = \int_{t_0}^{t_1} vi \, dt = \int_0^{\phi_1} Ni \cdot d\phi \tag{4.31}$$

となる．損失を無視しているので，(4.31) 式は図 4.7 の面積 $0a\phi_1$ で与えられる磁気エネルギーに等しくなる．

次に電流 i_1 を一定とし，可動鉄片 M を抑えている力をゆるめると，ばね K は伸びて M を引き戻そうとする．この力と電磁石による吸引力が釣り合った位

4.1 電磁エネルギー変換の基礎

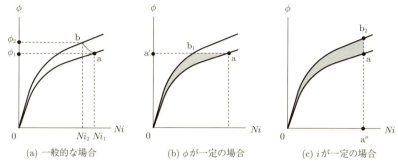

(a) 一般的な場合　　(b) ϕが一定の場合　　(c) iが一定の場合

図 **4.8** 磁気エネルギーから機械力を求める方法

置で静止する．このときの空隙長を x_2 とすれば，動作点は a 点から直線的に b 点まで移動する．このときの時刻を t_2 として，t_1 から t_2 の間に供給される電気的入力エネルギー W_{E2} を求めると，

$$W_{E2} = \int_{t_1}^{t_2} vidt = \int_{\phi_1}^{\phi_2} Ni_1 \cdot d\phi = (\phi_2 - \phi_1) \cdot Ni_1 \tag{4.32}$$

となる．$(\phi_2 - \phi_1) \cdot Ni_1$ は図 4.7 の面積 $\phi_1 ab\phi_2$ を表すので，t_0 から t_2 までのトータルの電気的入力エネルギーは面積 $0ab\phi_2$ で与えられることになる．$x = x_2$ における磁気エネルギーは面積 $0b\phi_2$ なので，面積 $0ab\phi_2$ − 面積 $0b\phi_2$ = 面積 $0ab$ は，可動鉄片の移動で伸びたばね K に蓄えられる機械エネルギーとみなすことができる．これは，磁気エネルギーを媒介として電気エネルギーが機械エネルギーに変換されたことを示している．したがって，次に述べるように，仮想仕事の原理から機械力を求めることができる．

図 4.7 では電流を一定として可動鉄片を移動させたが，電流が変化した場合でも，磁化曲線が囲む面積は可動鉄片になされた仕事に等しい[1)-3)]．いま，図 4.8(a) において，空隙長 x_1 における動作点を $a(\phi_1, i_1)$，可動鉄片が移動して空隙長が x_2 になったときの動作点を $b(\phi_2, i_2)$ とすると，前述のように面積 $0ab$ が可動鉄片になされた仕事になる．可動鉄片への作用力を f，可動部分の変位を $dx(= x_2 - x_1 < 0)$，仕事を dW_K とすると，

$$面積\ 0ab = dW_K = f \cdot dx \tag{4.33}$$

で表される．したがって機械力は

$$f = \frac{dW_K}{dx} \tag{4.34}$$

となる．W_K と x の関係式が与えられれば機械力を求めることができるが，図 4.8(a) の軌跡 ab は励磁条件によって変わるため一般式で表すことは難しい．ここでは，以下のような理想的な場合を考える．

磁束 ϕ が一定の場合：この場合の系のなす仕事 dW_K は，図 4.8(b) の面積 0ab$_1$ となる．一方，系に蓄えられる磁気エネルギーの変化は，

$$dW_F = 面積\ 0b_1a' - 面積\ 0aa' = -面積\ 0ab_1 = -dW_K$$

となるので，機械力は

$$f = \frac{dW_K}{dx} = -\left[\frac{\partial W_F(\phi, x)}{\partial x}\right]_{\phi=一定} \tag{4.35}$$

で与えられる．これは，磁束を一定に保ちながら機械的仕事を行う場合には，磁気エネルギーの減少分が外部に対してなす機械的仕事になり，x に対する磁気エネルギーの減少率から機械力が求められることを示す．

電流 i が一定の場合：系のなす仕事 dW_K は図 4.8(c) の面積 0ab$_2$ となる．よって同図から，

$$dW_K = 面積\ 0a''b_2 - 面積\ 0a''a = dW_F'$$

ここで W_F' は磁気随伴エネルギーなので，電流を一定とした場合には，外部に対してなす機械的仕事は磁気随伴エネルギーの増加分に等しいことがわかる．よってこのときの機械力は，磁気随伴エネルギーから次式のごとく求められる．

$$f = \frac{dW_K}{dx} = \left[\frac{\partial W_F'(i, x)}{\partial x}\right]_{i=一定} \tag{4.36}$$

以上のように，系に働く機械力を求めるには，磁気エネルギー $W_F(\phi, x)$ と磁気随伴エネルギー $W_F'(i, x)$ を用いる 2 つの方法があるが，磁気エネルギーの減少率＝磁気随伴エネルギーの増加率なので，いずれの方法を用いても求める機

械力は同じ値になる．これを磁気特性が線形の場合について確認する．磁気抵抗を $R(x)$ とすれば，(4.24) 式から磁気エネルギー W_F は，

$$W_F(\phi, x) = \frac{1}{2} R(x) \phi^2 \tag{4.37}$$

インダクタンスを $L(x)$ とすれば，(4.25) 式から磁気随伴エネルギーは，

$$W'_F(i, x) = \frac{1}{2} L(x) i^2 \tag{4.38}$$

それぞれの式から機械力を求めると，

$$f = -\left[\frac{\partial W_F(\phi, x)}{\partial x}\right]_{\phi=-\text{定}} = -\frac{1}{2} \phi^2 \frac{dR(x)}{dx} \tag{4.39}$$

$$f = \left[\frac{\partial W'_F(i, x)}{\partial x}\right]_{i=-\text{定}} = \frac{1}{2} i^2 \frac{dL(x)}{dx} \tag{4.40}$$

(4.40) 式を $L(x) = N^2/R(x)$ を用いて書き直すと，

$$f = \frac{1}{2} i^2 \frac{dL(x)}{dx} = \frac{1}{2} (Ni)^2 \frac{d}{dx}\left(\frac{1}{R(x)}\right) = -\frac{1}{2} \frac{(Ni)^2}{R(x)^2} \frac{dR(x)}{dx} = -\frac{1}{2} \phi^2 \frac{dR(x)}{dx} \tag{4.41}$$

となり，(4.39) 式と一致することがわかる．

(2) 回転運動系の場合

以上は直線運動の場合であるが，回転運動の場合も同様に考えることができる．図 4.9 のように，半径 r の回転体が角速度 $\omega_m[\text{rad/s}]$ で回転しているとき，周方向の力を f とすれば，周方向に dx だけ回転したときの機械的仕事は，

$$dW_K = f \cdot dx \tag{4.42}$$

で与えられる．このときの角度変位を $d\theta$ とすれば，$dx = rd\theta$ であるから，

$$dW_K = f \cdot rd\theta = T \cdot d\theta \tag{4.43}$$

となる．ここで T はトルクと呼ばれ，回転体を回転させようとする力を表している．このように，直線運動と回転運動の間には，力 $f[\text{N}] \Leftrightarrow$ トルク $T[\text{N·m}]$，

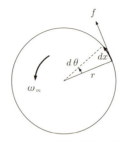

図 4.9　回転運動の場合の物理量

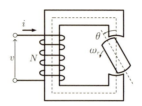

図 4.10　リラクタンスモータの原理図

変位 $x[\mathrm{m}] \Leftrightarrow$ 角度 $\theta[\mathrm{rad}]$ の対応関係があるので，回転子の運動に伴って磁気エネルギーが変化するときは，

$$T = -\left[\frac{\partial W_F(\phi,\theta)}{\partial \theta}\right]_{\phi=-\text{定}} \text{または} T = \left[\frac{\partial W'_F(i,\theta)}{\partial \theta}\right]_{i=-\text{定}} \tag{4.44}$$

によってトルクを求めることができる．ここで W_F は磁気エネルギー，W'_F は磁気随伴エネルギーである．磁気特性が線形の場合，トルクは次式で与えられる．

$$T = -\frac{1}{2}\phi^2 \frac{dR(\theta)}{d\theta} \text{または} T = \frac{1}{2}i^2 \frac{dL(\theta)}{d\theta} \tag{4.45}$$

一例として，図 4.10 のようなモータを考える．回転子が突極構造のため，回転子位置角によって空隙長が変化し，その結果磁気回路の磁気抵抗が図 4.11(a) のように変化する．ここで横軸は回転子位置角である．簡単のため磁気抵抗を次式で近似する．

$$R(\theta) = \frac{1}{2}(R_q + R_d) - \frac{1}{2}(R_q - R_d)\cos 2\theta \tag{4.46}$$

ここで R_q, R_d は，それぞれ磁気抵抗の最大値および最小値である．電源電圧を

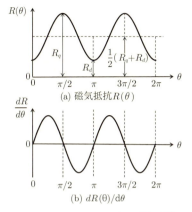

図 **4.11** リラクタンスモータの磁気抵抗の変化

$$v = V_m \cos \omega t \tag{4.47}$$

とすれば,磁束は

$$\phi = (V_m/\omega N) \sin \omega t = \phi_m \sin \omega t \tag{4.48}$$

なので,(4.45) 式からトルクは,

$$\begin{aligned} T &= -\frac{1}{2}\phi^2 \frac{dR(\theta)}{d\theta} = -\frac{1}{2}\phi_m^2 (R_q - R_d) \sin^2 \omega t \cdot \sin 2\theta \\ &= -\frac{1}{4}\phi_m^2 (R_q - R_d) \left\{ \sin 2\theta - \frac{1}{2}\sin 2(\theta + \omega t) - \frac{1}{2}\sin 2(\theta - \omega t) \right\} \end{aligned} \tag{4.49}$$

と求められる.ここで回転子が角速度 ω_r で回転しているとすれば,

$$\theta = \omega_r t - \delta \tag{4.50}$$

とおくことができる.δ は電源電圧に対する磁気抵抗の時間的な変化の位相関係を表す角度である.(4.50) 式を (4.49) 式に代入すると次式が得られる.

$$\begin{aligned} T = -\frac{1}{4}\phi_m^2 (R_q - R_d) \bigg[&\sin 2(\omega_r t - \delta) \\ &-\frac{1}{2}\sin 2\{(\omega_r + \omega)t - \delta\} - \frac{1}{2}\sin 2\{(\omega_r - \omega)t - \delta\} \bigg] \end{aligned} \tag{4.51}$$

(4.51) 式の [ ] 内は 3 項ともに周期関数なので,$\omega_r \neq \omega$ の場合は平均トルクが

ゼロになり有効トルクは得られないが，$\omega_r = \omega$ の場合は平均トルクが，

$$T_{av} = -\frac{1}{8}\phi_m^2(R_q - R_d)\sin 2\delta \tag{4.52}$$

となり，有効トルクが得られることがわかる．このように磁気抵抗の変化に伴うトルクをリラクタンストルク，これを利用したモータをリラクタンスモータと呼んでいる．

4.1.4 電気系と機械系のアナロジー

図 4.12(a) のように，ばねがつながっている質量 m が x 方向に力 f で引っ張られ，速度 v で動いているとき，運動方程式は次式で与えられる．

$$f = m\frac{dv}{dt} + r_f v + s\int v dt \tag{4.53}$$

ここで r_f は摩擦係数，s はばねのスティフネスである．変位を x とすれば，$v = dx/dt$ であるから，運動方程式は次のように書くことができる．

$$f = m\frac{d^2 x}{dt^2} + r_f \frac{dx}{dt} + sx \tag{4.54}$$

また，図 4.12(b) の回転運動系では，

$$T = J\frac{d\omega}{dt} + r_f \omega + s\int \omega dt \tag{4.55}$$

ここで T はトルク，ω は角速度，J は慣性モーメント，r_f は軸受等の摩擦抵抗，s はねじれスプリングのスティフネスである．回転子の角変位を θ とすれば，$\omega = d\theta/dt$ なので，

$$T = J\frac{d^2\theta}{dt^2} + r_f \frac{d\theta}{dt} + s\theta \tag{4.56}$$

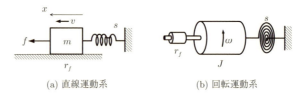

(a) 直線運動系　　(b) 回転運動系

図 **4.12** 代表的な機械系

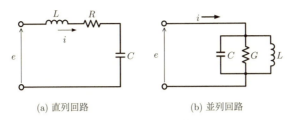

図 4.13 対応する電気回路

一方，図 4.13(a) の RLC 直列回路では

$$e = L\frac{di}{dt} + Ri + \frac{1}{C}\int i\,dt \tag{4.57}$$

コンデンサの電荷を q とすれば，$i = dq/dt$ より，

$$e = L\frac{d^2q}{dt^2} + R\frac{dq}{dt} + \frac{1}{C}q \tag{4.58}$$

同様に，図 4.13(b) の並列回路では

$$i = C\frac{de}{dt} + Ge + \frac{1}{L}\int e\,dt \tag{4.59}$$

ここで C はキャパシタンス，G はコンダクタンスである．インダクタンス L の鎖交磁束を Φ とすれば，$e = d\Phi/dt$ より，

$$i = C\frac{d^2\Phi}{dt^2} + G\frac{d\Phi}{dt} + \frac{1}{L}\Phi \tag{4.60}$$

以上の式から，電気系と機械系の間には表 4.1 のような対応関係があることがわかる．表にはエネルギーの対応関係も示した．このように，電気系と機械系の間には物理的にも数式的にも対応関係が成立するので，電気–機械結合系の動作を考察するにあたっては，系を 1 つの電気回路とみなして取り扱うことができる．一例として 4.2.5 項では直流モータの電気的等価回路を紹介している．なお，電気–機械結合系を広義の力学系とみなし，ラグランジュの運動方程式に基づいて解析する手法もある．詳細は参考文献 1～3 を参照されたい．

表 4.1　機械系と電気系の対応

	機械系		電気系	
	直線運動系	回転運動系	直列回路	並列回路
一般座標	変位 x	角変位 θ	電荷 q	磁束鎖交数 Φ
一般速度	速度 $v=\frac{dx}{dt}$	角速度 $\omega\frac{d\theta}{dt}$	電流 $i=\frac{dq}{dt}$	電圧 $e=\frac{d\Phi}{dt}$
一般化力	力 f	トルク T	電圧 e	電流 i
力学系定数	質量 m	慣性モーメント J	インダクタンス L	静電容量 C
	スティフネス s	ねじりスティフネス s	静電容量の逆数 $1/C$	インダクタンスの逆数 $1/L$
	摩擦係数 r_f	回転摩擦係数 r_f	抵抗 R	コンダクタンス G
一般化運動量	運動量 $p=mv$	角運動量 $p_\omega=J\omega$	磁束鎖交数 $\Phi=Li$	電荷 $q=Ce$
一般化運動エネルギー	運動エネルギー $W_k=\int v\cdot dp = \frac{1}{2}\frac{p^2}{m}$	運動エネルギー $W_k=\int \omega\cdot dp_\omega = \frac{1}{2}\frac{p_\omega^2}{J}$	磁気エネルギー $W_F=\int i\cdot d\Phi = \frac{1}{2}\frac{\Phi^2}{L}$	静電エネルギー $W_S=\int e\cdot dq = \frac{1}{2}\frac{q^2}{C}$
一般化運動随伴エネルギー	運動随伴エネルギー $W_k'=\int p\cdot dv = \frac{1}{2}mv^2$	運動随伴エネルギー $W_K'=\int p_\omega\cdot dv = \frac{1}{2}J\omega^2$	磁気随伴エネルギー $W_F'=\int \Phi\cdot di = \frac{1}{2}Li^2$	静電随伴エネルギー $W_S'=\int q\cdot de = \frac{1}{2}Ce^2$
運動方程式	$f=m\frac{dv}{dt}+r_f v+s\int v dt$	$T=J\frac{d\omega}{dt}+r_f\omega+s\int\omega dt$	$e=L\frac{di}{dt}+Ri+\frac{1}{C}\int i dt$	$i=C\frac{de}{dt}+Ge+\frac{1}{L}\int e dt$

4.2　モータ

　モータは，磁界の性質を利用して電気エネルギーを機械エネルギーに変換するもので，産業用から家電用に至るまで，さまざまな分野で広く利用されている．モータは直流モータ，交流モータ，ステッピングモータに大別され，交流モータは同期モータ，誘導モータ，および交流整流子モータに分けられる．さらに，図4.14に示すように，回転子の構造によってそれぞれのモータにもいくつかの種類がある．ここでは，基本的な直流および交流モータの構造と特徴について説明する．さらに，最近注目されている永久磁石同期モータ（以下 PM

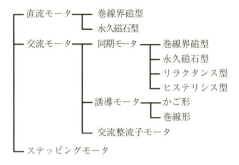

図 4.14 モータの分類

モータ）とリラクタンスモータについても触れる．

4.2.1 直流モータ

　直流モータは，直流磁界中の導体に電流を流すことによって生じる電磁力を利用して回転力を得ている．図 4.15 に直流モータの原理的な構造を示す．同図 (a) が巻線界磁型，(b) が永久磁石型である．一般に，モータでは磁束を発生させる部分を界磁，電源から電気エネルギーが供給される部分を電機子という．直流モータでは固定子が界磁，回転子が電機子になる．直流モータは制御が容易なため，主として可変速の用途に利用されてきたが，ブラシと整流子を有するため保守に難があり，パワーエレクトロニクスの進歩によって，大型の分野は交流モータに置き換えられた．しかし，小型モータの分野では，取扱いが容易で安価な永久磁石型直流モータの需要が現在でも大きい．

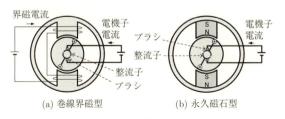

(a) 巻線界磁型　　　(b) 永久磁石型

図 4.15 直流モータ

4.2.2 交流モータ

一般に，交流モータは回転磁界を利用して回転力を得ている．図 4.16 に，3 相交流による回転磁界の様子を示す．破線が固定子巻線に 3 相正弦波電流を流したときの磁束で，これによる磁界が反時計方向に回転することがわかる．電源周波数を f[Hz]，モータの極数を P とすれば，磁界の回転速度 n[s^{-1}] は次式で与えられる．このような回転速度を同期速度という．

$$n = \frac{2f}{P} \tag{4.61}$$

(1) 同期モータ

同期モータは回転子として電磁石または永久磁石を使用し，回転磁界と磁石の間に生じる電磁力で回転する．したがって回転数は同期速度になる．図 4.17 に同期モータの基本構成を示す．同図 (a) が巻線界磁型，(b) が永久磁石型である．巻線界磁型は，ブラシとスリップリングを通じて外部から回転子巻線に直

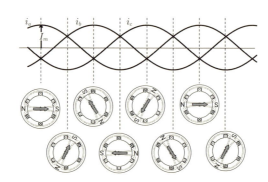

図 4.16　3 相交流による回転磁界の様子

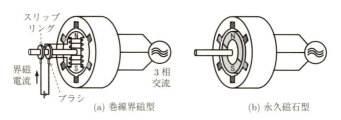

(a) 巻線界磁型　　　(b) 永久磁石型

図 4.17　同期モータ

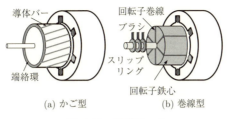

図 4.18 誘導モータ

流電流を供給するもので，鉄鋼圧延用モータなど大容量の分野で利用されている．永久磁石型は構成が簡単で効率も良いため，小中容量機の分野で多く使われている．

(2) 誘導モータ

回転子に鉄心と導体を使用し，回転磁界によって導体に誘導される電流を利用するのが誘導モータである．同期モータの回転数は常に同期速度で回転するが，誘導モータは無負荷時に同期速度で回るのに対して，負荷をかけると回転数が徐々に減少する．このため誘導モータは非同期モータとも呼ばれる．図 4.18(a) は，回転子鉄心に導体バーを埋め込み，両側を金属環で短絡したもので，導体形状が鳥かごに似ていることから，かご型誘導モータと呼ばれている．同図 (b) は，回転子鉄心にスロットを設けて 3 相巻線を施したもので，巻線型誘導モータと呼ばれる．巻線型誘導モータでは，回転子巻線はスリップリングとブラシを通して外部の電気回路に接続され，可変抵抗などによって回転数やトルクを制御することができる．

(3) パワーエレクトロニクスとモータドライブ

前述のように，従来，制御の容易な直流モータは可変速用途に使用され，同期モータや誘導モータは主に定速用途に利用されていた．1900 年代後半のパワーエレクトロニクスの進展により，インバータによる交流モータの可変速ドライブが実用化され，中容量から大容量の分野では，保守が容易で効率の良い誘導モータや同期モータが主流になった．

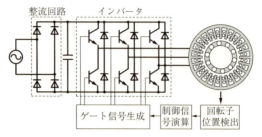

図 4.19 インバータによる交流モータの駆動回路の一例

　図 4.19 は，インバータによる駆動回路の一例である．商用周波数の交流電圧を整流回路によって直流に変換し，インバータで直流を交流に変換する．インバータは，トランジスタのスイッチ作用を利用して直流から交流を得るもので，スイッチングのタイミングを制御することによって，モータの電機子電流の大きさと周波数を変えることができる．交流モータの同期速度は電機子電流の周波数によって決まるので，インバータによって周波数を変えれば，交流モータの可変速制御が実現できる．近年は制御用コンピュータも進歩し，回転子の位置角に基づいて最適な制御指令を高速に演算できるようになったため，交流モータにおいても直流モータ並みの制御が可能になった．このような手法をベクトル制御と呼び，誘導モータや同期モータで広く用いられている．

4.2.3　PM モータ

　図 4.20 に一般的な PM モータの構造を示す．回転子に永久磁石が配置され，固定子には 3 相巻線が施されている．巻線に 3 相交流電流を流せば，空隙に回転磁界が発生し，回転磁界と永久磁石との間の電磁力によって回転子が回る．このときのトルクをマグネットトルクという．

　図 4.20 の巻線構造は，固定子スロット内に収納された電機子巻線が複数の鉄心歯部をまたぐため，鉄心の外側に巻線が突き出るような構造になる．このような巻線方式を分布巻，突き出た巻線部分をコイルエンドという．コイルエンドが存在すると，その分モータが軸方向に長くなり，巻線抵抗も増える．これを改善するために，図 4.21 に示したような集中巻が考案されている．集中巻では固定子極に巻線が巻かれるため，分布巻に比べて巻線端部の長さが低減され

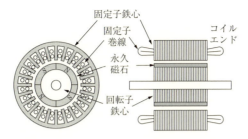

図 4.20　PM モータの一般的な構造（分布巻の場合）

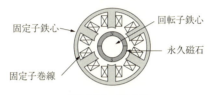

図 4.21　集中巻

る．その結果，巻線抵抗が減ることや軸方向の長さが短くなるなどの利点が生じる．

　図 4.20 のように，回転子鉄心の表面に永久磁石を配置したモータは表面磁石型（surface permanent magnet：SPM）と呼ばれる．PM モータでは，回転子内部に磁石を配置した埋込み磁石型（interior permanent magnet：IPM）回転子も使われる．以下，それぞれの回転子について詳しく述べる．

a) 表面磁石型回転子

　図 4.22 に表面磁石型回転子を示す．同図 (a) は円弧状のセグメント磁石を接着剤で回転子鉄心表面に貼り付けたものであり，図 (b) はリング状磁石を用いた場合である．PM モータでは，回転子磁石と固定子鉄心の磁極との間に磁気的な吸引力が働くため，電機子電流を流さない状態でも回転子を回転させたときにスロットピッチに対応した脈動トルクが生じる．これはコギングトルクと呼ばれ，回転むらや振動の原因になる．また，固定子巻線に電流を流して定常回転させたときでも，モータの構造や励磁条件によってトルクが脈動する場合がある．これはトルクリプルと呼ばれ，コギングトルクと同様に回転むらや振動・騒音の原因になる．モータの設計においては，回転子の極数と固定子のス

(a) セグメント磁石　　(b) リング磁石

図 **4.22** 表面磁石型回転子

ロット数の組合せの最適化や，磁石の着磁を正弦波状にするなどの工夫によってこれらの不要トルクの低減を図っている．

b) 埋め込み磁石型回転子

表面磁石型モータは，永久磁石と固定子巻線間の漏れ磁束が少ないため，永久磁石の磁束を有効に利用できるという特長を有するが，高速回転になると遠心力によって磁石が破損する，あるいは磁石と鉄心の接着がはがれるという問題があった．その対策として回転子表面をステンレスや強化プラスチックで覆っているが，ステンレスカバーはステンレスにうず電流損失が生じる，強化プラスチックはコストが高いなどの問題がある．さらに，従来は比抵抗の高いフェライト磁石を使っていたため問題にならなかったが，ネオジム磁石は比抵抗が小さいため，磁石表面にうず電流が発生するという問題が指摘されている．

埋め込み磁石型モータはこれらの欠点を改善するもので，図 4.23 に示すように，回転子に設けられた挿入孔に永久磁石を埋め込むことによって機械的強度を確保している．また，回転子鉄心は積層ケイ素鋼板で構成されるため，金属カバーのようなうず電流の問題は解消される．さらに永久磁石をある程度深く埋め込むことにより磁石表面のうず電流の問題も軽減できる．

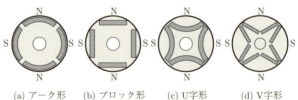

(a) アーク形　　(b) ブロック形　　(c) U字形　　(d) V字形

図 **4.23** 埋め込み磁石型回転子の構造例

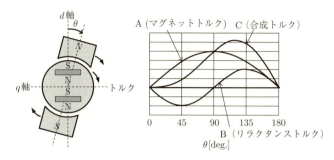

(a) IPMモータの原理的モデル　　(b) トルクの定性的な説明

図 4.24　マグネットトルクとリラクタンストルク

　埋め込み磁石型回転子では，永久磁石による磁束の一部が回転子鉄心内を通るため，固定子巻線と鎖交する有効磁束が減少し，これによってマグネットトルクが減少する．しかし，永久磁石が存在する部分は磁気的にギャップとみなすことができるため，回転子が磁気的突極性を有するようになり，これによってリラクタンストルクと呼ばれるトルクが生じ，マグネットトルクの低下を補うことができる．

　図 4.24 はマグネットトルクとリラクタンストルクの関係を定性的に説明したものである．固定子巻線電流によって生じる回転磁界は，回転子の周囲を回転する NS の磁石対で等価的に表される．いま，同図 (a) において，回転子と NS 極が対向した位置を $\theta = 0°$ とし，回転子を拘束した状態で NS 磁石対を時計方向に回転させたときに回転子に働くトルクを考える．まず，回転子の鉄心がなく磁石のみとすると，磁石に働く力は $0° < \theta < 90°$ で吸引力，$90° < \theta < 180°$ で反発力になり，力の向きは常に同じになる．したがってマグネットトルクの変化は同図 (b) の曲線 A のように表される．次に，回転子に磁石がなく鉄心のみとすると，磁石の部分は空隙になるため，回転子の d 軸方向と q 軸方向の磁気抵抗（リラクタンス）に差が生じる．同図 (a) においては，q 軸に対して d 軸方向の磁気抵抗が大きくなり，回転子には磁石の方向に回転しようとする力が働く．したがって，磁石の位置角が $0° < \theta < 90°$ ではトルクは反時計方向，$90° < \theta < 180°$ では時計方向に働く．このトルクはリラクタンストルクと呼ばれ，同図 (b) の

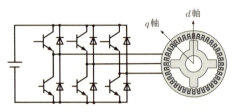

図 4.25　同期リラクタンスモータと駆動回路

曲線 B で示したようにマグネットトルクの倍周波で変化する．曲線 C は，マグネットトルクとリラクタンストルクを合成したもので，$90° < \theta < 180°$ の範囲で，リラクタンストルクが有効に働くことがわかる．

　埋め込み磁石型同期モータは，表面磁石型に比べてトルクリプルや振動，騒音が大きくなる傾向があるが，最大トルクが大きくとれるため，家電や電気自動車用モータとして用途が拡大している．

4.2.4　リラクタンスモータ

　ここでは磁石レスモータとして注目されるリラクタンスモータについて紹介する．リラクタンスモータは，4.1.3 項でも述べたように，回転子の突極構造に起因するリラクタンストルクを利用して回転するもので，構造上，同期リラクタンスモータとスイッチトリラクタンスモータに分けられる．

(1)　同期リラクタンスモータ

　図 4.25 に同期リラクタンスモータの基本構造を示す．通常の交流機と同様に，固定子鉄心にはスロットが設けられ，3 相の分布巻線が施される．回転子は無方向性ケイ素鋼板などを突極形状に加工し，積層して作製される．固定子巻線に 3 相交流電流を流せば回転磁界が生じ，回転子の突極部分が引きつけられて回転する．回転子の突極部分は磁気抵抗が小さいため磁束が通りやすい．この方向を d 軸とすれば，最も磁束が通りにくい方向（図 4.25 では 45 度方向）が q 軸となる．d 軸方向のインダクタンスを L_d，q 軸方向のインダクタンスを L_q としたとき，

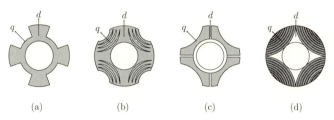

図 **4.26** 同期リラクタンスモータの代表的な回転子構造 (a) 突極形，(b) フラックスバリア形，(c) セグメント形，(d) アキシャルラミネート形

$$\xi = \frac{L_d}{L_q} \tag{4.62}$$

を突極比と呼ぶ．リラクタンスモータでは，突極比が大きいほどトルクや力率，および効率が向上する．したがって，できるだけ L_d が大きく（d 軸方向の磁気抵抗が小さく）L_q が小さい（q 軸方向の磁気抵抗が大きい）回転子が望ましい．

図 4.26 は 4 極機の場合の代表的な回転子構造を示す．同図 (a) は単純な突極形であるが，同図 (b) および (c) は，それぞれスリットおよびギャップを設けることによって q 軸方向の磁気抵抗の増大を図ったものである．同図 (d) は磁性体（一般にはケイ素鋼板）と非磁性体を交互に重ねたものを主軸の周囲に配置したもので，q 軸の磁気抵抗はさらに大きくなる．同図 (a) の突極比は 2.5 程度であるが，(b) では 3.0，(c) で 5.0，(d) では 7.0 程度の突極比が得られるという報告がある．

(2) スイッチトリラクタンスモータ

図 4.27 にスイッチトリラクタンスモータ（以下 SR モータ）の基本構造を示す．固定子ならびに回転子ともに突極構造で，回転子は鉄心のみで構成される．同図は固定子 6 極，回転子 4 極（以下 6/4 と記述）の 3 相 SR モータであるが，相数を m とすれば，固定子の極数 P_s と回転子の極数 P_r には次の関係がある．

$$P_r = P_s \left(1 \pm \frac{1}{m}\right) \tag{4.63}$$

(4.63) 式のように，SR モータの相数や極数には自由度があるが，3 相では 6/4，6/8，12/8，4 相では 8/6 が多い．

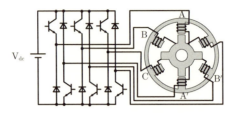

図 4.27　SR モータと駆動回路

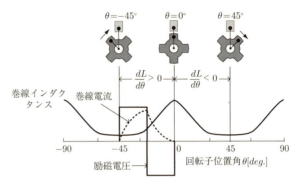

図 4.28　巻線インダクタンスと回転子位置角の関係

いま，図 4.27 における A 相巻線のインダクタンスに着目する．図のように固定子極と回転子極が対向している状態でインダクタンスは最大となる．このときの回転子の位置角を $\theta = 0°$ とすれば，$\theta = \pm 45°$ の非対向位置でインダクタンスは最小となる．図 4.28 にインダクタンスと回転子位置角の関係を示す．磁気回路の磁気随伴エネルギー W_F' は

$$W_F' = \frac{1}{2} L(\theta) i^2 \tag{4.64}$$

なので，4.1.3 項で述べたようにトルクは次式で与えられる．

$$T = \frac{\partial W_F'}{\partial \theta} = \frac{1}{2} i^2 \frac{dL(\theta)}{d\theta} \tag{4.65}$$

これより，SR モータのトルクは巻線電流とインダクタンス曲線の傾きで決まることがわかる．したがって，図 4.28 のように $-45° < \theta < 0°$ の領域で SR モータの巻線に電流を流せば正トルクが得られ，モータとして動作する．$0° < \theta < 45°$

は負トルク領域になるので，制動あるいは発電に利用される．

リラクタンスモータは，堅牢で高速回転に適すること，永久磁石を使用しないため高温環境に強く安価であることなどの特長を有するが，騒音や振動が大きく，効率と力率が低いなどの問題があり，広く実用に供されていない．しかし最近では，リラクタンスモータの最適設計や最適制御に関する研究も進み，騒音や振動などの問題も改善されてきている．

4.2.5 直流モータの電気的等価回路

ここでは直流モータを例にとり，電気–機械結合系の電気回路的取扱いについて紹介する．図 4.29 は，直流モータで機械的負荷を駆動する様子を模式的に示したものである．e_a は電源電圧，i_a は電機子電流，r_a, L_a は電機子巻線の抵抗およびインダクタンス，e はモータの逆起電力である．ω [rad/s] は角速度であり，毎秒回転数 n [s^{-1}] との間には次の関係がある．

$$\omega = 2\pi n \tag{4.66}$$

いま，モータトルクを T_m [N·m]，負荷トルクを T_L [N·m]，とすれば，次の運動方程式が成り立つ．

$$J\frac{d\omega}{dt} + r_f \omega = T_m - T_L \tag{4.67}$$

ここで J は負荷も含めた回転体の慣性モーメント，r_f は軸受け等の摩擦係数である．一方，直流モータの駆動回路において次式が成り立つ．

$$L_a \frac{di_a}{dt} + r_a i_a + e_o = e_a \tag{4.68}$$

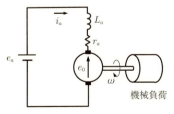

図 4.29　機械的負荷を有する直流モータの模式図

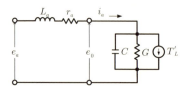

図 4.30 直流モータの電気的等価回路

界磁磁束を Φ とすると，直流モータの逆起電力およびトルクはそれぞれ次式で与えられる．

$$e_0 = K_1\Phi\omega, \quad T_m = K_2\Phi i_a \tag{4.69}$$

ここで K_1，K_2 は機器の構造で決まる定数である．(4.69) 式を用いて (4.67) 式を書き換えると，

$$i_a = C\frac{de_0}{dt} + Ge_0 + T'_L \tag{4.70}$$

ここで，$C = J/K_1K_2\Phi^2$, $G = r_f/K_1K_2\Phi^2$, $T'_L = T_L/K_2\Phi$ である．(4.70) 式より，モータの運動方程式がキャパシタ C，コンダクタンス G，および機械的負荷を表す電流源 T'_L の並列回路で表されることがわかる．(4.68) 式と (4.70) 式から図 4.30 のような電気回路が導かれる．同図が直流モータを電気-機械結合系として取り扱う場合の電気的等価回路である．与えられた負荷トルクに対して，電機子電流 i_a と起電力 e_0 を計算すれば，(4.69) 式からモータのトルクと回転数が求められる．

4.3 磁気回路法とリラクタンスネットワーク解析

磁気回路法は，起磁力と磁束の関係を集中定数回路で表すことにより，機器内部の磁気現象を巨視的に解析する手法である．歴史は古く，すでに 1900 年代初頭には回転機磁極間の漏れ磁束やプランジャ型電磁石の磁束分布を，磁気回路で計算する手法が紹介されている [8),9)]．1950 年代以降になると，変圧器やアクチュエータなどの数値解析に磁気回路法が用いられるようになり [10),11)]，現在でも電気機器の大略的な解析・設計手法として広く利用されている．

本節では，まず磁気回路法の基礎について述べるとともに，電気回路との連成解析手法について述べる．次いで，磁気回路法を発展させた手法であるリラクタンスネットワーク解析（reluctance network analysis: RNA）について説明する．

4.3.1 磁気回路法の基礎
(1) 鉄心の磁気回路

図 4.31(a) に示すように，トロイダルコアに巻数 N の巻線が施され，そこに電流 i が流れているとする．このとき，起磁力 Ni と磁束 ϕ の間には，次の関係が成り立つ．

$$Ni = R_m \phi \tag{4.71}$$

4.1.1 項でも述べたように，R_m は磁気抵抗であり，トロイダルコアの断面積を S，磁路長を d，透磁率を μ とすると，次式で与えられる．

$$R_m = \frac{d}{\mu S} \tag{4.72}$$

(4.71) 式において，起磁力を電圧，磁束を電流に対応させれば，電気回路におけるオームの法則と同様の関係が，起磁力と磁束の間に成り立つことがわかる．したがって，図 4.31(a) のトロイダルコアは，同図 (b) のような電気的等価回路で表すことができる．

図 4.32(a) に示す 3 脚鉄心の磁気回路は，同図 (b) のように表され，通常の電

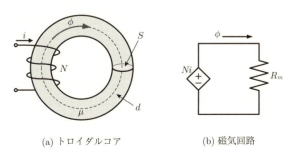

(a) トロイダルコア　　　(b) 磁気回路

図 **4.31**　トロイダルコアの磁気回路

222　第4章　電磁エネルギー変換

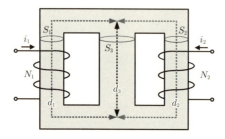

(a) 3脚鉄心

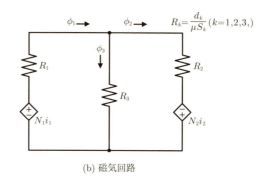

(b) 磁気回路

図 **4.32**　3脚鉄心とその磁気回路

気回路と同様に，閉路方程式および節点方程式が次のように導かれる．

$$\begin{cases} N_1 i_1 = R_1 \phi_1 + R_3 \phi_3 \\ N_2 i_2 = R_2 \phi_2 - R_3 \phi_3 \\ \phi_1 - \phi_2 - \phi_3 = 0 \end{cases} \tag{4.73}$$

これらの式を解くことにより，各部の磁束は以下のように求められる．

$$\begin{cases} \phi_1 = \dfrac{R_2 + R_3}{R_M} N_1 i_1 + \dfrac{R_3}{R_M} N_2 i_2 \\ \phi_2 = \dfrac{R_3}{R_M} N_1 i_1 + \dfrac{R_1 + R_3}{R_M} N_2 i_2 \\ \phi_3 = \dfrac{R_2}{R_M} N_1 i_1 - \dfrac{R_1}{R_M} N_2 i_2 \end{cases} \tag{4.74}$$

ただし，

$$R_M = R_1 R_2 + R_2 R_3 + R_3 R_1 \tag{4.75}$$

(2) 永久磁石の磁気回路

永久磁石の磁気特性は，図 4.33 に示すような減磁曲線で表される．同図中の H_c と B_r はそれぞれ永久磁石の保磁力と残留磁束密度，μ_r はリコイル比透磁率である．同図において，減磁界を H 軸の正方向とし，減磁曲線を線形と仮定すると，次式で表すことができる．

$$H = H_c - \frac{B}{\mu_r \mu_0} \tag{4.76}$$

ここで，μ_0 は真空の透磁率である．したがって，永久磁石の断面積を S_m，長さを d_m とすれば，(4.76) 式は次のように表すことができる．

$$\begin{aligned} F &= H d_m \\ &= H_c d_m - \frac{d_m}{\mu_r \mu_0 S_m} \phi \\ &= F_c - R_p \phi \end{aligned} \tag{4.77}$$

ただし，

$$\begin{cases} F_c = H_c d_m \\ R_p = \dfrac{d_m}{\mu_r \mu_0 S_m} \end{cases} \tag{4.78}$$

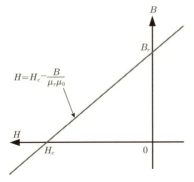

図 4.33 永久磁石の減磁曲線

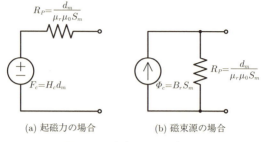

図 **4.34** 永久磁石の磁気回路

(4.77) 式より，磁気回路において永久磁石は，図 4.34(a) に示すように，起磁力 F_c と内部磁気抵抗 R_p の直列回路で表されることがわかる．なお，電気回路の場合と同様に，同図 (a) の回路は，それと等価な同図 (b) に示す磁束源 Φ_c を用いた回路に変換することができる．

4.3.2 回路シミュレータを用いた磁気回路の計算
(1) 非線形磁気特性の考慮

前項では，鉄心の磁気特性を線形とした場合の磁気回路の計算について述べたが，非線形磁気特性を考慮する場合には，4.1.1 項で述べたように，磁化曲線を次のような多項式で近似すればよい．

$$H = \alpha_1 B + \alpha_n B^n \tag{4.79}$$

たとえば，図 4.35 の板厚 0.23 mm の方向性ケイ素鋼板の場合は，$n=31$，$\alpha_1=30$，$\alpha_{31}=5.548\times 10^{-6}$ である．

図 4.31 に示したトロイダルコアの断面積 S，磁路長 d を用いると (4.79) 式は，

$$Ni = \left(\frac{\alpha_1 d}{S} + \frac{\alpha_n d}{S^n}\phi^{n-1}\right)\phi \tag{4.80}$$

となるから，これを解くことにより，非線形磁気特性を考慮したトロイダルコアの磁束が求まる．ただし，一般に (4.80) 式は高次の非線形方程式となるため，計算は容易ではない．また通常，磁気デバイスは外部の電気回路に接続して用いられるため，電気回路との連成解析も必須である．このような場合には，SPICE

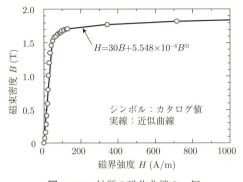

図 4.35 材質の磁化曲線の一例

等に代表される汎用の電気・電子回路シミュレータの利用が有効である．

(2) SPICE による磁気回路の計算

SPICE (simulation program with integrated circuit emphasis) は，1970 年代初めにカリフォルニア大学バークレー校で開発された電気・電子回路シミュレータである[12]．受動素子，能動素子，独立電源，従属電源などの素子モデルが豊富であり，過渡解析や周波数応答解析など，扱える解析の種類も多いため，事実上，世界標準の回路シミュレータとして位置付けられている．以下では，磁気回路の計算に SPICE を利用する方法について説明する．

図 4.36 に SPICE における非線形磁気抵抗モデルを示す．(4.80) 式の右辺第 1 項の $\frac{\alpha_1 d}{S}\phi$ は，同図の線形抵抗で表され，第 2 項の $\frac{\alpha_n d}{S^n}\phi^n$ は非線形の従属電圧源で表される．さらに，図 4.37(a) に示すような，トロイダルコアに交流電圧源が接続された回路を SPICE 上で表す場合には，同図 (b) のように電気回路と磁気回路を分離し，2 つの従属電源 E_1 および H_1 を用いて両回路を結合すればよい．同図の回路において，電気回路の電圧 v が与えられると，巻線に流れる電流 i が計算される．電流 i が求まると，これに巻数 N を乗ずることで，従属電源 H_1 の起磁力 Ni が決まり，磁気回路に流れる磁束 ϕ が (4.80) 式に従って計算される．磁束 ϕ が求まると，その時間微分に巻数 N を乗ずることで，従属電源 E_1 で発生する逆起電力 e' が決まる．上述の一連の計算が SPICE 上では

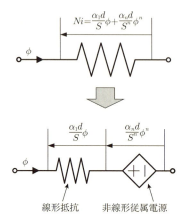

図 4.36 SPICE における非線形磁気抵抗モデル

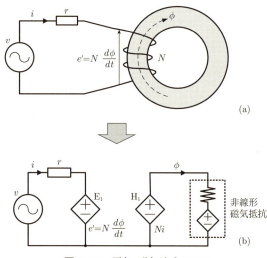

図 4.37 電気–磁気連成モデル

同時に行われる．

図 4.38 には，SPICE シミュレーションにより得られた電圧および電流の計算波形と，実験により得られた観測波形を示す．交流電源電圧 v は $205.4\,\mathrm{V_{rms}}$，巻数 N は 106，巻線抵抗も含めた回路抵抗 r は $0.042\,\Omega$ である．また，鉄心の

4.3 磁気回路法とリラクタンスネットワーク解析 227

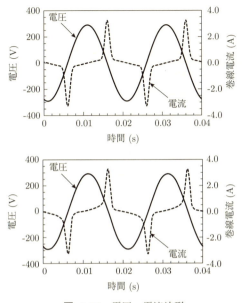

図 4.38 電圧・電流波形
（上：計算波形，下：観測波形）

断面積と磁路長はそれぞれ 4.8×10^{-3} m^2 と 0.52 m である．この図を見ると，両者は良好に一致しており，磁気飽和に起因する電流の鋭いピークもよく模擬されていることがわかる．以上のように，磁気回路の計算に SPICE 等の回路シミュレータを用いると，非線形磁気特性の考慮や電気回路との連成解析も容易に行うことができる．

4.3.3 リラクタンスネットワーク解析

図 4.31 や図 4.32 で示したトロイダルコアや 3 脚鉄心のように構造が単純な磁気デバイスは，簡単な磁気回路で表すことが可能であるが，前節で述べたモータのように，鉄心形状が複雑で空隙を有し，漏れ磁束も無視できない場合には，簡単な磁気回路で扱うことはできない．

本項では，磁心外空間も含めて解析対象を複数の要素に分割し，分割した各々の要素を 2 次元または 3 次元の磁気回路で表すことで，対象全体を 1 つの磁気抵

抗回路網として計算する，リラクタンスネットワーク解析（reluctance network analysis: RNA）について[13]，解析モデルの導出方法と永久磁石（PM）モータの解析例について述べる．

(1) RNA モデル導出の基礎

ここでは，図 4.39(a) に示すような巻数 N の巻線を有する角形コアを用いて，2 次元 RNA モデルの導出法について説明する．まず，同図に示すように，角形コアを複数の直方体要素に分割する．次いで，分割した各々の要素を同図 (b) に示すような，2 次元方向の 4 つの磁気抵抗で表す．これらのうち，x 軸方向

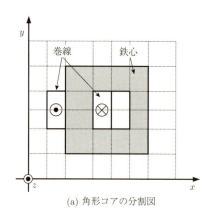

(a) 角形コアの分割図

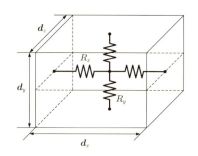

(b) 各分割要素の磁気回路

図 **4.39** RNA に基づく要素分割

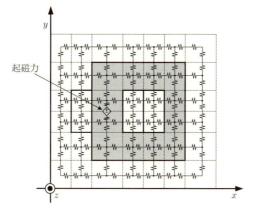

図 4.40　角形コアの 2 次元 RNA モデル

の磁気抵抗 R_x は，同図に示すように磁路長が $d_x/2$，断面積が $d_y \times d_z$ であり，また，鉄心材質の磁化曲線が (4.79) 式で表されるとすれば，次式で与えることができる．

$$R_x = \frac{\alpha_1 d_x}{2 d_y d_z} + \frac{\alpha_n d_x}{2(d_y d_z)^n} \phi^{n-1} \tag{4.81}$$

y 軸方向の磁気抵抗 R_y についても，同図に示すように，磁路長が $d_y/2$，断面積が $d_x \times d_z$ であることから，次式で与えられる．

$$R_y = \frac{\alpha_1 d_y}{2 d_x d_z} + \frac{\alpha_n d_y}{2(d_x d_z)^n} \phi^{n-1} \tag{4.82}$$

巻線電流による起磁力 Ni は，巻線の施されている磁心脚部を 2 等分し，その間に集中して配置する．図 4.40 に，以上のようにして導出した 2 次元 RNA モデルを示す．前項と同様にして，この磁気回路を SPICE 等の汎用の回路シミュレータを用いて解くことで，磁心外空間も含めた磁束分布を求めることができる．なお，磁束分布が 3 次元になる場合は，z 軸方向にも分割し，3 次元の RNA モデルを構築すればよい．

(2)　永久磁石モータの RNA モデルの導出法

　図 4.41 に，解析対象とした 3 相 4 極 24 スロット，分布巻の永久磁石（PM）

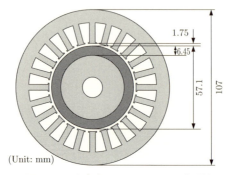

図 4.41 分布巻 PM モータの概略形状

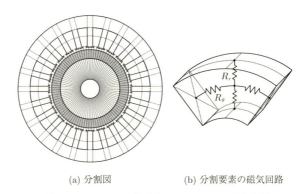

(a) 分割図　　　　　(b) 分割要素の磁気回路

図 4.42 RNA に基づく PM モータの要素分割

モータの概略形状を示す．図 4.42(a) に，この PM モータの分割図を示す．固定子の周方向分割数はスロット数の 2 倍の 48 である．一方，固定子極先端と空隙，並びに回転子については，磁束分布が複雑になるため，周方向分割数は 96 とする．径方向には，固定子ヨーク，固定子極上部，固定子極下部，固定子極先端，空隙，永久磁石，回転子ヨークの 7 つに分割する．したがって，総分割数は 528 である．分割した要素は，それぞれ同図 (b) に示すような磁気回路で表す．同図からわかるように，モータなどの場合，分割要素の磁路や磁路断面は円弧状になるが，平均磁路長と平均断面積を用いれば，これらの磁気抵抗も (4.81) 式，(4.82) 式と同様の式で与えることができる．

図 4.43 に，PM モータの巻線配置とこれに対応した起磁力の配置を示す．同

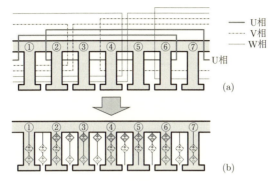

図 4.43 PM モータの巻線配置とこれに対応した起磁力配置

図 (a) に示すように，分布巻では複数の極にわたって巻線が施される．たとえば，同図の U 相の巻線に着目すると，②〜⑥までの極が 1 つの巻線で巻かれていることがわかる．したがって，巻線の巻数を N，流れる電流を i_u とすると，巻線の施された極とスロットには同一の起磁力 Ni_u が生じる．これを RNA モデルで表現するためには，同図 (b) に示すように，②と⑥の間のすべての極とスロットに合計 9 個の起磁力を配置すればよい．他の相についても，同様の考えに基づき起磁力を配置すると，同図に示すように固定子極およびスロットには，それぞれ 2〜3 個の起磁力が配置される．

図 4.44 に，上述に従い導出した PM モータの RNA モデルの一部拡大図を示す．この図において，Ni_u, Ni_v, Ni_w は巻線電流による起磁力である．F_{ck} ($k = 0, 1, \dots$) は永久磁石の起磁力，R_p は内部磁気抵抗であり，それぞれ (4.78) 式で与えられる．ただし，永久磁石の起磁力は回転子の回転運動に伴い，極性や大きさが周期的に変化することから，これを次のような回転子位置角 θ の関数で与える．

$$F_{ck} = -\frac{2H_c d_m}{\pi} \tan^{-1}\left\{b \sin 2\left(\theta + \frac{2\pi}{n_\theta}k\right)\right\} \quad (k = 0, 1, \dots) \tag{4.83}$$

上式において，d_m は磁石長である．n_θ は回転子の周方向の分割数であり，$n_\theta = 96$ である．b は係数であり，起磁力分布の形状に合わせて決める．本モータの場合は，$b = 9$ である．これにより，RNA モデルにおける回転子の回転運動は，

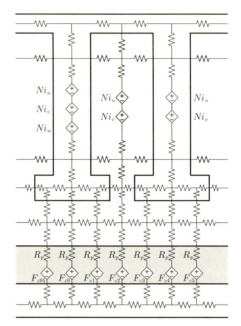

図 4.44　PM モータの RNA モデルの拡大図

磁気回路における磁石起磁力の変化として表現することができる．

次いで，RNA における PM モータのトルク算定法について述べる．図 4.45 に示すように，表面磁石形の回転子が円筒座標系に置かれており，z 軸に対して回転運動する場合，磁石に作用するトルク τ_m は，次式のように表される[14]．

$$\tau_m = \int_V \boldsymbol{B} \cdot \frac{\partial \boldsymbol{H}}{\partial \theta} dV \tag{4.84}$$

ここで，磁石が径方向に磁化されており，$\boldsymbol{B}$ および $\boldsymbol{H}$ の成分のうち，θ 方向成分と z 方向成分が十分小さく無視できる場合，径方向成分の B_{mr} と H_{mr} を用いて，トルクは次式で与えられる．

$$\begin{aligned}\tau_m &= \int_V B_{mr} \frac{\partial H_{mr}}{\partial \theta} dV \\ &= \frac{D_m (r_{po} + r_{pi}) d_m}{2} \int_0^{2\pi} B_{mr} \frac{\partial H_{mr}}{\partial \theta} d\theta\end{aligned} \tag{4.85}$$

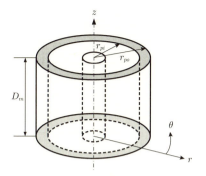

図 **4.45** 円筒座標系に置かれた磁石回転子

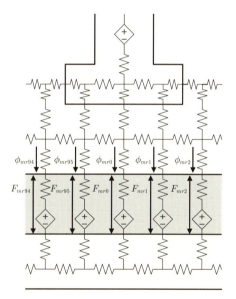

図 **4.46** RNA モデルにおける磁石部の各要素の起磁力と磁束

したがって，(4.85) 式を図 4.46 の RNA モデルに対応させて離散化すれば，トルクは次のように求めることができる．

$$\tau_m \approx \frac{D_m(r_{po}+r_{pi})d_m}{2} \sum_{k=0}^{n_\theta - 1} B_{mrk} \frac{\Delta H_{mrk}}{\Delta \theta} \Delta \theta$$

$$= \frac{D_m(r_{po}+r_{pi})}{2} \sum_{k=0}^{n_\theta-1} \frac{\phi_{mrk}}{\Delta S_m} \Delta F_{mrk}$$

$$\left(ただし, \Delta S_m = \frac{\pi D_m(r_{po}+r_{pi})}{n_\theta}\right)$$

$$= \frac{n_\theta}{4\pi}\{\phi_{mr0}(F_{mr1}-F_{mr95})+\phi_{mr1}(F_{mr2}-F_{mr0})$$

$$+\cdots+\phi_{mr95}(F_{mr0}-F_{mr94})\} \tag{4.86}$$

上式中の F_{mrk} および ϕ_{mrk} は,同図の RNA モデルにおける,磁石部の k 番目の要素の起磁力と磁束の径方向成分である.すなわち,RNA において PM モータの発生トルクは,磁石部の要素に流れる磁束 ϕ_{mrk} と,これと隣接する2つの要素の起磁力の差 $(F_{mrk+1}-F_{mrk-1})$ の積を,すべての要素について計算し,これらの和として求められることがわかる.

また,負荷トルク τ_L が加わったときのモータの回転数 n_s は,軸受け摩擦などの機械的な損失を無視すれば,以下の運動方程式に基づいて求められる.

$$n_s = \frac{1}{2\pi J}\int(\tau_m - \tau_L)dt \tag{4.87}$$

ここで J は回転子の慣性モーメントである.

(3) RNA による永久磁石モータの特性算定例 [15]

図 4.47 に PM モータの駆動システムを示す.この PM モータは,ホール IC からの位置信号に基づき 120° 通電で駆動される.図 4.48 は,図 4.47 に対応する電気–磁気–運動連成モデルである.本連成モデルは,駆動回路(電気系),PM モータの RNA モデル(磁気系),並びにトルクや運動方程式を計算する部分(運動系)で構成される.このモデルにおいて,回転子位置角 θ が与えられると,駆動回路のトランジスタの ON/OFF が決まり,各相の巻線電流 i_u, i_v, i_w が計算される.電流が求まると,RNA モデルにおける起磁力 Ni_u, Ni_v, Ni_w が決まり,RNA モデル内の磁束が計算される.これにより各相の巻線の鎖交磁束が求まり,その時間微分から巻線に生じる逆起電力 e'_u, e'_v, e'_w が計算される.一方,永久磁石の起磁力 F_{mrk} と磁束 ϕ_{mrk} からはモータトルク τ_m が (4.86) 式に従って計算される.このモータトルク τ_m と負荷トルク τ_L より, (4.87) 式の

4.3 磁気回路法とリラクタンスネットワーク解析

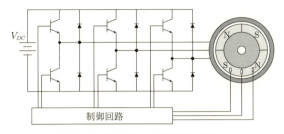

図 4.47 PM モータの駆動システム

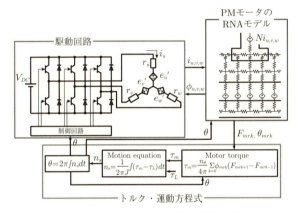

図 4.48 PM モータの電気–磁気–運動連成モデル

運動方程式を解くことで，モータの回転数 n_s が計算され，この回転数 n_s を積分すれば，回転子位置角 θ が得られる．この連成モデルは SPICE 等の汎用の回路シミュレータ上に構築可能であり，上述の計算がすべて同時に行われる．

図 4.49 に，上述の連成モデルを用いて計算した PM モータの始動から定常状態に至るまでの動解析の結果を示す．なお，駆動回路の直流電源電圧は 311 V である．図は上から，線間電圧，相電流，トルク，回転数である．シミュレーションでは無負荷で起動後，150 ms から 250 ms の間に負荷をランプ状に 2.0 N·m まで増加させている．この図より，起動直後に大きな始動電流が流れ，回転数が 5000 min^{-1} 付近まで急激に上昇し，その後負荷の増加に伴って徐々に減少して約 3200 min^{-1} で定常回転に至る様子が確認できる．

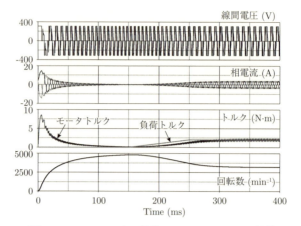

図 4.49 PM モータの始動シミュレーションの結果

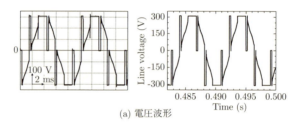

(a) 電圧波形

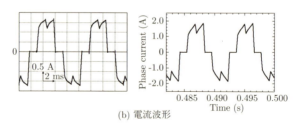

(b) 電流波形

図 4.50 励磁電圧・相電流波形の比較
(左：観測波形，右：計算波形)

図 4.50 に，負荷トルクが 1.0 [N·m] の場合の励磁電圧と相電流の観測波形と計算波形を示す．これらの図を見ると，電圧・電流波形ともに両者はほぼ一致していることがわかる．

以上のように，RNA を用いることで，モータの始動時や負荷変動時などの過渡的な振る舞いや定常状態のモータ特性を算定することができる．なお，本手法はこのほかにも，埋込磁石モータやスイッチトリラクタンスモータ，磁気ギヤなどの解析にも利用されている[16)〜18)]．

4.4 振動発電

4.4.1 はじめに

振動は，自動車や橋梁，回転機やコンプレッサーなど，構造体に周期的もしくは過渡的な外力が作用することで発生する．振動発電は，これら振動から発電を行う技術である．一般に取り出せる電力は小さいが，近年，これを電源に動作するセンサ・無線モジュールが開発されたことで，実用化への期待が高まっている．振動発電の種類として永久磁石の往復運動（磁石可動型），圧電素子，逆磁歪効果を利用するものがある．発電デバイスは質点とバネからなる振動系を構成し，振動に同期して質点が往復運動することで発電を行う．たとえば図 4.51 は磁石可動型の模式図で，振動源とバネで連結した可動子（永久磁石）がコイル中を往復運動し，コイルには鎖交磁束の時間変化に比例した起電力が発生する．ここで大きな電力を得るにはデバイスの共振周波数と振動源の周波数とを一致させる．このとき可動子に作用する慣性力とバネの弾性力が相殺し，振動速度が最大となることで，効率よく発電が行われる．ただし磁石可動型においては可動子の振幅を大きく取る必要があり，このため柔らかいバネを利用す

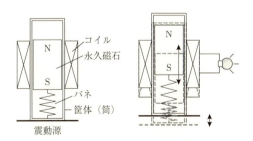

図 4.51 磁石可動型

るが，その結果デバイスの共振周波数は低くなり出力も低下する．また可動子に摺動部があることで，長期間の使用においてはその摩擦や摩耗を小さくする工夫が必要である．近年，これらの欠点を克服し，高効率で耐久性の高い磁歪式振動発電が注目を浴びている．本節ではこのような発電デバイスの原理，特徴，試作例，等価モデルと応用について述べる．

4.4.2 磁歪材料

磁性体は磁化の過程において形状の変化を伴い，これを磁歪効果と呼ぶ．この歪みが大きい材料が磁歪材料である．磁歪材料の磁気と機械の連成は以下の構成方程式で表される[19]．

$$\varepsilon = s_{33}\sigma + d_{33}H \tag{4.88}$$

$$B = \mu H + d_{33}\sigma \tag{4.89}$$

ε は歪み，σ は応力，s_{33} は弾性コンプライアンス，d_{33} は磁歪感受率である．式 (4.88) の右辺第 2 項が磁歪効果を示す．一方，式 (4.89) の右辺第 2 項にあるよう磁束密度は応力で変化し，これを逆磁歪効果と呼ぶ．振動発電は，この効果を利用する．従来，磁歪材料として 2000×10^{-6} の歪みを発生する超磁歪材料（Tb-Dy-Fe 合金）が知られ[20]，これを利用する発電デバイス[21]が提案されているが実用化に至っていない．これは材料が引張りに弱いこと，また実用的な発電を行うには大きな力を加える必要があるためである．

近年，米国海軍研究所で Galfenol[22),23)] と呼ばれる鉄系の磁歪材料が開発された．これは鉄とガリウムの合金で，ガリウム含有量 18.4% もしくは 18.6% において 250×10^{-6} の歪みを発生する．磁歪感受率は 20×10^{-9} m/A 程度で，逆磁歪効果を簡単に計算すると，たとえば 50 MPa の応力で磁束密度が 1 T 変化することになる．そして，この材料の一番の特徴は，鉄系の材料に起因する堅牢性である．200 MPa 程度の引張強度を有し[24)]，引張りや曲げ，衝撃に強い．さらに加工性も優れ，鉄と同様な切削，研削，放電加工が施せる．図 4.52 は，丸棒の合金からワイヤー放電加工で板を切り出した例である．材料に半田や蝋付け，溶接ができることで，これと鉄を接合した強固な構造体も容易に製作できる[25)]．

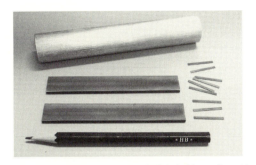

図 4.52　鉄ガリウム合金の丸棒と板材への加工例

4.4.3　発電デバイスの構造と原理，特徴

　磁歪式発電デバイスは図 4.53 のようにコイルが巻かれた板状の磁歪素子とヨークの平行梁構造が基本である[26]．平行梁の両側は可動部と固定部で，素子の両端はこれらに強固に接合されている．可動部は適度に長く，堅牢性を確保する目的でヨーク，可動部，固定部は一体の材料で構成される．また平行梁には永久磁石が取り付くことで，素子にはバイアス磁束が流れている．図 4.54 のように振動源にデバイスを片持ちで固定すると，可動部には振動源の加速度に応じた慣性力が作用し，デバイスは上下に湾曲する．このとき素子の長手方向に引張りもしくは圧縮力が付加され，逆磁歪効果で磁束が増減する．この鎖交磁束の時間変化に比例した起電力がコイルに発生する．

　このデバイスの大きな特徴は長い可動部で湾曲する平行梁である．「てこ」の原理により可動部の上下の慣性力が大きく拡大され，素子の長手方向に作用する．また平行梁の中立軸（応力がゼロとなる軸）が空隙にあることで，素子内の応力は一方向で，大きさもほぼ均一となる．つまり小さな力で磁束が大きく変化する．この磁束は平行梁の閉磁路内を環流しコイルと鎖交する．その結果，振動を効率よく電力に変換できる．また磁歪素子として鉄ガリウム合金を利用する．鉄系の材料で構成された堅牢なデバイスは強い振動も許容する．つまり仕事率（＝力 × 速度）の大きい高い周波数の振動や衝撃が作用してもデバイスは壊れず，大きな電力が発生する．共振周波数を高く設定できることで，幅広い周波数の振動源に対応できる．摺動部が存在しないことで耐久性も高い．ま

240　第4章　電磁エネルギー変換

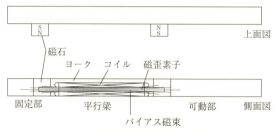

図 4.53　発電デバイスの構成

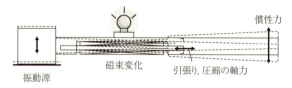

図 4.54　発電の原理

た内部抵抗が小さいことで電源として電流を取り出せる．発生電圧はコイルの巻き数で調整でき，電力の整流，蓄電も容易である．

4.4.4　デバイスの試作例

デバイスの試作例[27]を図 4.55 に示す．磁歪素子（$Fe_{81.4}Ga_{18.6}$）は幅 2 mm 厚さ 0.5 mm 長さ 12 mm（接合部 2 mm）で，これに巻き幅 7 mm，層厚 1 mm，線径 0.05 mm，巻き数 1744 のコイル（直流抵抗 120 Ω）が巻かれ，これと平行梁を構成するヨークの厚みは 0.5 mm である．ヨーク部，可動部，固定部は一体（SUS430 ステンレス）で形成され，可動部先端に錘を取り付けることで共振周波数が調整できる．またバックヨークと平行梁の間に空隙があり，ここに幅 2 mm 厚さ 1 mm 長さ 3 mm のバイアス用磁石（Nd-Fe-B）が配置される．素子の両端は固定，可動部に半田で接合されている．

一般に，発電デバイスの評価においては，以下の測定を行う．

1) 振動源の加速度に対する発生電圧（感度）の周波数応答：共振周波数，Q 値がわかる．
2) 共振振動時の時間応答：加速度と変位，電圧，発生電力，素子内の磁束変

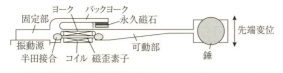
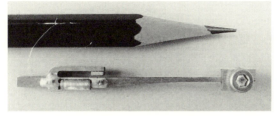

図 4.55　デバイスの試作例

化がわかる．

　実験は加振機にデバイスを片持ちで固定し，励振時の加速度，電圧，先端変位を同時に計測する．図 4.56 は，加速度に対する発生電圧（開放）の周波数応答（振幅）で，1 次の共振周波数，感度はそれぞれ 220 Hz，−9.8 dB，Q 値は 18 である．図 4.57(a) は，共振付近の周波数 212 Hz の正弦波でデバイスを励振させたときの発生電圧の時間応答である．実効振動加速度 0.7 G，1.2 G において，それぞれピーク電圧 1.1 V，3.0 V，実効電圧 0.6 V，1.3 V が発生する．図 4.57(b) は，電圧から逆算した磁束密度の変化と変位の関係で，この高い電圧は 1.1 T の磁束密度変化に起因し，鉄ガリウム合金の逆磁歪と平行梁の効果を裏付ける．図 4.57(c) はコイルに抵抗を繋げ，その電力を測定した結果である．電力はジュール損で算出している．電力は 150 Ω 付近で最大になり，平均電力および最大電力はそれぞれ 1.5 mW，5 mW が得られた．図 4.57(d) は，抵抗と先端変位（振幅）の関係で，図 4.57(c) と合わせ，電力が消費されることで振幅が減少することがわかる．これはコイルに電流が流れることで，振動を減少する制動力が発生するためである．

4.4.5　デバイスの等価回路

　デバイス等価回路について説明する．機械系と電気系のアナロジーにより機

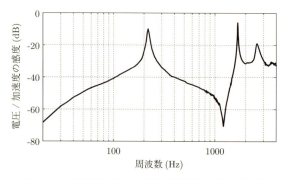

図 4.56 電圧／加速度の感度（振幅）の周波数応答

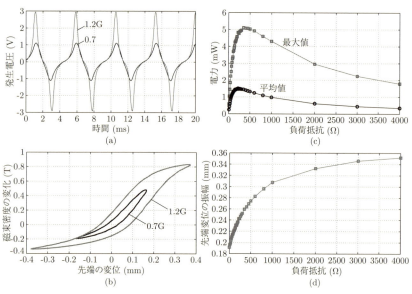

図 4.57 1 次共振周波数付近（212 Hz）における評価結果，発生電圧 (a)，先端変位と磁束密度 (b)，抵抗と電力 (c)，抵抗と先端変位の振幅 (d)

械振動は電気回路と同様に考えられる．ここでは力を電圧，速度を電流に対応させる．デバイスの力学モデルを簡単に質点，バネ，減衰の 1 自由度系と仮定すると，その挙動は機械と電気の回路が変換部で連成した図 4.58 の等価回路で

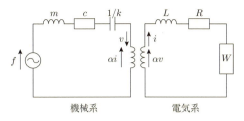

図 **4.58** 発電デバイスの等価回路

表される[28]．運動方程式および回路方程式はそれぞれ式 (4.90) と (4.91) のように表される．

$$f - \alpha i = m\frac{dv}{dt} + cv + k\int v dt \tag{4.90}$$

$$\alpha v = L\frac{di}{dt} + Ri + Wi \tag{4.91}$$

式 (4.90) において，f は加振力，v は振動速度（デバイスの先端変位の時間微分），m, c, k は等価質量，減衰係数，等価バネ定数である．また式 (4.91) の L, R はコイルのインダクタンス，抵抗，W は負荷である．α は力係数と呼ばれる回路の結合度を示す指標で，式 (4.91) 左辺の起電力，および式 (4.90) 左辺第 2 項の制動力に影響する．デバイスの動作を説明する．加振力 f がデバイスに作用すると，機械系においては m, c, k の直列回路に速度 v が流れる．同時に電気回路においては αv の起電力が発生，電流 i が流れ負荷 W で電力が消費される．この電流で機械系には f と逆向きの制動力 αi が発生し，v が減少する．（制動力は電流の界磁で磁歪素子が伸びる磁歪効果によるものである．）つまり先の図 4.57(d) にあるように，振動が減衰するダンピング効果が発生する．デバイスを効率よく利用するには，その共振周波数を振動源の周波数と一致させる．これは機械インピーダンスのリアクタンス成分がゼロとなることで，振動速度，ひいては起電力が最大となるからである．

力係数 α は，起電力や変換効率を与える重要な因子で，これはデバイスの形状，力学的な特性，磁気回路，磁歪感受率に依存する．図 4.59 はバイアス時ならびに変形時の等価磁気回路である．バイアス磁束 Φ_{m0} は磁石の起磁力 F_p，素子，ヨーク，磁石の磁気抵抗 R_m, R_y, R_p で決まる．振動時，デバイスの変形

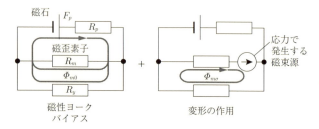

図 4.59 デバイスの磁気回路（左：バイアス，右：変形時）

で生じる磁束 $\Phi_{m\sigma}$ がこのバイアスに重畳する．磁束 $\Phi_{m\sigma}$ は素子とヨークの閉磁路の磁束源で表される．起電力 e は電磁誘導の法則から求まり，コイルの巻き数を N とし，$\Phi_{m\sigma}$ が σ で変化することから次式で表される．

$$e = N\frac{\Delta\Phi_{m\sigma}}{\Delta t} = NAd_{33}\frac{\Delta\sigma}{\Delta t} \tag{4.92}$$

ここで A は磁歪素子の断面積，素子の応力は一様と仮定している．よって起電力を大きくするには，適度なバイアス磁束を与え $\Phi_{m\sigma}$ の変化幅を大きくする．バイアス磁束は飽和磁束密度の半分程度（鉄ガリウム合金の場合 0.7〜0.8T）が適切で，これは素子の引張りと圧縮において同じ量の磁束変化を発生させるためである．$\Phi_{m\sigma}$ は，磁歪感受率 d_{33} および応力 σ に依存する．磁歪感受率においては，磁歪材料の磁歪特性を考慮し，これが最大となるような磁気バイアスと応力を付与する．また適切な応力分布とその大きな変化を発生させるにはデバイスおよび平行梁の構造設計がポイントになる．

4.4.6 振動発電の応用

振動発電は，さまざまな分野で活用できる．たとえば，ワイヤレスセンサモジュールの電源に振動発電を利用することができる．ワイヤレスセンサモジュールとは，温度や照度，加速度などセンサの信号を無線で送信するデバイスである．従来，このデバイスは乾電池やボタン電池で動作し，その電池交換が手間であった．振動発電を電源にすれば，これが半永久で自立的に動作する．図 4.60 はデバイスの構成で，発電デバイス，整流・蓄電回路，DC-DC コンバータ，センサ，マイコン，無線モジュールからなる．信号の受け手は受信モジュール，ス

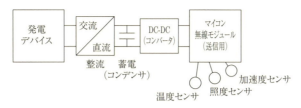

図 4.60 振動発電で動作するワイヤレスセンサモジュール

マートフォン，パソコン等である．発電デバイスの利用シーンとその効果をまとめる．

(i) 構造体の定常もしくは過渡的な振動で発電する．自動車，鉄道，船舶，飛行機などの乗り物，橋やトンネル，道路などのインフラ設備，回転機やコンプレッサーなどが対象で，これらにおいては周期的もしくは過渡的な外力で振動が発生している．たとえばデバイスを回転機やコンプレッサーに設置すれば定常的な振動で発電し，これを電源に，加速度などの信号を送信する．結果，メンテナンスフリーで動作の健全性や異常の有無を確認できる．また近年，多くの橋が老朽化し，この崩落を未然に防ぐべく，撓みや振動波形を無線でモニタリングしたい要望がある．車の通行で振動が発生する箇所にデバイスを設置すれば，その発電でモジュールが動作する．設置が容易で自立して動作する無線モジュールは配線の敷設が面倒な大型構造物においては非常に有用である．

(ii) ゆっくりと力を加える動作で発電する．動きで自由振動を励振するメカニズム，たとえば永久磁石の吸脱着や弾く機構をデバイスに組み合わせると，ゆっくりとした動きからも発電が可能である．ボタン，窓，扉などが対象である．たとえば，ボタンを押す動作で発電することにより電池不要のリモコンができる[29]．デバイスを扉や窓に設置すれば，その開閉で発電し，信号を送信できる．人の出入りがわかり，防犯や見守りに役立つ．

(iii) 衝撃で発電する．デバイスにパルス状の力を作用させることで振動し発電する．この場合，デバイスに高周波数の振動が励振され，瞬間的に大きな電圧，電力が発生する．靴底にデバイスを搭載しこれに発光ダイオードをつければ，足踏みで点滅し周囲へ注意を喚起する．またGPSモジュールと

組み合わせれば,位置情報も送信できる.
(iv) 水流や風から発電を行う.ギャロッピング現象にて,半円柱や矩形柱に一様な流れを作用させると振動する.つまりデバイス可動部の半円柱,矩形柱にすると,流れで発電ができる.これを水道管や用水に設置すれば,定常的に発電し,無線モジュールが動作する.デバイスの大型化と共に,従来にない風力,水力発電として,エネルギー源としても利用できる可能性がある.

4.5 非線形磁気応用と可変インダクタ

4.5.1 非線形磁気応用とは

変圧器やモータ,リアクトルでは,鉄心を磁束の通り道として用いるため,透磁率が低い磁気飽和領域で使用することはない.しかし,鉄心の磁気特性(透磁率)が磁気飽和の前後で大きく変化することを利用すれば,通常の電気機器では得られない種々の機能が実現され,さまざまな応用が可能となる.このような研究分野は非線形磁気応用と呼ばれ,計測,制御,情報およびエネルギー変換の各分野にわたって有用な成果をあげてきた.

たとえば,1912年に F. Spinelli により提案された磁気式周波数逓倍器(frequency multiplier)[30] は,照明や高速電動機用電源として利用されて以来,種々の応用研究がなされ,1956年には P. P. Biringer により 3000 kW の大容量で高効率の誘導加熱用電源が開発されている[31].また,1916年に E. F. Alexanderson により紹介された磁気増幅器(magnetic amplifier)[32] は,計測ならびに制御,その他の分野において重要な機器として広く用いられ,半導体電力増幅器が定着した現在でも,堅牢でサージ電圧に強いという特長を生かし,スイッチング電源における電圧制御回路などに実用されている.鉄共振(ferro-resonance)[33][†6]を利用した交流安定化電源は,鉄心とコンデンサを主回路要素としたシンプルな構成でありながら定電圧特性を示し,現在も定電圧変圧器という名称で市販されている.

[†6] 鉄心入りリアクトルを磁気飽和領域まで動作させた可飽和リアクトルとコンデンサによる共振現象であり,並列共振回路では定電圧特性を示す.

4.5 非線形磁気応用と可変インダクタ

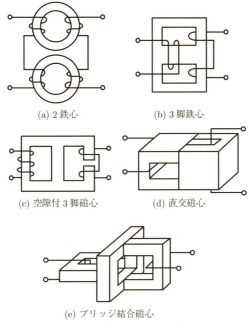

(a) 2 鉄心   (b) 3 脚鉄心

(c) 空隙付 3 脚磁心   (d) 直交磁心

(e) ブリッジ結合磁心

図 **4.61** 磁気素子の磁心構成例

さらに，パラメトリック発振（parametric oscillation）[†7] を利用した電力変換器 [34),35)] では，非線形磁気素子を可変インダクタンスとして用いることで，定電圧電源（voltage regulator），相数変換器（phase converter），周波数逓倍器などさまざまな応用例が提案されてきた．図 4.61 に，これまで提案されてきた非線形磁気素子の磁心構成例を示す．それらの中で S. D. Wanlass により提案された直交磁心（orthogonal-core）[34)] は，太陽光や風力などの自然エネルギー源と既存の商用交流系統を低歪で連系する DC-AC 電力変換器としての応用 [36)] が検討されたほか，送配電線の電圧制御を目的とした低歪の可変インダクタへの適用が検討された [37)]．

[†7] 共振系において共振周波数を決定するパラメータを周期的に変化させると微小な初期振動が時間と共に増大する振動現象が生じることがある．この現象をパラメトリック発振現象という．LC 共振回路の場合は，L と C が共振周波数を決定するパラメータとなるため，L あるいは C を周期的に変化させることでパラメトリック発振を生じさせ，LC 回路に交流電圧を励起させることができる．

4.5.2 可変インダクタの動作原理

非線形磁気素子の可変インダクタンスとしての動作原理を，比較的磁気回路の取扱いが容易な2鉄心形回路を用いて説明する．

図 4.62 に 2 鉄心形回路の構成を示す．図において n_1 は 1 次巻線，n_2 は 2 次巻線であり，2 次巻線は差動的に結線されている．いま磁心#1 の磁束を ϕ_a，#2 の磁束を ϕ_b とし，巻線電流と磁束の関係を

$$Ni = f(\phi) \tag{4.93}$$

と表せば，1 次および 2 次電流 i_1，i_2 と磁束の間には次の関係が成立する．

$$n_1 i_1 + n_2 i_2 = f(\phi_a) \tag{4.94}$$

$$n_1 i_1 - n_2 i_2 = f(\phi_b) \tag{4.95}$$

式 (4.94) と式 (4.95) の差をとれば次式が得られる．

$$N_2 i_2 = f(\phi_a) - f(\phi_b) \tag{4.96}$$

ただし，$N_2 = 2n_2$ である．磁心が比較的弱い飽和特性を有するものとして磁気特性が

$$f(\phi) = a_1 \phi + a_3 \phi^3 \tag{4.97}$$

で与えられるものとすれば，式 (4.96) は次のようになる．

$$N_2 i_2 = a_1(\phi_a - \phi_b) + a_3(\phi_a^3 - \phi_b^3) \tag{4.98}$$

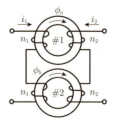

図 **4.62** 2 鉄心形回路

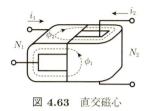

図 4.63　直交磁心

ここで，1 次巻線と鎖交する正味の 1 次磁束を ϕ_1，2 次巻線と鎖交する正味の 2 次磁束を ϕ_2 とし，$\phi_1 = \phi_a + \phi_b$，$\phi_2 = \phi_a - \phi_b$ とおく．このことを考慮して式 (4.98) を書き換えると次式が得られる．

$$N_2 i_2 = (a_1 + 0.75 a_3 \phi_1^2 + 0.25 a_3 \phi_2^2) \phi_2 \tag{4.99}$$

式 (4.99) は 2 次側の巻線電流が ϕ_2 のみではなく，ϕ_1 にも依存して変化することを示している．

いま，2 次側から見た磁気抵抗を R_2 とすれば，$R_2 = N_2 i_2 / \phi_2$ より，次式が成り立つ．

$$R_2 = a_1 + 0.75 a_3 \phi_1^2 + 0.25 a_3 \phi_2^2 \tag{4.100}$$

一般に磁気抵抗 R と巻線インダクタンス L には $L = N^2/R$ なる関係があることから，このときの 2 次巻線インダクタンス L_2 は 1 次側からの励磁により変化し，この回路は一種の可変インダクタンスとして動作することになる．図 4.61 に示した他の磁気素子も，その磁気回路は複雑となるが，基本的な動作原理は同様である．

図 4.63 に直交磁心の磁心構成例を示す [34]．直交磁心は，同一形状のカットコア 2 個を空間的に 90°転移接続して構成される．図において N_1，N_2 は 1 次および 2 次巻線を示し，i_1，i_2 は 1 次および 2 次巻線電流を示す．ϕ_1，ϕ_2 は各々，1 次および 2 次巻線電流による磁心磁束であり，その流れを破線により概略的に示している．直交磁心では，1 次と 2 次の磁心が空間的に直交しているため，1 次巻線と 2 次巻線間の相互誘導結合は小さく，通常の変圧器としては動作しない．しかし，1 次と 2 次の磁路が磁心接合部で一部共有されており，1 次側からの励磁により共通磁路が磁気飽和すれば，両巻線間で相互作用を生

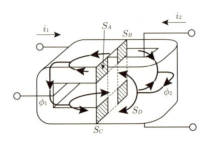

図 4.64 直交磁心の磁束の流れ

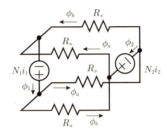

$\phi_a = (\phi_1 + \phi_2)/2, \ \phi_b = (\phi_1 - \phi_2)/2$

図 4.65 直交磁心の磁気回路モデル

じるようになる.

　図 4.64 に直交磁心内の磁束の流れを示す.図において,1 次と 2 次の磁路は,斜線で示す磁心接合部 $S_A \sim S_D$ が共通磁路となるように構成されており,磁心磁束はこれらの接合面で分流・収束する.これにより磁心接合部付近の磁束密度が上昇し,局所的な磁気飽和が生じる.いま,図 4.64 のごとく,1 次と 2 次磁束が各々磁心接合面に均等に分流するものとし,接合面を通る磁束は S_A および S_D では $(\phi_1 + \phi_2)/2$,S_B および S_C では $(\phi_1 - \phi_2)/2$ となるものとする.磁心接合部の磁気抵抗を R_S で表せば,直交磁心の磁気回路は図 4.65 に示すようになる.R_S における起磁力と磁束の関係を,非線形性を考慮して前述の式 (4.97) で表されるものとすれば,直交磁心の磁気回路において,次式の関係が成立する.

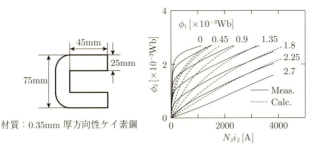

図 4.66 直交磁心の磁化特性 ($a_1 = 2000\,\text{A/Wb}$, $a_3 = 2.8 \times 10^{11}\,\text{A/Wb}^3$)

$$N_1 i_1 = f\left(\frac{\phi_1 + \phi_2}{2}\right) + f\left(\frac{\phi_1 - \phi_2}{2}\right),\ N_2 i_2 = f\left(\frac{\phi_1 + \phi_2}{2}\right) - f\left(\frac{\phi_1 - \phi_2}{2}\right) \tag{4.101}$$

これより，1次および2次巻線電流 i_1, i_2 と1次および2次磁束 ϕ_1, ϕ_2 の関係は次式で与えられる．

$$N_1 i_1 = (a_1 + 0.75 a_3 \phi_2^2 + 0.25 a_3 \phi_1^2)\phi_1 \tag{4.102}$$

$$N_2 i_2 = (a_1 + 0.75 a_3 \phi_1^2 + 0.25 a_3 \phi_2^2)\phi_2 \tag{4.103}$$

これらの式は2鉄心形と同じ式となり，直交磁心も可変インダクタンス特性を示すことがわかる．図 4.66 に直交磁心の2次側磁化特性の一例を示す．図中の破線は式 (4.103) による計算例である．計算値は実測値と同様の傾向を示し，一方の巻線から見た磁化特性が，他方の巻線からの励磁入力により変化することがわかる．

直交磁心の磁心材質に使用した方向性ケイ素鋼板は飽和特性が比較的強く，かつ磁心形状が立体的であることから，簡単な磁気回路モデルでは定性的な計算のみが可能である．しかし，4.3 節で述べた RNA に基づけば定量的な特性算定が可能であることが報告されている [38]．

この直交磁心の可変インダクタンス特性を利用した，最も基本的な応用例を図 4.67 に示す．図中に X 印で示された直交磁心において，2次巻線に交流電源 e_a を接続すれば，1次側からの直流励磁により巻線電流 i_a を制御することが可能となる．図 4.68 に種々の制御電流平均値 I_c に対する巻線電流波形の観測例

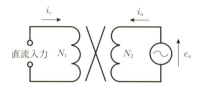

図 4.67 直交磁心形可変インダクタンス構成例

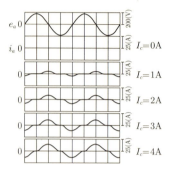

図 4.68 直交磁心形可変インダクタンスの電流波形
（図 4.66 と同じ直交磁心，$N_1 = 460$, $N_2 = 260$）

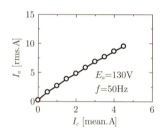

図 4.69 直交磁心形可変インダクタンスの制御特性
（図 4.66 と同じ直交磁心，$N_1 = 460$, $N_2 = 260$）

を，図 4.69 に制御電流平均値 I_c に対する巻線電流実効値 I_a の変化の一例を示した．これを見ると，巻線電流の実効値が制御電流によりほぼ線形に制御されており，直交磁心を用いれば簡単な構成で線形かつ連続調整が可能な単相可変インダクタを構成できることがわかる．

4.5.3 系統電圧制御用可変インダクタとしての応用

近年,電力系統では分散型電源の普及拡大や負荷構成の変化に対しても,従来と同様の供給信頼度の確保が求められており,系統をより柔軟かつ高効率に運用するための,新しい制御技術の適用が必要とされている.前述の磁束制御による可変インダクタは,主回路が巻線および積層鉄心で構成される単純な構造でありながらインダクタンスの連続調整機能を有し,既存の電磁機器の製作技術が適用できることから,同様の機能を有するパワーエレクトロニクス機器に対し信頼性と価格面で優位であると考えられる.ここでは近年提案された,田形磁心 (EIE-core) を用いた単相可変インダクタ[39]と3相一体構造可変インダクタ (three-phase-laminated-core variable inductor)[40]の基本構造と特徴を紹介する.

図4.70に田形磁心を用いた単相可変インダクタの基本構成を示す[39].田形磁心は直交磁心と比較して大容量化が容易であり,電力系統への適用が期待される.本可変インダクタは田形磁心とそれぞれの脚に施された2つの主巻線と4つの制御巻線で構成される.田形磁心はE形またはI形磁心を組み合わせて,あるいは積み鉄心で構成できる.図に示すように,主巻線は田形磁心の中央の脚に互いの発生磁束が対向する向きに施して直列に接続する.田形磁心のヨーク部の脚には制御巻線を施し,主巻線の交流磁束による誘起電圧を打消し合うように接続する.図中に示す破線は主巻線による発生磁束の流れを,実線は制

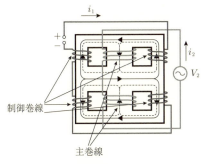

図 4.70 田形磁心を用いた可変インダクタの基本構成
(出典:早川ほか:日本応用磁気学会誌,28巻3号,425(2004))

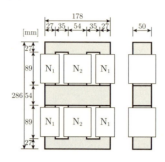

図 4.71 田形磁心を用いた可変インダクタの諸元
(出典：早川ほか：日本応用磁気学会誌, 28 巻 3 号, 425(2004))

御巻線による発生磁束の流れの概略を表している．このように主巻線と制御巻線の磁路の一部が共有されるため，制御側からの直流励磁により主巻線の実効的なインダクタンスを制御することが可能になる．

図 4.71 に実験に使用した田形磁心の諸元を示す [39]．主回路側の電圧実効値は 125 V，周波数は 50 Hz である．ここでは 4.3 節で述べた RNA による，磁心積層方向の磁束を考慮した 3 次元解析結果（積層方向の磁束による渦電流は無視）と，磁心積層方向の磁束を考慮しないものとした 2 次元解析結果を示した．図 4.72 に無効電力制御特性を示す．この図を見ると，本可変インダクタにおいても無効電力の線形制御が可能であること，3 次元解析結果は 2 次元解析結果に比べて実測値に近く，定量的な解析には積層方向の磁束を考慮する必要があることがわかる．

このような田形磁心を電力系統に適用する場合，3 相系統の各相に 1 台ずつ設置する必要があり，実用化にはより一層の小型軽量化が必要となる．これに対し，可変インダクタ鉄心を 3 相一体構造とすることで小型軽量化を図ったのが，図 4.73 に示す 3 相一体構造可変インダクタである [40]．本可変インダクタ

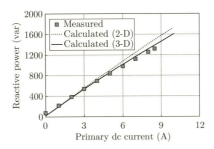

図 4.72　田形磁心を用いた可変インダクタの制御特性
（出典：早川ほか：日本応用磁気学会誌，28 巻 3 号，425(2004)）

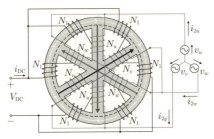

図 4.73　3 相一体構造可変インダクタの基本構成
（出典：久田ほか：日本磁気学会誌，33 巻 2 号，126(2009)）

は，6 つの脚とリング状の継鉄，ならびに 6 つの直流制御巻線と交流主巻線で構成される．同一線上の 2 つの脚には，それぞれ同一相の交流主巻線 N_u, N_v, N_w が図の矢印の方向に主磁束が流れるように施され，3 相デルタ結線される．一方，向かい合う 2 つの継鉄には，それぞれ直流制御巻線 N_1 が施され，交流磁束による誘起電圧を打ち消すように直列接続される．さらに，これら 3 組の制御巻線は並列に結線され，直流電源 V_{DC} に接続される．上記のような構成において，制御巻線に直流電流を流すと，共通磁路である継鉄が磁気飽和するため，可変インダクタとして動作する．

ここで交流電源電圧の実効値 V_{AC} を 200 V とした場合の実証試験結果および RNA による 3 次元解析結果を示す[40]．磁心の材質，形状，寸法などの仕様は図 4.74 に示したとおりである．図 4.75 に，3 相一体構造可変インダクタの無効

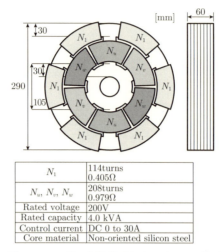

N_1	114turns 0.405Ω
N_u, N_v, N_w	208turns 0.979Ω
Rated voltage	200V
Rated capacity	4.0 kVA
Control current	DC 0 to 30A
Core material	Non-oriented silicon steel

図 **4.74** 3相一体構造可変インダクタの諸元
（出典：久田ほか：日本磁気学会誌，33巻2号，126(2009)）

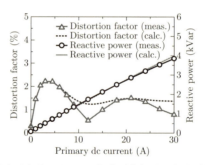

図 **4.75** 3相一体構造可変インダクタの無効電力と電流波形歪率（$V_{AC} = 200\,\mathrm{V_{rms}}$）
（出典：久田ほか：日本磁気学会誌，33巻2号，126(2009)）

電力制御特性および定格換算した出力電流波形ひずみ率を示す．ここでひずみ率は，可変インダクタにおいて高調波の主成分となる第5調波 I_2^{5th}，第7調波 I_2^{7th} の基本波 I_2^{1st} に対する割合を，次式により定格換算して求めたものであり，I_{2n} は主巻線電流の定格値，I_{2rms} は主巻線電流の実効値である．なお，3の倍数の高調波は主巻線をデルタ結線して還流させているため，出力電流には現れない．

$$\text{ひずみ率} = \frac{\sqrt{\left(I_2^{5th}\right)^2 + \left(I_2^{7th}\right)^2}}{I_2^{1st}} \times \frac{I_{2rms}}{I_{2n}} \times 100\, [\%] \tag{4.104}$$

無効電力制御特性について見てみると，無効電力を連続かつ線形に制御可能であること，実測値と計算値は良好に一致していることがわかる．このときの出力電流波形ひずみ率は全制御範囲で3%以下であり，電力系統への適用が可能であることがわかる．また，このときのRNAの算定結果は実験値と良好に対応しており，RNAが本可変インダクタの設計に有用であることがわかる．

第4章 演習問題

演習問題 4.1

図 4.76 において,コイルの幅が $\tau\,[\mathrm{m}]$,コイル長が $l\,[\mathrm{m}]$,コイルの巻数が N ターンである.コイルの鎖交磁束が z 方向には一様で,y 方向の磁束密度が $B(x,t) = B_m \cos\omega t \cdot \sin\left(\frac{\pi}{\tau}x\right)[\mathrm{T}]$ で与えられる.コイルが x 方向に速度 $v\,[\mathrm{m/s}]$ で移動したときのコイルの誘起起電力を求めよ.

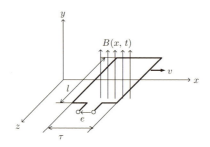

図 **4.76** 磁界中を移動するコイル

演習問題 4.2

図 4.77 のプランジャ形電磁石で,プランジャ P に働く力 $f\,[\mathrm{N}]$ を求めよ.ただし,ギャップ長は $x\,[\mathrm{m}]$,プランジャの断面積 $S\,[\mathrm{m}^2]$,コイルの電流 $i\,[\mathrm{A}]$,コイルの巻数 N ターンで,鉄心の透磁率は ∞,漏れ磁束は無視できるものとする.

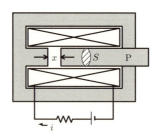

図 **4.77** プランジャ形電磁石

演習問題 4.3

図 4.29 の直流モータにおいて，回路ならびに機械的定数が以下で与えられる．$L_a = 0\,\mathrm{H}$, $r_a = 0.5\,\Omega$, $J = 1\,\mathrm{kg \cdot m^2}$, $r_f = 0.02\,\mathrm{N \cdot m \cdot s}$, $K_1\Phi = 1.8\,\mathrm{V/rad/s}$, $K_2\Phi = 1.8\,\mathrm{N \cdot m/A}$, $t = 0$ において $E_a = 100\,\mathrm{V}$ を印加したとき，モータのトルク $T_m\,[\mathrm{N \cdot m}]$ と回転数 $n\,[\mathrm{s}^{-1}]$ の時間変化を求めよ．ただし機械的負荷は接続されていないものとする．

参考文献

1. 宮入庄太：『大学講義 電気・機械エネルギー変換工学』，丸善（1987）．

2. 穴山 武：『エネルギー変換工学基礎論』，丸善（1992）．

3. 松木英敏：一ノ倉理：『電磁エネルギー変換工学』，朝倉書店（2010）．

4. エレクトリックマシーン＆パワーエレクトロニクス編纂委員会編：『エレクトリックマシーン＆パワーエレクトロニクス』，第 1 版第 2 刷，p.187，森北出版（2005）．

5. 武田洋次，松井信行，森本茂雄，本田幸夫：『埋込磁石同期モータの設計と制御』，オーム社（2001）．

6. 内藤治夫監修：『永久磁石（PM）モータ制御の基礎と応用』，トリケップス（2006）．

7. 見城尚志：『SR モータ』，日刊工業新聞社（2012）．

8. V. Karapetoff: The Magnetic Circuit, McGraw-Hill, New York, (1911).

9. R. Pohl: "The magnetic leakage of salient poles", *Journal of the Institution of Electrical Engineering*, Vol. 52, pp. 170-176 (1914).

10. G. R. Slemon: "Equivalent circuits for transformers and machines, including non-linear effect", *Proceeding of the IEE*, Vol. 100, pp. 129-143 (1953).

11. R. W. Kulterman and L. F. Mattson: "Computerized Analysis of Magnetically Coupled Electromechanical Systems", *IEEE Trans. Magn.*, Vol. 5,

pp. 519-524 (1969).

12. P. W. Tuinenga: A Guide to Circuit Simulation & Analysis Using PSpice, Prentice Hall, New Jersey, (1988).

13. 田島克文, 一ノ倉理, 加賀昭夫, 穴澤義久：「漏れ磁束を考慮した直交磁心の磁化特性の算定」, 日本応用磁気学会誌, Vol. 16, pp. 407-410 (1992).

14. 見城尚志, 永守重信：「新・ブラシレスモータ」, 総合電子出版社 (2000).

15. 松下悟史, 長尾寛己, 中村健二, 一ノ倉理：「SPICE のための分布巻 BLDCM の磁気回路モデル」, 日本応用磁気学会誌, Vol. 27, No. 4, pp. 538-542 (2003).

16. 鈴木邦彰, 中村健二, 一ノ倉理：「可変起磁力と可変磁気抵抗を用いた IPM モータの RNA モデル」, 日本磁気学会誌, Vol. 35, No. 3, pp. 281-284 (2011).

17. K. Nakamura, K. Kimura, O. Ichinokura: "Electromagnetic and motion coupled analysis for switched reluctance motor based on reluctance network analysis", *Journal of Magnetism and Magnetic Materials*, Vol. 290-291, pp. 1309-1312 (2005).

18. 中村健二, 田代敏彰, 一ノ倉理：「リラクタンスネットワーク解析に基づく磁気ギアの動特性算定」, 日本磁気学会誌, Vol. 32, No. 2-1, pp. 78-81 (2008).

19. Goeran Engdahl, Isaak D. Mayergoyz: "Handbook of Giant Magnetostrictive Materials", Academic Press (2000).

20. A. E. クラーク, 江田弘：『超磁歪材料マイクロシステム・アクチュエータへの応用』, 日刊工業新聞社（1995）.

21. 松井康浩：振動発電機, 特開 2009-296734

22. A. E. Clark, M.Wun-Fogle, J.b.Restorff: "Magnetostrictive Properties of Body-Centerd Cubic Fe-Ga and Fe-Ga-Al Alloy", *IEEE, Trans. Magn.*, Vol. 37, pp. 3238-3240, (2000).

23. A. E. Clark, M. Wun-Fogle, J. b. Restorff: "Magnetostrictive Properties of Galfenol alloys under compressive stress", *Materials Transaction*, Vol. 43,

pp. 881-886, (2002).

24. Rick A. Kellogg, Alan M. Russell, Thomas A. Lograsso, Alison B. Flatau, Arthur E. Clark, Marilyn Wun-Fogle: "Mechanical properties of magnetostrictive iron-gallium alloys", *Proc. SPIE* 5053, Smart Structures and Materials 2003: Active Materials: Behavior and Mechanics, 534 (2003).

25. Toshiyuki Ueno, Eric Summers, Marilyn Wun-Fogle, Toshiro Higuchi: "Micro-magnetostrictive vibrator using iron–gallium alloy", *Sensors and Actuators A-physical*, vol. 148, no. 1, pp. 280-284 (2008).

26. 上野敏幸，池畑芳雄，山田外史：発電素子および発電素子を備えた発電装置，特許 4905820

27. Toshiyuki Ueno: "Performance of improved magnetostrictive vibrational power generator, simple and high power output for practical applications" *J. Appl. Phys.* 117, 17A740 (2015).

28. Shota Kita, Toshiyuki Ueno and Sotoshi Yamada: "Improvement of force factor of magnetostrictive vibration power generator for high efficiency" *J. Appl. Phys.* 117, 17B508 (2015).

29. 八田茂之，上野敏幸，山田外史："磁歪式振動発電スイッチを用いた電池フリーリモコンの実用化に関する研究"，日本 AEM 学会誌，Vol. 23, 1, pp. 35-40, (2015).

30. F. Spinelli: "Electric Lighting and Conversion of Three-Phase into Single-Phase Currents of Triple Frequency", *The Electrician*, Vol. 70, 97 (1912).

31. P. P. Biringer: "Static Frequency Changers", *IEEE Trans. Magn.*, Vol. 5, 330 (1969).

32. E. F. Alexanderson: "A magnetic amplifiers for radio telephony", *Proceeding, I. R. E.*, 4, 101 (1916).

33. 蓮見孝雄：『鉄共振の活用』，オーム社（1952）．

34. S. D. Wanlass, et al: "The Paraformer", *IEEE Wescon Tech. Papers*,

Vol. 12, Part 2 (1968).

35. 小林，宮沢：「三相鉄共振による単相三相変換器」，電気学会非線形磁気応用研究会資料（1961）．

36. 一ノ倉理，菊地新喜，村上孝一：「直交磁心を主構成要素とするローカルエネルギー利用システム用 DC-AC 変換装置」，日本応用磁気学会誌，7 巻 2 号，135（1983）．

37. O. Ichinokura, K. Tajima, and T. Jinzenji: "A New Variable Inductor for VAR Compensation", *IEEE Trans. Magn.*, Vol. 29, 3225 (1993).

38. K. Tajima, A. Kaga, Y. Anazawa, and O. Ichinokura: "One Method for Calculating Flux-MMF Relationship of Orthogonal-Core", *IEEE Trans. Magn.*, Vol. 29, 3219 (1993).

39. 早川秀一，中村健二，赤塚重昭，葵木智之，川上峰夫，大日向敬，皆澤和男，一ノ倉理：「三次元磁気回路に基づく田磁路型可変インダクタの動作解析」，日本応用磁気学会誌，28 巻 3 号，425（2004）．

40. 久田周平，中村健二，有松健司，大日向敬，坂本邦夫，一ノ倉理：「3 相一体構造可変インダクタの実証試験」，日本磁気学会誌，33 巻 2 号，126（2009）．

第5章
電磁気応用非破壊検査

　本章では，電気・磁気現象を応用した非破壊検査について紹介する．非破壊検査とはその名のとおり，物を破壊することなくきずを検出し，また検出されたきずの評価を行う技術である．非破壊検査には原理の異なる各種手法が存在する．まず，非破壊検査に関する全体的な話として，非破壊検査の目的，各種非破壊検査技術，きずと欠陥について紹介する．次に，電磁気現象を利用した非破壊検査の代表例である，渦電流試験および磁粉探傷試験についてその原理と実際の適用について学習する．

5.1　非破壊検査とは

5.1.1　非破壊検査の目的

　JIS Z 2300 "非破壊検査用語" 非破壊検査において，「非破壊試験（NDT）」，「非破壊評価（NDE）」および「非破壊検査（NDI）」の各用語は，それぞれ以下のように定義されている[1]．

　「非破壊試験（nondestructive testing：NDT）」：素材又は製品を破壊せずに，品質又はきず，埋設物などの有無及びその存在位置，大きさ，形状，分布状態などを調べる試験．
　「非破壊評価（nondestructive evaluation：NDE）」：非破壊試験で得られた指示を，試験体の性質又は使用性能の面から総合的に解析・評価すること．
　「非破壊検査（nondestructive inspection：NDI）」：非破壊試験の結果から，規格などによる基準に従って合否を判定する方法．

　「非破壊試験（NDT）」とは，試験対象物の中に含まれるきずを検出するこ

264　第5章　電磁気応用非破壊検査

とを目的として，物理的な原理に基づく各種の試験手法のことを意味している．「非破壊評価（NDE）」とは，試験対象物が使用される条件を理解し，破壊力学的観点から，材料の安全性や寿命を算出し，材料の健全性を総合的に評価する行為を意味している．「非破壊検査（NDI）」とは，非破壊試験を実施することに加えて，その結果から定められた判定基準に基づいて評価を行い，試験対象物が使用可能かどうかの合否判定をする行為を意味している．

つまり，素材や製品を破壊せずにきずの有無，位置，大きさ，形状および分布状態などを試験し，その非破壊試験により検出された「きず」を，規格などの定められた評価基準に基づき評価し，試験対象物がその用途に耐え使用可能かどうかの合否判定を行うことが，非破壊検査の目的である．

非破壊検査では，微小なきずをいかに高感度に検出できるかが第一の目標である．次に，検出されたきずが構造強度上問題となるきず（欠陥）であるのかどうかを判断するため，きずの形状を定量的に評価することが第二の目標である．

5.1.2　非破壊検査の種類

非破壊検査には，種々の原理に基づく探傷検査手法が存在する．非破壊検査手法は，きずの検出（探傷）とひずみ測定（SM：strain measurement）の2種に大別される．きずの検出である探傷は，きずの発生後に検査する方法と，きずの発生過程において検査する方法に分けられる．きずの発生過程で検査する方法には，アコースティック・エミッション試験（AE：acoustic emission testing）がある．きずの発生後に検査する方法は，試験体の表面および表層部に存在するきずを対象とする検査法（目視検査，磁粉探傷試験，浸透探傷試験，渦電流試験）と，内部きずを対象とする検査法（放射線透過試験，超音波探傷試験）に分けられる．各種非破壊検査手法を以下に示す．

(1)　表面および表層部を対象とする検査法

a) 目視試験（VT：visual testing）

試験体の表面性状（形状，色，粗さ，きずの有無など）を，肉眼で直接的に，もしくはファイバースコープやビデオ内視鏡などの光学的補助器具を用いて間接的に，目視により観察する検査手法である．

b) 浸透探傷試験（PT：penetrant testing）

多孔質ではない試験体の表面に開口しているきずを対象として，きずに着色した液体を浸透させ，この液体を毛細管現象により表面に吸出し，きずの指示模様として検出する検査手法である．

c) 渦電流試験（ET：eddy current testing）

高周波電流を流したコイルを導体近傍に配置すると，導体中に渦電流が誘導される．このとき導体にきずが存在すると，きず部分で渦電流分布が乱される．この渦電流分布の乱れからコイルのインピーダンスや誘導起電力は変化する．コイルのインピーダンスもしくは誘導起電力の変化量を捉えることで，きずを検出する検査手法である．5.2節に詳しく記載する．

d) 磁粉探傷試験（MT：magnetic particle testing）

強磁性体を試験対象物とし，きずからの漏洩磁束と検出媒体である磁粉を用いて，きずの周囲に付着した磁粉模様を観察することで，きずを検出する検査手法である．5.3節に詳しく記載する．

(2) 内部きずを対象とする検査法

a) 放射線透過試験（RT：radiographic testing）

医療分野で用いられているレントゲン写真と同様の原理が用いられている．放射線として，X線またはγ線を用い，放射線の電離，蛍光，写真作用によりきず検出を行う．試験対象物の中に空壁などのきずがあると，この部分を透過する放射線の強さは，周囲の健全部よりも強くなる．この放射線の強さの変化をフィルムまたはイメージングプレートなどで可視化することで，きずを観察する検査手法である．

b) 超音波探傷試験（UT：ultrasonic testing）

試験体の表面に接触子を配置して試験体内部に超音波を伝搬させ，主として反射波によって，試験体の内部に存在するきずを検出する検査手法である．

(3) その他の非破壊検査法

a) ひずみ測定（SM：strain measurement）

一般に応力を直接測定することは難しいため，ひずみを測定し，弾性係数を

用いて応力に変換することが行われる．ひずみ測定は，通常ひずみゲージと呼ばれる素子を試験体表面に貼り付け，試験体とともに変形するひずみゲージの電気抵抗の変化を測定することで，ひずみを測定する．

b) アコースティック・エミッション試験（AE：Acoustic Emission Testing）

固体が変形または破壊するとき，解放される弾性エネルギーによって音（超音波）が発生する現象をアコースティック・エミッション（AE）という．AE試験はきずなどが進展するときに発生する弾性波を検出して，材料の研究，溶接などの製造管理および構造物の健全性評価を行う検査法である．

5.1.3 きずと欠陥

JIS Z 2300 "非破壊検査用語" 非破壊検査において，「きず（flaw）」と「欠陥（defect）」はそれぞれ以下のように定義されている[1]．

「きず（flaw）」：非破壊試験の結果から判断される不完全部又は不連続部[†8]
「欠陥（defect）」：規格，仕様書などで規定された判定基準を超え，不合格となるきず[†9]

つまり，非破壊検査により検出された試験体中の不連続部は「きず」と称され，検出されたきずの中で，規格や仕様書などで規定された判定基準を超え，不合格となったきずは「欠陥」と定義される．したがって，検査により発見されたきずがすべて欠陥とはならない．

5.2 渦電流試験

5.2.1 概要

飛行場で旅客機に乗るときに金属探知機のゲートを通った経験は誰でもしている．この探知機により，そこを通った人物が一定以上の大きさの金属を身につけていないことを担保することができる．金属探知機は電磁誘導の法則を応

[†8] きずには合格となるものと，不合格となるものとがある．
[†9] 総合した大きさ，形状，方向性，位置または特性が規定された合格基準を満足しない，1つまたはそれ以上のきずを指し，不合格とみなされる．

5.2 渦電流試験

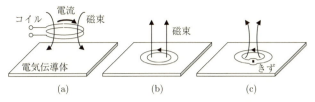

図 5.1 渦電流試験の原理

用したもので，この原理を金属などの電気を通す材料に応用した非破壊検査技術が，渦電流試験（eddy current testing）と言われている．1879年にデイビッド・エドワード・ヒューズ（David Edward Hughes）が，マイクロフォンのコイルにパルス電流を印加して材質判別をしたのが最初と言われている[2]．この手法は，金属部品の非破壊検査，金属材料に塗装された膜厚の測定，飛行機のリベット部の検査，化学・電力プラントの熱交換器の供用期間中検査等に幅広く用いられている．最近では，ロケットや飛行機の機体が炭素繊維で作られるようになり，その検査への適用も始まっている．この検査の特徴は，検査体とプローブが電磁気的にカップリングしていればよく，非接触で検査が行えるため，高速な検査ができることである．たとえば，鉄鋼プラントにおける鋼線の検査では毎秒数 m の検査が実施されている．

この手法の原理について簡単に説明する．コイルに時間変化する電流を流すと，図 5.1(a) に示すように時間変化する磁束が生じる．このとき，同図 (b) に示すように，コイルの磁束を妨げるような磁束を発生させる渦電流が電気伝導体の表面に生じる．この導体の表面に例えばきずのような不連続部があった場合，同図 (c) のように渦電流分布に変化が生じる．これにより渦電流によって発生する磁束が変化し，この磁束の変化がコイルのインピーダンスを変化させることになる．よって，コイルのインピーダンス変化を測定することで，きずの有無や材料の性状を知ることができる．この変化はきずだけではなく，導体の電気伝導率や透磁率の影響を受ける．強磁性体は結晶に応じた透磁率のムラが存在するため，これがノイズ信号として同時に検出される．このため，強磁性体に適用するには，別の磁化器で磁化させる，パルスを用いるなどの工夫が必要になる．図 5.2(a) に渦電流試験装置を示す．同図 (b) にあるように，変位

268　第5章　電磁気応用非破壊検査

(a) 渦電流試験装置

(b) 変位センサ

図 **5.2**　渦電流試験の応用製品

センサや近接スイッチなども同じ原理であり，数多く製品化されている．

本章では，最初に交流理論を用いて渦電流試験の原理を説明し，次に装置，応用例について説明する．

5.2.2　渦電流試験の原理
(1)　コイルのインピーダンス変化

コイルの重要なパラメータにインピーダンスがある．インピーダンス Z はレジスタンス R とリアクタンス X を用いてベクトルとして以下のように表される．j は虚数単位を表す．

$$Z = R + jX \tag{5.1}$$

理想的なコイルの X はインダクタンス L を用いて以下のように表される．

$$X = \omega L \tag{5.2}$$

ω は角周波数を表し，周波数 f を用いて以下のように表される．

$$\omega = 2\pi f \tag{5.3}$$

L はコイルの形状，巻数により決まる．

$$L = N \frac{d\phi}{dI} \tag{5.4}$$

N は巻数を，$d\phi$ はコイルを差交する磁束の変化量を，dI は電流の変化量を表す．異なるインピーダンスのコイルにおいて，同じ電流でも R が大きいほど発

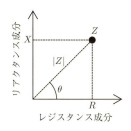

図 5.3 インピーダンス

熱し，L が大きいほど磁束を発生させることができる．

また，Z は振幅 $|Z|$ と位相 θ を使って以下のように表すこともできる．

$$Z = |Z| \angle \theta \tag{5.5}$$

このとき，R, X, L, Z および θ の関係は以下のようになる．

$$|Z| = \sqrt{R^2 + X^2} = \sqrt{R^2 + (\omega L)^2} \tag{5.6}$$

$$\theta = \tan^{-1}(X/R) \tag{5.7}$$

これらを用いて，横軸をレジスタンス成分，縦軸をリアクタンス成分とする複素平面で表すと，インピーダンスを図 5.3 のように示すことができる．

図 5.3 のように，コイルのインピーダンスは複素数表示になる．これを測定することはより複雑にはなるが，これは情報量が増えることでもあり，渦電流試験においてはこのインピーダンスの絶対値と位相の計測が非常に重要な役割をする．たとえば，銅板がコイルの近くにあり，それがインピーダンスに与える影響を複素平面で表すと，図 5.4 のようになる．コイル近くに銅板がない状態のインピーダンスを Z_0 とすると，コイルに銅板を近づけるとインピーダンスは Z_1 の方向に変化し，コイルが銅板に接するとそのインピーダンスは Z_1 になる．レジスタンス成分が増加するのは，コイルの磁束によって銅板に渦電流が生じるためである．この渦電流によって銅板は発熱し，すなわちコイルが仕事をすることになる．このとき，リアクタンス成分が減少するのは，その渦電流によってコイルを差交する磁束が減少することによる．つまり，式 (5.4) に示したとおり，インダクタンスはコイルを差交する磁束の変化量に比例するた

270   第5章 電磁気応用非破壊検査

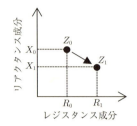

図 5.4　銅板の近接によるコイルのインピーダンス変化

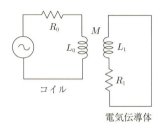

図 5.5　渦電流試験の等価回路

めである．

つまり，コイルと銅板の相互誘導によってコイルのインピーダンスが変化すると言える．これを等価回路で表すと図5.5になる．ここで，レジスタンスの変化分 ΔR，およびインダクタンスの変化分 ΔL は以下のように表せる[3), 4)]．

$$\Delta R = \frac{M^2 \omega^2 R_1}{R_1^2 + \omega^2 L_1^2} \tag{5.8}$$

$$\omega \Delta L = \frac{M^2 \omega^3 L_1}{R_1^2 + \omega^2 L_1^2} \tag{5.9}$$

$$\Delta R = \Delta \frac{R_1}{\omega L_1} \omega \Delta L \tag{5.10}$$

ここで M は相互インダクタンスを表し，コイルと電気伝導体の位置関係等により決まる．

図5.4に示したコイルのインピーダンス変化で重要なのは，振幅だけではなく位相も変化することである．図5.6はいくつかの金属をコイルに近づけた場合のコイルのインピーダンス変化を示している．鉄の場合，レジスタンス成分が増加するのは，鉄の表面の生じる渦電流による．つまり鉄が発熱しコイルが

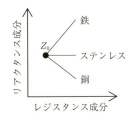

図 5.6　材料によるコイルのインピーダンス変化の違い

仕事をしていることによる．リアクタンス成分が増加するのは，鉄が強磁性体であることからコイルのインダクタンスを大きくしていることによる．これは鉄などの強磁性体は空気と比較して透磁率が高い，つまり同じ磁界において磁束密度を大きくする性質を持つからである．つまり，鉄に生じた渦電流による磁束の減少よりも，鉄が存在することによってコイルが発生させる磁束が大きくなる効果のほうが大きく，式 (5.4) に示すようにインダクタンスが大きくなることを示している．ステンレスの場合，渦電流が発生するのでレジスタンスは大きくなるが，銅よりも電気伝導率が低く発生する渦電流が小さい．また，透磁率は銅と同じように，空気と同じ真空の透磁率つまり比透磁率は 1 である．このため，コイルの磁束に与える影響は小さい．よって，リアクタンス成分の変化は銅や鉄に比べて小さい．

　このように，コイルのレジスタンスとリアクタンスの変化は，近づけた電気伝導体の電気伝導率と透磁率によって決まり，その変化は式 (5.7) に示すように位相の変化として表れる．したがって，位相に着目することで電気伝導率と透磁率による材料識別が可能になる．

　次に，平板の表面に生じたきずを探傷する場合を考える．表面にきずが存在する電気伝導体の板上でコイルを図 5.7(a) に示すように動かす．ただし，コイルの傾きは変化がなく，さらにコイルと板は常にリフトオフ（コイルと板との距離）が一定であるとする．このとき，コイルのインピーダンスは，きずに近づくと変化し，表面きずの直上でピークを取り，きずから離れることで元に戻る．図 5.7(b) に示す軌跡（表面きず）のように変化する．

　実際の操作においては，コイルは平行に保たれないこともあり，またリフト

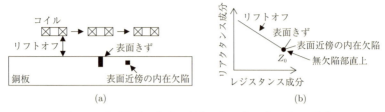

図 5.7 きずとリフトオフ変化によるインピーダンス変化

オフもある程度変化する．き裂の存在しない板上をコイルを垂直方向に動かすと，コイルのインピーダンスは図 5.7(b) に示す軌跡（リフトオフ）のように，きずを検出した信号とは異なる位相でインピーダンスが変化する．これをリフトオフ信号と言う．このリフトオフ信号は，き裂等を検出する場合，検出を阻害するノイズ信号となる．

板の表面近傍の内面に存在する欠陥を検出した場合は，リフトオフ信号や表面のきずの信号とは異なる位相を示す．ただし，表面よりは内面の方が渦電流は減衰しているので，検出された信号は小さくなる．つまり位相に着目することで，欠陥の深さなどを分別して判断することができる．

リベット部（図 5.8 参照）の検査にはこの技術が使われており，リフトオフ信号が複素平面の横軸方向に変化するよう位相を調整することで，検出信号の縦軸のみに着目することでリフトオフ信号をキャンセルし，リベット付近のきず信号を SN 比良く取り出している．飛行機には板を固定するために無数のリベットが使われている．機体内部が与圧されていて，高い高度を飛行する飛行機の場合は飛行のたびに機体が膨張と縮小を繰り返すことでリベット部に力がかかるため，リベット部にき裂が生じていないか検査することがとても重要である．

逆にリフトオフ信号に着目することで変位や塗装の厚さを測定することができ，そのような測定装置（図 5.2(b) 参照）も市販されている．

このように位相に着目し，検出信号から必要な情報のみを取り出すことができるのが渦電流試験の特徴の 1 つである．

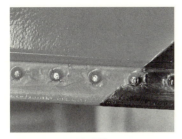
(a) 表側

(b) 裏側

図 5.8 航空機に使用されているリベット

(2) 周波数の選択

渦電流試験においては試験周波数の選択が重要となる．それは渦電流の表皮効果がかかわるからである．表皮効果について説明する．板に平行な交流磁界が加わっているとき，導体の電流密度 J は深さ δ に対して，次式のように減少する．

$$J = e^{-\delta/d}$$

ここで d を表皮の深さと定義し，電流が表面電流の $1/e$（約 0.37）になる深さであり，次のように計算される．

$d = \sqrt{\dfrac{2\rho}{\omega\mu}}$

$\rho =$ 導体の電気抵抗率

$\omega =$ 電流の角周波数 $= 2\pi \times$ 周波数

$\mu =$ 導体の透磁率

材質によって電気伝導率と透磁率は異なり，ステンレス，銅，鉄の表皮深さはこの式を用いて図 5.9 のようになる．たとえば 1 mm の板の表皮深さは，ステンレス，銅，鉄において，その周波数は 200 kHz，5 kHz，50 Hz となり，大きく異なることがわかる．

この表皮効果があるため，診断する材料に対して適切な周波数を選択することが重要である．きずの深さや貫通きずの有無および板の裏側のきずを診断したい場合，板の厚さを十分カバーできる低い周波数を選択する必要がある．周波数が高すぎると，表面のきずしか検出できない．逆に周波数が低すぎると，

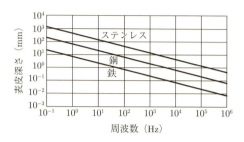

図 5.9　各材料における表皮効果

検出信号が小さくなる．これは，検出コイルの起電圧は磁束の時間微分に比例，つまり周波数に比例するためである．目的に対してこれらのトレードオフを考慮して選択するべきである．

　目的に応じて適切な周波数を選ばなければならないことを説明したが，使用する周波数に合ったプローブのコイルを選択することも重要である．具体的にはコイルを駆動する電源のインピーダンスとコイルのインピーダンスを整合させる必要がある．なぜなら，電源から最も大きなエネルギーを取り出すためには，電源の出力インピーダンスとコイルのインピーダンスをほぼ同じにする必要があるためである．

5.2.3　渦電流試験装置

　初期の渦電流試験はパルス状の電流を用いる装置が使われていたが，現在では連続波を用いる装置が一般的である．図 5.10 に示したのが，一般に使われている渦電流試験装置のブロック図である．装置の主要な要素は，試験周波数を発生する発信器，検出プローブのコイルを含むブリッジ回路，その出力を増幅する高周波増幅回路（プリアンプ），それに続く検波回路と表示回路から成り立っている．それぞれの主要な回路について説明をする．

(1)　ブリッジ回路

　検査の対象となるきずなどによるコイルのインピーダンス変化は，元々のコイルのインピーダンスに対してきわめて小さい変化である．たとえばコイルの

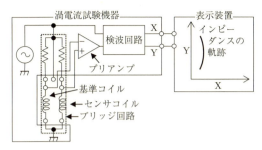

図 5.10 装置構成

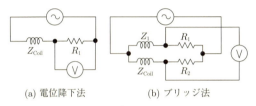

(a) 電位降下法　　(b) ブリッジ法

図 5.11 インピーダンスの測定方法

インピーダンスの変化分の 0.01％まで測定したい場合は，5 桁の有効桁を得る必要がある．さまざまな外乱が加算された検出信号においてそのような桁数まで正確さを確保するのは困難である．一方で，渦電流試験においてはコイルのインピーダンスの変化分が重要である．よって，ブリッジ回路を用いるのが一般的である．

図 5.11(a) は電位降下法の測定回路を示している．電源電圧と既知の抵抗の電圧から得られたコイルに流れる電流によりコイルのインピーダンスを求めることができる．この場合，電源電圧と電流を 5 桁の有効桁で測定するのは困難である．図 5.11(b) はコイルのインピーダンスの変化分だけを出力するブリッジ回路である．$Z_1 : R_1 = Z_{\text{Coil}} : R_2$ のとき，ブリッジ電圧は 0 V である．この状態から Z_{Coil} が変化すると，ブリッジ電圧も変化する．この変化は Z_{Coil} の変化分 ΔZ_{Coil} のみが比例する．つまりコイルのインピーダンスの変化分を 0.01％まで測定したい場合は，3 桁の有効桁があれば十分である．このように，インピーダンスの変化分を得たい場合は，ブリッジ回路が有効である．

(2) 検波回路

コイルはその性質上，周囲の磁界をすべて検出してしまう．たとえば，電源や他の機器から発生する磁束がコイルを差交することがありえる．これらの影響を軽減するため，コイルの周波数成分のみを取り出す同期検波が用いられている．この手法について説明する．

測定波形 $v(t)$ は次式で与えられるとする．このとき ω は励磁角周波数であり，コイルが受けた他の機器等からの影響を $\mathrm{Noise}(t)$ とする．

$$v(t) = A\sin(\omega t + \theta) + \mathrm{Noise}(t) \tag{5.11}$$

ここで測定信号として必要な値は，信号の絶対値 A および位相 θ であり，$v(t)$ からこれらを取り出すことを目標とする．式 (5.11) にコイルの励磁周波数に等しい $\sin(\omega t)$ と $\cos(\omega t)$ を掛けると次式が得られる．

$$\begin{aligned}
x(t) &= \sin\omega t \cdot v(t) \\
&= \sin\omega t \{A\sin(\omega t + \theta) + \mathrm{Noise}(t)\} \\
&= \frac{A}{2}\{\cos(\omega t - \omega t - \theta) - \cos(\omega t + \omega t + \theta)\} + \sin\omega t \cdot \mathrm{Noise}(t) \\
&= \frac{A}{2}\cos\theta - \frac{A}{2}\cos(2\omega t + \theta) + \sin\omega t \cdot \mathrm{Noise}(t)
\end{aligned} \tag{5.12}$$

$$\begin{aligned}
y(t) &= \cos\omega t \cdot v(t) \\
&= \cos\omega t \{A\sin(\omega t + \theta) + \mathrm{Noise}(t)\} \\
&= \frac{A}{2}\{-\sin(\omega t - \omega t - \theta) + \sin(\omega t + \omega t + \theta)\} + \cos\omega t \cdot \mathrm{Noise}(t) \\
&= \frac{A}{2}\sin\theta + \frac{A}{2}\sin(2\omega t + \theta) + \cos\omega t \cdot \mathrm{Noise}(t)
\end{aligned} \tag{5.13}$$

式 (5.12), (5.13) の第 2, 3 項は時間 t の関数である．ω の周波数成分より十分低い周波数をカットオフ周波数とするローパスフィルタを通すことで，第 2, 3 項は 0 とすることができる．一方で第 1 項は定数つまり直流であり，ローパスフィルタを通すことで減衰しない．よって式 (5.12), (5.13) をローパスフィルタに通した結果を X, Y とすると，次式で表現できる．

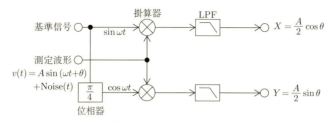

図 **5.12** 同期検波

$$X = \frac{A}{2}\cos\theta \tag{5.14}$$

$$Y = \frac{A}{2}\sin\theta \tag{5.15}$$

また，式 (5.14)，(5.15) から，以下のように A, θ を求めることができる．

$$A = 2\sqrt{X^2 + Y^2} \tag{5.16}$$

$$\theta = \tan^{-1}(Y/X) \tag{5.17}$$

以上の流れを回路図で表したものが図 5.12 である．これが渦電流試験器から出力される．この後に続く，表示回路はこの X 信号と Y 信号を直交（ベクトル）表示したものである．この表示回路は位相を任意に回転できるようになっている．回転できることにより，リフトオフノイズを水平軸にして，そのときの垂直軸のみを観察することによりきずを検出できるように設定することができる．

(3) プローブの種類

渦電流試験では用途に応じてさまざまなプローブが提案されている．プローブは目的の試験体の形状に合わせて，平板プローブ，同軸プローブ，部品形状に合わせた特殊プローブに分けることができる．

平板プローブは，平板の上面をプローブを移動させながら，表面および表面近傍のきずを検出するために用いられる．平面プローブの例を挙げると，構造物の溶接部の検査，鉄鋼ラインの板製品の高速な検査（毎秒数メートル），発電用原子炉内のシュラウド（炉内の水循環のための円筒状の構造物）の検査など

である．溶接部の検査では，溶接部の組織が母材と異なるため，溶接部そのものがノイズ信号となる．その影響を受けないようにプローブのコイルの形状および配置を工夫している．鉄鋼ラインの平板の検査では，高速に移動する鋼板全面を検査するため，プローブを並列に並べたマルチプローブが用いられている．原子炉内の検査は，従来カメラを用いた目視検査が行われてきたが，スペースが狭く，水中で行うため難しい検査であった．ここにマルチプローブが適用されている．このプローブは小型で放射線にも強いため目視検査に代る手法として使われている．このようにマルチプローブの応用は広い分野で注目されている．

同軸プローブは，管の内部から検査する内挿プローブと棒状の製品をその外側から検査する貫通プローブと呼ばれるものに大別できる．内挿プローブは，化学・発電プラント等の熱交換器の検査に用いられている．熱交換器は，管内の液体と外面の冷却水などの熱交換を行うまたは蒸気を発生させたりするものであるが，管内外の温度差，圧力，使用される液体の腐食性などにより腐食や割れが生じる．もし管が割れて貫通すると，液体によっては爆発事故につながることもあり，これを定期的に検査して安全性を確保するために有用な手法である．

貫通プローブは，管や棒状の材料の外表面の検査に用いる．例としては，鉄鋼製品であるバネに使用される鋼棒の検査に用いられる．車などに用いられるスプリングバネ材の表面にきずが存在すると，繰り返し使用することで疲労亀裂が進展し，事故につながる．毎秒数 m で移動する棒鋼の表面のきずを検出することができる．

特殊プローブとしては，部品の形状に合わせたプローブがある．検査が必要な部位の製品の形状に合わせたコイルを用いてプローブを設計する．代表的なものは，飛行機のリベット穴やギヤの歯の検査である．そのほかに，特殊なプローブとして，強磁性管に適用する場合には，磁化させて検査するために永久磁石を組み込んだプローブが用いられる．渦電流試験のメリットは，電磁気的にカップリングすれば検査ができることであり，コイルや磁性材（フェライトなど）を任意の形状にして，自由度が高い設計ができることである．

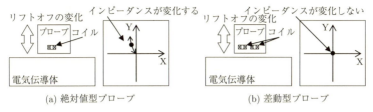

図 **5.13** 平面用プローブにおけるリフトオフ信号

(4) プローブの特性

プローブの特性上,絶対値型プローブと差動型プローブに大別できる.図 5.13 にその構造を示す.絶対値型プローブは,基本的にプローブの中にコイルが 1 つだけである.一方,差動型プローブはコイルを平行に並べて,その差動信号を測定する.それぞれのプローブの違いを説明する.プローブが試験体の垂直方向に移動する場合,絶対値型プローブは,リフトオフ(プローブと試験体表面とのギャップ)の変化に対して反応するが,差動コイルは,センサが垂直に移動しても,それぞれのコイルと試験体の相対位置により同じように変化するため,それらの差動を取った信号は変化しない.この性質を用いて,絶対値プローブは距離の測定や塗装の厚さを測定でき,さらに応用として板厚および材質の診断ができる.また,プローブまたは試験体を高速で移動しながら測定するには,プローブの振動の影響を受けにくい差動型プローブが用いられる.

次にプローブの検出特性について説明する.図 5.14 は平板用差動型プローブを移動して,きずを検出するときの特性を示している.きずのない平板上で,ブリッジのバランスを取り信号をゼロにする(一番上の図).プローブをきず方向へ移動すると,最初に図の右のコイルが表面きずに近づく.そのときに,出力されたリサージュ波形(ベクトル軌跡)の第 4 象限に信号軌跡が移動する.さらに,2 つのコイルの中央まで移動すると,それぞれのコイルはきずを捕えているがその差動を出力しているため,信号はゼロになる.このとき,同じ軌跡を通らないのは,きずに近づくときは右のコイルのみが反応するが,コイル間の中央に移動するときは両者のコイルがきずを捕え,その差を出力するためである.さらにプローブがきずを通り過ぎると,左のコイルがきずを捕えるので,信号は第 2 象限へと移動し,結果的に 8 の字の軌跡を描く.

280 第 5 章 電磁気応用非破壊検査

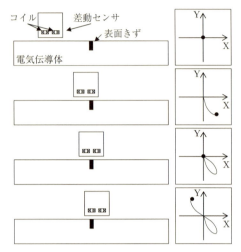

図 5.14 平面用差動プローブ

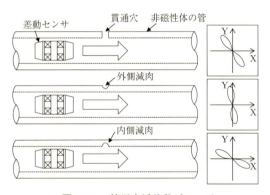

図 5.15 管用内挿差動プローブ

　同様に，管内挿用の差動型プローブの特性を見てみよう．きずがあると 8 の字型を描く軌跡で検出されるのは平板用プローブと同じである．図 5.15 は上から貫通穴，外面減肉そして内面減肉を検出した例を示す．それぞれの検出信号を右のリサージュ波形に示している．内面および外面減肉が計測できる最適な試験周波数を選択し，貫通穴の検出信号の位相を第 2 象限の 135° に合わせると，外面減肉は 0 から 135° の範囲で，そして内面減肉は 135 から 180° の範囲

に検出した位相が表示される．このときの減肉の体積が大きいと，この8の字のリサージュ波形の絶対値が大きく，また減肉の深さが深いほど135°に近づく．位相が135°に近いときは，減肉が深いか貫通していると判断できる．逆に浅いときは，位相は0か180°に近くなる．このように，信号の位相からそのきずの性状（内面，貫通，外面の減肉）を知ることができるのがこの手法の特徴である．

5.2.4 応用例
(1) 多重周波数法

熱交換器の構造を図5.16に示す．熱交換器は，多数の伝熱管とそれを支える支持板で構成されている．伝熱管の内側と外側の媒質の熱エネルギーを交換することで，化学反応や蒸気を発生させることができる．この支持板と管のすきまにスケールが蓄積し，それが腐食を発生する原因になる．この部分の減肉を管内部からプローブを挿入して測定すると，減肉信号も計測されるが，それ以上に支持板の信号が大きく計測される．このため一般の渦電流試験器ではこの減肉を評価できない．

このようなときに使われるのが，多重周波数法である．この手法は，管外面減

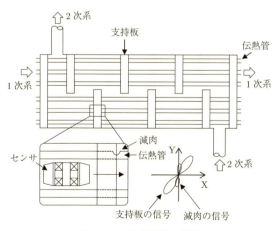

図 5.16 熱交換器の構造

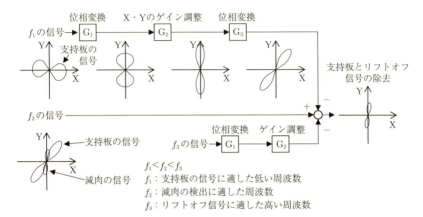

図 5.17 多重周波数法による雑音の除去

肉を測定できる最適な周波数と，それより低い周波数で渦電流試験を同時に行う．この低い周波数による試験では，外側の支持板がより感度が高くなる．この2つの周波数で検出したそれぞれのリサージュ波形は，支持板を検出した波形が絶対値も位相も異なる．これを支持板の信号が同じ波形になるように，ゲインと位相を調整し，引き算すると，支持板信号が消え，減肉信号だけが計測できる．これはそれぞれの周波数の位相検波したX, Y信号をアナログ的に処理すればよい．また，プローブが管の中を高速に移動するときに生じるプローブの振動によるガタ信号は，基準の周波数よりも高い周波数を用いて同様な処理をすれば，消すことができる（図 5.17 参照）．このように3つの周波数を同時に加える手法は3周波多重試験と呼ばれる．このときに加えられる励磁波形は，図 5.18 に示すような3周波数を合成した波形になる．しかし，5.2.3(2) 項で説明したように，それぞれの周波数で検波すれば，その周波数成分のみの信号が取り出すことができる．

　熱交換器一基当たりの伝熱管の数は数百から数千本あり，原子力発電所では，総延長が100 km を超えることがある．この検査は，この多重法を使った渦電流試験で10日程度で行うことができる．これは化学プラントでも同様で，検査漏れがあると大きな事故につながる可能性もあり重要な検査となっている．

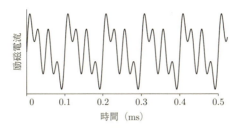

図 5.18 10 kHz と 20 kHz と 40 kHz を加算した励磁波形

(2) パルス渦電流試験

一般的な渦電流試験の場合は，励磁に数十 mA，数 kHz〜数百 kHz の連続波を用いる．パルス渦電流試験の場合は，その名称が示すとおりパルス状の励磁電流を用い，検出波形を時間軸で評価する．パルスのような瞬間的な励磁は一般的な渦電流試験と比較して時間当たりの励磁エネルギーを大きくすることができるので，一般的に大きな検出信号が得られる．発生させるパルス波形はコンデンサバンクなどを用いたインパルス波や，スイッチング素子を用いた方形波（図 5.19）がある．前者は比較的高い周波数成分を，後者は低い周波数成分を必要とするときに使われる．図 5.20 は励磁波形に方形波を用いたときの十分な増幅をした後のパルス立下がり部の検出波形である．方形波の立下がりを 0 sec としている．検出波形が指数的に減衰していることがわかる．これは方形波が ON のときに板内に入り込んだ磁束が，方形波が立ち下がってゼロになった瞬間から，板内から抜け出そうとするが，それを閉じ込めようとする渦電流の働きでこの減衰の遅れを生じさせる．このため厚い板の方が立下がりに遅れ

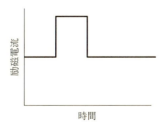

図 5.19 パルス渦電流試験における励磁電流の例

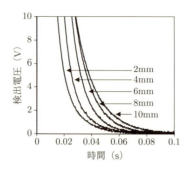

図 5.20　パルス渦電流試験における検出波形の例

が出る．図に書かれている数値は，鉄板の厚さを 2 から 10 mm まで変化させたときの信号である．板厚が厚い方が減衰に遅れが見られる．この図で 10 V くらいに閾値を設ければ 5 mm 以下の板厚が，また 2 V くらいに閾値を設ければ 10 mm ぐらいまで鉄板の厚さが測定できることがわかる．鉄板 10 mm の表皮厚さは約 0.5 Hz であり，一般の渦電流試験は適用できない．そのため，高い周波数を用いる渦電流試験が主に表面近傍のきず検査に用いられるのに対して，パルス渦電流試験は高リフトオフ環境や深部の探傷に用いられる．また，ほぼ同等の技術が金属探知や地下探査の分野で用いられている．

(3)　リモートフィールド渦電流試験

図 5.21 は，鉄鋼管の内外面減肉検査を対象としたリモートフィールド用のプローブの例を示している．特徴として，励磁コイルと検出コイルが離れている．内面減肉も外面減肉も同程度の感度で検出できるのが特徴である．

励磁コイルの作る磁界は管内と管外に伝搬する．管内に伝搬する管内磁束（ダイレクトフィールド）は，管の周方向に発生する渦電流により，励磁コイルから離れると極端に減衰する．一方，管外に伝搬する磁場は，管外に出るだけで渦電流により 1 桁以上減衰するが，管外に出た磁束は管に沿って伝搬し，空間では大きな減衰はない．この管内外の磁束密度の様子を図 5.22 に示す．図中に示した D は管径を示し，2D とは管径の倍の距離である．ここで 2D を超えると，管内の磁束の傾きが変化しているが，これは管内の磁束が小さく（図中の

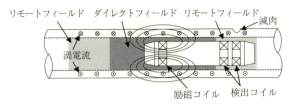

図 5.21 リモートフィールド渦電流試験の原理

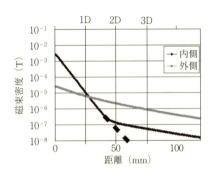

図 5.22 リモートフィールド渦電流試験における管内外の磁束密度

破線)，管外の磁束の方が大きいため，管外から管内に磁束が侵入してくる様子を示している．このため，この領域では管の外面および内面の減肉が計測できる．石油精製プラントでは熱交換器に鉄鋼管が多く用いられ，この検査手法が用いられている．

強磁性体の検査にはこの手法のほかに，渦電流プローブと磁石を組み合わせた磁気飽和プローブなどがある．

5.3 磁粉探傷試験

鋼板，鋼管，棒鋼，鋳鍛鋼品および機械加工された機械部品など，鉄鋼材料の保守検査や製品検査において磁粉探傷試験が産業界において広く用いられている．この磁粉探傷試験は，強磁性体である鉄鋼材料の表面きずを，磁気（漏洩磁束）と強磁性体の微粒子（以下磁粉という）を用いて検出する非破壊検査手法である．

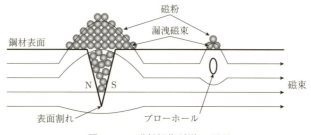

図 5.23 磁粉探傷試験の原理

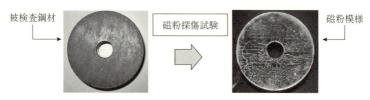

図 5.24 鋼材に発生したきずの磁粉模様

5.3.1 磁粉探傷試験の基礎と原理

強磁性鋼材に磁界を加え磁化したとき，材料中にきずが存在すると磁束はきずを迂回して分布し，その一部は外部空間に漏洩する．ここに磁粉を散布すると，図 5.23 のように漏洩磁束により磁粉が磁化し，磁粉はきず部分に生じた磁極にきずよりも広範囲に付着する．磁粉探傷試験では，このきずに付着した磁粉模様を視覚的に観察することで，図 5.24 のような肉眼で観測できない非常に微小なきずを発見することができる．したがって，磁粉探傷試験は磁化することのできる被検査体，つまり強磁性体の非破壊試験にのみ適用でき，非磁性体の試験には適用できない．きずによる磁粉模様（以下単に磁粉模様という）の幅はきず幅よりも広い範囲に形成されるので，試験体表面に存在する極微小なきずでも検出できることを特徴とする検査手法であり，表 5.1 に示すような多種多様な産業分野において適用されている．ただし，探傷結果を基にしたきずのサイズ（深さや幅など）を 3 次元的に定量的評価することは困難とされており，きずの有無の判別と試験体表面でのきずの位置，おおまかな表面分布形状に関する情報を得る探傷手法である．

磁粉探傷試験におけるきずの検出性能は，きずの性状，試験体の磁気特性およ

表 5.1 磁粉探傷試験の適用例

分野	適用例
鉄鋼・金属	鋼管，鋳造・鍛造品，厚板等の鉄鋼製品の探傷，圧延ロールの探傷など
輸送機械	クランクシャフト・カムシャフト・ハブ等の自動車用部品の探傷，航空機部品の探傷，鉄道・遊具の車両・車軸・台車等の探傷など
電力・ガス・石油プラント	石油タンクの底板・溶接部の探傷，発電用タービンシャフト・軸受け等の探傷，ポンプ・バルブ・配管の探傷など
機械部品	ベアリング・バルブ・ボルト等の探傷，建設機械等の探傷など
電気・エレクトロニクス	碍子キャップの探傷など

び表面状態，探傷試験の各種試験条件，検査員の技量により決定される．したがって，検出されるべききずに適応する試験条件を設定することが重要となる．

5.3.2 試験体およびきずの種類

(1) 試験体の磁気特性および表面状態

a) 磁気特性

　試験体の磁気特性は，試験体の種類や熱処理状態に影響を受ける．つまり，同一磁化条件下での試験体の磁化を考えた場合，試験体の磁気特性によりその磁化状態は変化する．したがって，試験体の種類や熱処理状態を十分考慮し，適切な磁化条件を決定する必要がある．図 5.25 に各種構造用炭素鋼の BH 曲線の例，表 5.2 に各種鋼材の磁気特性の例を示す[5]．

　ここで，図 5.26 に示す BH 曲線の磁気特性を持つ 2 種類の鋼材において，きずから漏洩する磁束密度について，有限要素法を用いた数値解析を行い評価した例を示す．鋼材は，一般構造用圧延鋼材 SS400 の熱処理なし（以下「生材」と記す）と，機械構造用炭素鋼 S45C の焼き入れ材を対象とした．SS400 生材の BH 曲線は立ち上がりが急峻であり，S45C の焼き入れ材に比べて透磁率 $\mu\ (\mu = B/H)$ が高いことがわかる．

　図 5.27 にきずからの漏洩磁束密度の解析結果を示す．鋼材の磁化は 60 Hz の交流磁化とした．両鋼材の板厚は 3 mm とし，長さ 6 mm，深さ 100 μm，幅

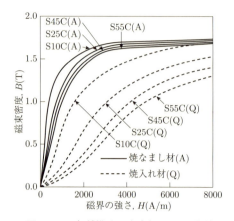

図 5.25 各種構造用炭素鋼の BH 曲線
（出典：日本非破壊検査協会『磁粉探傷試験』，II p.12）

表 5.2 各種鋼材の磁気特性

鋼 種[1)		飽和磁束密度 (T)	飽和磁界 (A/m)[2)	残留磁束密度 (T)	最大比透磁率	保磁力 (A/m)
炭素鋼	S10C (A)	1.70	4,000	1.00	2,200	175
	S25C (A)	1.70	4,000	1.24	1,250	240
	S35C (A)	1.70	4,000	1.19	1,150	430
	S35C (Q)	1.70	8,000	1.13	250	2,870
	S45C (A)	1.68	4,000	1.26	1,000	600
	S45C (Q)	1.68	8,000	1.22	200	3,340
	S55C (A)	1.66	4,000	1.22	900	640
	S55C (Q)	1.66	8,000	1.02	170	3,580
構造用鋼	SC46 (T)	1.60	4,000	1.00	1,400	200
	SC49 (T)	1.60	4,000	1.35	1,000	360
	SCM4 (R)	1.40	8,000	0.86	260	1,430
	SC42 (A)	1.60	8,000	0.80	1,200	280
その他鋼	SUJ2 (A)	1.60	12,000	1.23	700	955
	SK3 (A)	1.60	8,000	1.22	730	800
	SK3 (Q)	1.60	16,000	0.70	230	3,500
	SKH3 (T)	1.00	4,000	0.78	340	1,110

[1) (A)：焼なまし，(Q)：焼入れ，(T)：焼入れ・焼戻し，(R)：冷間仕上げ
[2) 飽和に必要な磁界の強さの目安値

（出典：日本非破壊検査協会『磁粉探傷試験』，II p.12）

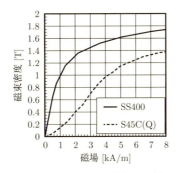

図 5.26 SS400 生材と S45C 焼き入れ材の BH 曲線

$10\,\mu m$ のきずを設け，鋼材表面に対して水平方向成分の漏洩磁束密度（最大値）を評価した．鋼材の磁気特性の違いにより，きずからの漏洩磁束密度の大きさが変わることがわかる．(a) の鋼材板厚方向における平均磁束密度を一定とした条件では，透磁率の高い鋼材の磁気抵抗は小さいため，きず部において鋼材中（きず下部およびきず端部）を迂回する磁束が多くなる．したがって，透磁率の低い S45C（焼き入れ）の方が漏洩磁束密度は大きい．(b) の印加磁界を一定とした条件においては，低い磁界領域では，透磁率の低い S45C は十分に磁化されておらず，鋼材中の磁束密度は小さいため，きずからの漏洩磁束密度も小さい．磁界が強くなると S45C も強く磁化するため，SS400 よりも多くの漏洩磁束密度が生じることが確認できる．

b) 表面状態

試験体の表面状態により表面近傍の磁化強度が変化したり，検出媒体である磁粉のバックグラウンドへの溜りが生じ，磁粉模様とのコントラストが悪くなったりする．また，試験鋼材に塗料が塗布されている場合も，磁化器とのギャップが生じて磁化強度が弱くなることや，磁粉模様が試験鋼材から距離を隔てた塗膜上に形成されることになるため，探傷面における漏洩磁束密度が弱くなり（図 5.36 参照），明瞭な磁粉模様が得られない場合もあり注意を要する．

したがって，試験体の種類，熱処理状態および表面状態により，試験対象にできるきず寸法は異なるものになる．

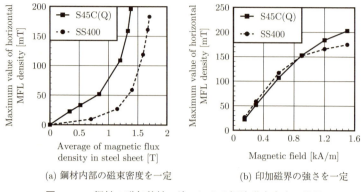

図 **5.27** 鋼材の磁気特性の違いによる漏洩磁束密度の比較

(2) きずの性状

磁粉探傷試験において，磁粉はきずからの漏洩磁束による磁気力（吸引力）を起因として，きず周辺部に付着する．この磁気力 F は，きず上の空間に漏洩した磁界の強さ H とその勾配（傾き）の積 ($H \cdot \mathrm{grad}H$)，磁粉の体積 V，磁粉の透磁率 μ にそれぞれ比例し，$F \propto V\mu H \cdot \mathrm{grad}H$ と表せる．したがって，きずの性状（きずの位置，形状，寸法）により漏洩磁束密度の強さと勾配が変化すると，磁粉探傷試験の探傷結果である磁粉模様の形成に大きく影響する．

a) きずの位置

きずの存在する位置が試験体の表面から深いほど，試験体表面上に漏洩する磁束密度は小さくなるため，きずへの付着磁粉量は少なくなる．また磁束の漏洩する範囲も広範囲となるため，バックグラウンドとの境目がわかりづらい不明瞭な磁粉模様となる．したがって，磁粉探傷試験で対象とするきずは，試験体表面に開口したきずや表面に近い位置のきずとなり，試験体の内部きずや裏面きずの検出も行う場合は，他の探傷試験法（超音波探傷試験や放射線透過試験など）の併用も検討する必要がある．

b) きずの形状

割れなどの線状きずであり，磁化の方向がきずの長手方向と直交する状態では漏洩磁束密度が大きくなり，また変化割合が大きくシャープな分布となるため，鮮明な磁粉模様が形成される．しかし，ピンホールやブローホールなどの

小さな穴状のきずは漏洩磁束密度が小さく，明瞭な磁粉模様が形成されにくい．

c) きずの寸法

磁粉探傷試験では，きずの周辺に形成する磁粉模様ときず以外の部分のバックグラウンドとの差（コントラスト）を用いて視覚的にきずを検出する．したがって，浅いきずや長さの短いきずにおいては鮮明な磁粉模様が形成されず，バックグラウンドに汚れとして残留する磁粉と，きずに形成する磁粉模様との区別が困難となる．また，幅の広いきずも漏洩磁束が広範囲に分布することから，バックグラウンドとのコントラストが悪くなり，磁粉模様の判別が困難となる場合がある．試験体の種類，熱処理状態および表面状態などにより，磁粉探傷試験の対象とできるきず寸法は異なるが，きず深さが 0.1 mm 以上，長さ 2 mm 以上のきずであれば鮮明な磁粉模様が形成し，良好にきずが検出できるとされている．きず幅においては，0.1 mm 以下が一般的に対象となる．

きず周辺部における漏洩磁束密度の 3 方向成分（B_X, B_Y, B_Z）を，ホール素子を用いて測定した例を図 5.28～図 5.30 に示す[6,7]．冷間圧延鋼板 SPCC の表面に，きずの長さを 6 mm，幅を 100 μm 一定とし，きず深さが 43, 92, 480 μm と異なる人工きずを，放電加工により加工した試験体を作製した．試験体の磁化は極間法で行い，磁化コイルの巻き数は 820 ターン，励磁電流は周波数 60 Hz の 2.25 A_{rms}（100 V_{rms} 印加時の電流）とした．各図において，磁束密度が最大となる位相での結果を示した．きずの幅方向を X，長手方向を Y とし，きずの中心を原点とした．X 方向はきずを中心に 6 mm（±3 mm），Y 方向はきずの中心から上半分（3 mm）を含む 6 mm を測定範囲とした．ホール素子の配置の都合上，素子と試験鋼板とのギャップ（リフトオフ）は，X と Y 方向を 1.6 mm，Z 方向を 0.4 mm とした．ここでは，きずからの漏洩磁束密度のみを評価するため，きずのない状態において鋼板上の空間の磁束密度を測定し，きずの存在する状態での測定結果からきずのない状態の結果を減算した．各図においてきずの位置を破線で示した．

図 5.28，図 5.29 のきず深さ 43 μm および 92 μm の試験体では，鋼板表面に垂直方向の漏洩磁束密度 B_Z は観測されるものの，水平方向の B_X, B_Y は値が小さいため，ノイズに埋もれ観測されない．鮮明に観測される B_Z の分布では，きずの長手方向にきずを挟み込むように正負の磁束密度分布となる．ここで，

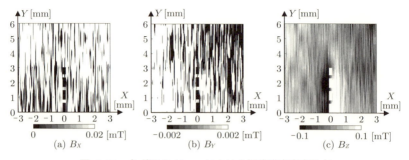

図 5.28　きず深さ 43 μm における漏洩磁束密度分布

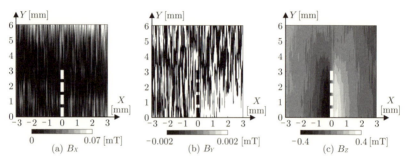

図 5.29　きず深さ 92 μm における漏洩磁束密度分布

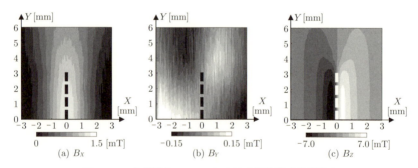

図 5.30　きず深さ 480 μm における漏洩磁束密度分布

B_Z 方向のみが観測されたのは，Z 方向のホール素子のリフトオフが X，Y 方向より小さく，鋼板に近い位置での磁束密度が観測されているためである．

図 5.30 のきず深さが 480 μm の試験体では，全方向の漏洩磁束密度が観測さ

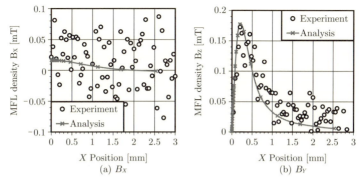

図 5.31　きず深さ 43 μm における漏洩磁束密度の線分布

れる．きずの長手方向に垂直で，鋼板表面に水平な成分の B_X は，きずの中央部で最大となる．きずの長手方向に平行で鋼板表面に水平な成分の B_Y では，きずの長手方向にきず部を迂回する磁束が鋼板中に生じ，その磁束が漏洩することにより，きずの端部において，きずの両側に正負の漏洩磁束密度が観測される．また，各きず深さでの B_Z を比較すると，きずが深くなるほど増加する．

水平成分を測定するホール素子を鋼板表面近傍に配置することは難しく，一般的に微小きずからの漏洩磁束密度 B_X, B_Y を磁気計測により評価するのは困難である．そこで，有限要素法を用いた数値解析により，微量な漏洩磁束密度を評価した例を図 5.31〜図 5.33 に示す[6,7]．解析における磁化器，試験鋼板，きずの形状および励磁電流は，前述の実験と同じ条件に設定している．試験鋼板，磁化器およびきずのそれぞれの中央面に境界条件を設けて，きず中心から右側の 1/2 形状の解析モデルとした．きずの長手方向の中央（$Y = 0\,\mathrm{mm}$）において，きずの幅方向の中心を 0 mm とし，きずの幅方向（X 方向）に 3 mm の間を評価した．評価ポジションを横軸とし，きずのエッジは 0.05 mm（きず幅：0.1 mm）に位置する．実験結果は図 5.28〜図 5.30 の面分布から，解析結果と同位置での線分布を抽出して，解析結果とともに示した．

図 5.31〜図 5.33 より，実験では観測できなかった微小きずからの漏洩磁束密度を評価できていることがわかる．B_X 成分はきず幅の中央部でピークになり，深いきずほどその値は大きくなる．しかし，各きずにおいて，B_X は $X = 2.5\,\mathrm{mm}$

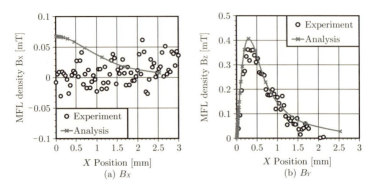

図 5.32 きず深さ $92\,\mu\mathrm{m}$ における漏洩磁束密度の線分布

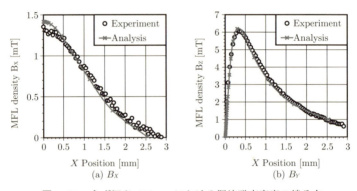

図 5.33 きず深さ $480\,\mu\mathrm{m}$ における漏洩磁束密度の線分布

の位置から立ち上がり始め，きずの深さによる差はない．つまり，その分布形状を比較すると，深いきずほど傾きが急峻となることが確認される．次に，B_Z 成分に着目すると，きずのエッジ（$X = 0.05\,\mathrm{mm}$）から少し離れた位置でピークとなり，深いきずほどその値は大きくなることがわかる．B_Z の分布形状は，きずが浅いほど細くシャープな分布となる．つまり，きず深さと漏洩磁束密度の傾きの関係は，B_X とは逆（浅いきずほど B_Z の傾きは急峻）になる．実験結果の図 5.28 に対応する解析結果を図 5.34 に示す．B_Y 成分の値は，B_X の約 1/10，B_Z の約 1/50 と非常に小さいことが確認される．

図 5.35 に，鋼板からの評価位置（リフトオフ）の違いによる漏洩磁束密度分

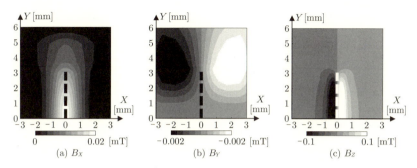

図 5.34 きず深さ $43\,\mu\text{m}$ における解析結果

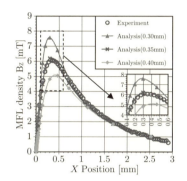

図 5.35 リフトオフの違いによる漏洩磁束密度分布の比較

布の比較を示す．きず深さが $480\,\mu\text{m}$ における漏洩磁束密度 B_Z の線分布である．リフトオフが高くなるほど，漏洩磁束密度のピーク値は小さくなり，またそのピークはきずから離れた位置で観測される．つまり，リフトオフが変わると，漏洩磁束密度の値に加え，その分布形状も変化することが確認できる．ここでパラメータとして変化させたリフトオフは，$50\,\mu\text{m}$ とわずかな距離である．しかし，漏洩磁束密度の分布は大きく変化している．つまり，試験体表面が塗装被膜などで覆われている場合は，きずの検出性能に大きな影響を与える可能性があり，注意を要することが確認される．

つぎに，きずの幅と漏洩磁束密度分布の相関を，数値解析により明らかにした例を図 5.36 示す[8,9]．きずの長さを $6\,\text{mm}$，深さを $100\,\mu\text{m}$ 一定とし，きず幅

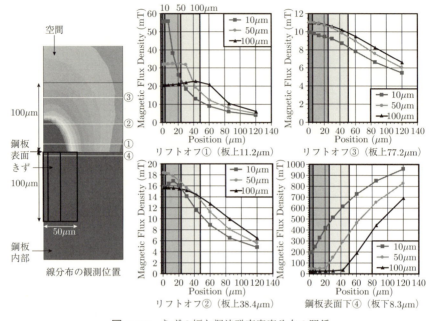

図 5.36　きずの幅と漏洩磁束密度分布の関係

を 10, 50, 100 μm と変化させ比較した．試験鋼板，磁化器およびきずのそれぞれの中央面に境界条件を設けて，きず中心から右側の 1/2 形状の解析モデルとした．鋼材近傍のリフトオフ①では，きずの幅が広くなると漏洩磁束密度が発生する領域は広くなることがわかる．また，きずの幅が広くなるときず部での磁気抵抗が大きくなり，磁束はきずの下を潜りこみ鋼板内部を分布する磁束が増える．そのため，きずの幅が広いほど漏洩磁束密度は小さくなる．一方，リフトオフ③ではリフトオフ①と逆の傾向が見られ，きずの幅が広いほど漏洩磁束密度は大きくなる．つまり，きずの幅が広いほど，きず中心に対して磁束は遠い位置から空間に漏洩するため，空間を分布する距離が長くなる．そのため，漏洩した磁束は空間に拡がり，鋼板からより高い位置に分布するものと判断できる．鋼材表面下（内部）に着目すると，きずの深さが一定であるため，きず周辺部において磁束が鋼材内部に浸透する割合（グラフの傾き）は同じである

ことが確認される．

5.3.3 磁粉探傷試験の手順
　磁粉探傷試験は，前処理，磁化，磁粉の適用，観察および後処理の手順により実施されている．

(1) 前処理
　磁化，磁粉の適用および観察が適切に行えるよう処理する作業で，磁粉探傷試験の初めに行う．具体的には次のような作業を実施する．
a) 組立品の分解
　試験体が組立品の場合は形状が複雑で，試験体全面に対して磁化することや，磁粉を適用して磁粉模様を観察することが難しくなる．そのため，組立品は分解し，単一部品ごとに探傷試験を実施するのが原則である．ただし，ベアリングのような部品は分解するとその後の使用が不可能となるため，検査する試験体に応じて分解の有無を決定する．
b) 試験体の穴や隙間の処理
　試験体に穴や隙間が存在し，そこに入った磁粉を取り除くことが困難な場合，磁化や磁粉の適用などに影響を及ぼさない材質のもので埋める．
c) 試験面の洗浄
　検査液の分散媒に水を用いている場合，試験面に油分があると検査液の濡れ性が悪くなり，きずに磁粉が付着しない．また，検査液の分散媒に灯油を用いている場合は，試験面に水があると濡れ性が悪くなり，きずに磁粉が付着しない．試験面に汚れがあったり，蛍光磁粉を用いる場合は蛍光剤が付着していると，磁粉模様の識別性が悪くなる．したがって，適切な方法により試験面を十分に洗浄することは，良好な探傷試験の実施を行うために必要不可欠である．
d) 磁極および電極接触面の確保
　試験体に電極や磁極を接触させて磁化する方法では，試験面との良好な接触状態を確保する必要がある．試験体が塗装されていたり表面に凹凸があったりして，試験面との接触状態が悪い場合は，グラインダなどによる表面状態の改善が必要な場合もある．試験体に直接電流を通電する磁化方法（通電法および

プロッド法）では，電極の接触部に酸化被膜（スケール）などの電気抵抗の大きい物質が付着していると，スパークが発生して試験体が損傷したり，電流を十分な大きさで流すことができなかったりするので注意を要する．試験面と電極の接触状態をよくするためには，網銅線などを取り付けて接触部の馴染みをよくすることが有用である．

(2) 磁化

試験体の形状や材質（種類や熱処理状態），および検査対象とするきずの形状，方向や位置を考慮し，適切な磁化の方法，励磁電流の種類と値および通電時間を決定する．

a) 磁化の方法

試験体の形状，探傷箇所および予測されるきずの方向や位置などを考慮し，決定した磁化の条件を満たすための磁化方法を選定する．予測されるきずの長手方向と直交する方向に磁化を与えるため，磁粉探傷試験では極間法，通電法（軸通電法，直角通電法），電流貫通法，コイル法，プロッド法および磁束貫通法などの磁化方法がある（5.3.4 項参照）．

b) 励磁電流の種類

試験体を磁化するための励磁電流は，直流と交流に大別される．ここで，磁粉探傷試験で用いる直流には，交流を整流した脈流（単相半波整流，単相全波整流，3相半波整流および3相全波整流）およびパルス電流も直流に含められていることに注意を要する．図 5.37 に各種励磁電流波形を示す．

交流電流による磁化は，表皮効果により，試験体表面に磁束が集中するため，試験体表面に存在するきずが検出対象となる．磁束密度の板厚方向への分布は，表面の磁束密度を B_0，試験体表面からの深さを x とすると，

$$B = B_0 \exp\left(-\frac{x}{\delta}\right) \tag{5.18}$$

で与えられる．ここで，δ は試験体の導電率 σ，透磁率 μ および周波数 f に依存する定数で次式のように与えられる．

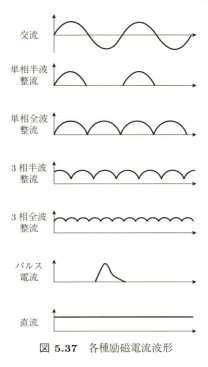

図 5.37　各種励磁電流波形

$$\delta = \frac{1}{\sqrt{\pi f \sigma \mu}} \tag{5.19}$$

この δ を表皮の深さ（浸透深さ）という．(5.18) 式からわかるように，この δ は表面の磁束密度 B_0 に対して，約 37%（$1/e \fallingdotseq 0.37$）の磁束密度になる表面からの深さを示している．50 もしくは 60 Hz の商用交流を用いて，一般的な炭素鋼を飽和磁束密度近傍まで磁化した場合，表皮深さはおおよそ 2～3 mm となる．交流磁化における表皮効果は，試験体表面の磁束密度を高めたり，コイル法による磁化の反磁界の影響を緩和したりすることにも用いられる．

　表面近傍（表層部）の内部きずを探傷する場合は，直流もしくは脈流を用いる．直流を整流した脈流は，直流に交流成分が含まれた波形で，交流成分が多いほど表皮効果の影響が強くなり，内部きずの検出性能が悪くなる．単相半波

は交流成分を多く含んでおり，単相全波，3相半波，3相全波の順に交流成分が少なくなり，3相全波整流の脈流は直流と同等みなされる．また，直流および脈流は，連続法（試験体を磁化しながら磁粉を適用する方法）と残留法（試験体を磁化した後に磁粉を適用する方法）の両方に用いることができる．残留法には，短時間に大電流を流すパルス電流が用いられる場合もある．

反磁界が作用する場合において，炭素含有量の高い工具鋼やばね鋼などのように保磁力 H_c の大きい材料は残留磁気 B_r の低下が小さいため，残留法でも明瞭な磁粉模様が得られる．残留法は試験体の磁化と検査液の適用を分離して行うため作業性に優れており，残留磁気の大きな鋼材の製品検査や疑似模様の多いボルトの保守検査などに適用される．しかし，電磁軟鉄や低炭素鋼のように H_c の小さな材料は，反磁界が作用すると B_r の低下が大きくなり，残留法の適用が困難となる．

c) 励磁電流値

試験体を磁化するための励磁電流値は，試験体に印加される磁界の強さを決定するため重要な因子である．適切な励磁電流値の決定は，試験体の磁気特性，試験面の状態，検出対象のきずの形状や存在位置，連続法か残留法かの別により，試験体に作用させる磁界の強さを求め，磁化方法，試験体の形状や大きさなどを考慮して適切な電流値を決定する．

試験体中の磁束密度の大きさにより，きずからの漏洩磁束密度が決定される．したがって，磁粉が付着するのに必要な吸引力の得られる磁束密度がきずから漏洩するように，試験体を磁化する必要がある．磁界の強さを大きくすると試験体は磁気飽和し，きずからの漏洩磁束は非常に大きくなる．しかし，試験体が磁気飽和するような状態においては，きず以外の正常な部分からも磁束は漏洩するようになり，試験面全体に磁粉が付着しバックグラウンドが汚れ，磁粉模様の観察が困難になる．また，試験体に直接電流を流す磁化方法では，スパークの発生などにより試験体が損傷する恐れがある．したがって，連続法による磁粉探傷試験の標準としては，飽和磁束密度の8割程度の磁束密度（目安として BH 曲線の肩の部分）が得られるような磁化を行うこととされている．特に，材質，組織および断面などの急変部では疑似模様が多くなり，そこに存在する磁粉模様は識別できなくなるため，標準よりも弱い磁化で探傷するのがよいと

表 5.3 探傷に必要な磁界の強さ

試験方法	試験体	磁界の強さ A/m
連続法	一般の構造物及び溶接部	1200〜2000
	鋳鍛造品及び機械部品	2400〜3600
	焼入れした機械部品	5600 以上
残留法	一般の焼入れした部品	6400〜8000
	工具鋼などの特殊材部品	12000 以上

(出典：JIS Z 2301-1)

されている．

　残留法による磁粉探傷試験では，試験体が磁気飽和する以上の磁界の強さを与え，試験体中に残留する磁束密度をできる限り大きくする必要がある．連続法および残留法において探傷に必要な磁界の強さは，上述の種々の事項を考慮し決定する必要があるが，おおよその目安として表 5.3 の磁界の強さが JIS Z 2320-1 に記載されている [10]．

d) 通電時間

　励磁電流の通電時間は磁粉の適用の仕方（連続法および残留法）で異なる．磁粉の適用が連続法の場合は，磁粉の流れが止まる前に通電を終了して磁化を止めてしまうと，きずに付着した磁粉模様が流されてしまう．そのため，磁粉の流れが止まる時間よりも長い間，通電を続ける必要がある．残留法の場合は，磁化操作が終わった後に磁粉を適用するので，通電時間の長さは問題にならない．

(3) 磁粉の適用

　試験面上に磁粉を散布することを磁粉の適用という．試験に用いる磁粉の種類，湿式・乾式法の別，連続・残留法の別，磁粉の適用時間，および湿式法の場合には検査液の分散媒の種類，磁粉の分散濃度などを考慮して磁粉を適用する．

a) 磁粉の種類

　磁粉探傷試験では，きずからの漏洩磁束を起因としてきずに付着した磁粉模様を観察することで，きずを検出する．よって，漏洩磁束による吸引性が優れ，形成された磁粉模様の識別性がよいものが選択される．きずへの磁粉の吸引・付着は，磁粉の磁気特性や粒度，試験体の表面状態およびきずの種類や大きさな

どの相関関係により決定される．一般的に，微小きずの検出を目的とした探傷では，粒子が小さく透磁率の大きな磁粉を適用するのがよいとされている．また，磁粉模様の識別は，磁粉模様とバックグラウンドとのコントラストの良し悪しに左右される．したがって，非蛍光磁粉を用いる場合は，試験面の色と識別性の良い色の磁粉を使用する．検査対象とするきずが微小で，漏洩磁束密度が小さい場合は，一般的に蛍光磁粉が用いられる．蛍光磁粉では，暗所で紫外線を照射して磁粉模様を観察するため，暗いバックグラウンドに磁粉模様が明瞭に現れる．したがって，磁粉の付着量が少ない磁粉模様でも見落とす危険性が少ない．また，暗所にて観察を行うため，試験体の色に検査結果が左右されることもない．

b) 湿式法と乾式法

　湿式法では，磁粉を分散媒である液体（一般的には水や灯油）に混ぜた検査液を用いる．検査液はよく撹拌して，磁粉を液中に十分に分散・懸濁させておく必要がある．検査液を試験体の隅々まで均一に適用することが容易であり，また乾式法に比べて微小なきずの検出が可能であるため，一般に多く用いられている．湿式法での検査液の濃度と適用方法はきずの検出能力に大きく影響する．検査液の濃度が薄い場合は，きずに付着する磁粉の量が少なくなり磁粉模様が形成されにくい．検査液が濃すぎると，きず以外の健全部にも磁粉が残ってバックグラウンドが汚れるため，きずによる磁粉模様が明瞭に識別できなくなる．磁粉の種類，粒度，適用時間および試験面の状態により，適切な検査液の濃度を決定する．磁粉の粒度が小さいほど，または検査液の適用時間を長くする場合ほど，もしくは試験面が荒いほど薄くする．一般的に非蛍光磁粉の検査液は $2 \sim 10\,\text{g/L}$，蛍光磁粉は $0.2 \sim 2\,\text{g/L}$ の濃度で用いられる．検査液の適用方法には，オイラなどの容器を用いて手動で注ぎかける，散布装置で散布する，はけで塗る，および試験体を検査液に浸漬し引き上げるなどの方法がある．検査液を試験面にかけて適用する際は，きずに付着した磁粉模様が流されないように静かに適用する．

　乾式法では，圧縮空気を用いた散布器で磁粉を空気中に分散させて，試験面に均一に吹き付けることにより検査を行う．磁粉が湿っていると空気中への磁粉の分散が困難となり，また試験面が濡れていると磁粉が濡れた箇所に付着し

て，きずによる磁粉模様の観察が困難となる．したがって，磁粉および試験面を十分乾燥させて，磁粉を適用する必要がある．乾式法は，湿式法に比べて試験体表面におけるきずの検出能力は劣るが，試験体の表面が粗い場合，高温部の試験および内部のきずの検出に優れている．

一般に，湿式法で用いる磁粉の粒度は $0.2 \sim 10\,\mu m$ なのに対し，乾式法では $10 \sim 60\,\mu m$ と粒度の大きい磁粉が用いられる．

(4) 磁粉模様の観察

磁粉模様の観察は，磁粉を適用したときから開始し，磁粉の形成過程，磁粉の流れが停止して最終的な磁粉模様が形成されるまで実施しなければならない．非蛍光磁粉の場合は明るい環境で行い，JIS Z 2320-1 では 500 Lx 以上の環境と定めている[10]．蛍光磁粉の場合は暗室などの暗い環境で行い，JIS Z 2320-1 では 20 Lx 以下の環境と定めている[10]．蛍光磁粉模様は，ブラックライトを用いて $315 \sim 400\,nm$ の紫外線を試験面に照射し（紫外線強度は $10\,W/m^2$），磁粉を発光させて観察する．

きずに磁粉が付着して磁粉模様が形成される過程を高速度カメラにより観測された例を示す[6,7]．図 5.38 の測定システムにより，極間法による磁粉探傷試験を対象として，きずに磁粉が付着する過程を動画像計測した．冷間圧延鋼板 SPCC の表面に，放電加工により人工きずを加工したものを試験体とした．きずの長さを 6 mm，幅を $100\,\mu m$ 一定とし，深さをパラメータにした 8 体の試験体を作製し，きず深さと付着磁粉量の関係を評価した．それぞれの試験体のきず深さは，43, 70, 92, 140, 170, 220, 400, 480 μm である．検出媒体は湿式法とし，粒度 $1 \sim 3\,\mu m$ の黒色磁粉（二酸化鉄）を水に分散し，磁粉濃度を 2 g/L とした検査液を用いた．試験鋼板を傾斜角度 20°のスロープに固定することで，検査液の流速を 0.2 m/s 一定とした．また，流量を一定とするためチュービングポンプを用いて検査液を適用し，100 mL/min とした．試験鋼板への磁化を開始した後，検査液を 12 秒間適用した．きずに磁粉が付き始めた時間を 0 秒とし，付着磁粉の観測は 20 秒間の評価とした．試験体の磁化は連続法により行い，試験中は磁化器への通電を続けた．磁化コイルの巻き数は 820 ターン，励磁電流は周波数 60 Hz の 2.25 A_{rms}（100 V_{rms} 印加時の電流）とした．

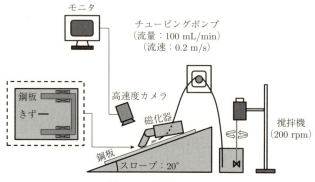

図 5.38 測定システム

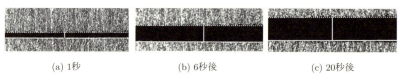

(a) 1秒　　　　　　(b) 6秒後　　　　　　(c) 20秒後

図 5.39 磁粉模様の形成過程（磁粉幅）

　試験鋼板の上部に高速度カメラを設置して撮影するため，磁化器には可変ヨークを取り付け，鋼板上に寝かせた状態で試験した．きずの位置は磁化器の磁極を結ぶ直線上の中央とし，磁化方向がきずの長手方向に直交するように磁化器を配置した．きずに付着する磁粉を上面と側面からそれぞれ観察し，磁粉の幅と高さを計測することで，付着磁粉量を評価した．側面観察用のレンズアダプタを作製し，ミラーの反射を利用することにより，鋼板の上部に配置したカメラにより側面からの撮影を行い，磁粉の高さを撮影した．

　図 5.39 は，磁粉の付着過程を撮影した動画像から静止画を抽出した一例で，きずに付着する磁粉幅の時間変化を撮影した画像である（きず深さは $480\,\mu m$）．時間の経過と共に磁粉幅が太くなる様子が観測され，20 秒後の磁粉の流れが停止した際の付着磁粉幅は約 $318\,\mu m$ である．各きず深さでの磁粉付着過程における磁粉幅の時間変化を図 5.40 にまとめて示す．この図から，きずに付着する磁粉の増加割合は，きずの深さにより変化し，きずが深いほど磁粉幅は急峻に増加することがわかる．また，最終的にきずに付着する磁粉の幅も広くなる．

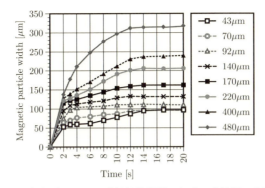

図 5.40　各きず深さでの磁粉付着過程における磁粉幅の時間変化

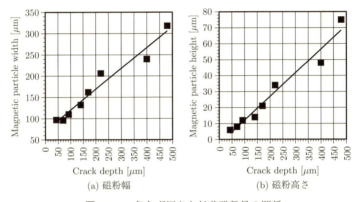

(a) 磁粉幅　　　　　　　　　　　　(b) 磁粉高さ

図 5.41　各きず深さと付着磁粉量の関係

図 5.41 に示す検査液の流れが止まった後（20 秒時点）の最終的な付着磁粉の幅および高さときず深さの関係から，きずが深くなると磁粉の幅と高さはともに比例関係で増加することがわかる．また，図 5.42 の各きずにおける付着磁粉の幅と高さの割合 W/H（アスペクト比と呼ぶ）から，浅いきずでは磁粉は低く付着し，きずが深くなるほど高さ方向に付着する磁粉の割合が多くなることが確認される．

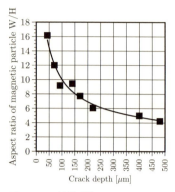

図 **5.42** 付着磁粉のアスペクト比

(5) 後処理

　試験体の残留磁気が後工程に影響を及ぼす可能性がある場合は，必要に応じて脱磁を行う．脱磁は，試験体に印加する磁界の極性を時間経過とともに反転させ，それと同時に徐々に印加磁界の強さを小さくし，最終的にゼロにすることで実施できる．基本的に，探傷試験において用いたものと同一の磁化方法にて実施する．もっとも簡単な脱磁方法は，交流の励磁電流を用いて，可変電圧調整器（スライダック）などで，励磁電流を徐々に減衰させていく交流脱磁法である．

　また，試験面を洗浄して，磁粉や検査液を完全に除去し，防錆処理を行う．

5.3.4　各種磁化方法

　きずに対して直交する方向に磁化を与えた場合に，きず部分での漏洩磁束が大きくなり，磁粉模様が明瞭に現れる．そのため，磁粉探傷試験においては適切な方向に磁化を与えるために各種磁化方法が存在し，試験対象物の形状および予測されるきずの方向に応じて磁化方法が選択されている．

　試験体に磁束を加える方法で磁化方法を分類すると，以下のように大別される．試験体に電極を接触させて通電することにより試験体を磁化する方法（軸通電法，直角通電法およびプロッド法），試験体外部の導体に通電することにより試験体を磁化する方法（電流貫通法，コイル法および隣接電流法），ヨーク

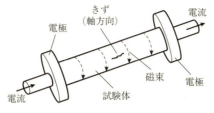

図 5.43 軸通電法

(磁性体コア) にコイルを巻いた電磁石により試験体を磁化する方法 (極間法)，電磁誘導現象を用いて試験体に誘導電流を生じさせ磁化する方法 (磁束貫通法) がある．ここでは，磁粉探傷試験において比較的よく用いられる，軸通電法，電流貫通法，コイル法，極間法について紹介する．

(1) 軸通電法

軸通電法による試験体の磁化を図 5.43 に示す．この磁化方法では，試験体の両端面に電極を接触させ，試験体の軸方向に直接電流を流すことで発生する円周方向の磁界を用いて磁化する．軸通電法では，試験体中で閉じた磁気回路となり，試験体表面に磁極を作ることがないため，理想条件下においては反磁界の影響のない磁化方法である．軸通電法では，試験体に直接電流を流すため，試験体と電極との接触状態が悪いと，スパークや発熱により試験面を損傷させる可能性があり注意を要する．

ここで，半径が a の中実丸棒の試験体に電流 I を流したときの，丸棒中心軸から距離 r 離れた点における磁界の強さ H を考える．まず，r が丸棒の外にある場合は，アンペアの周回積分の法則から次のように書ける．

$$H = \frac{I}{2\pi r} \tag{5.20}$$

探傷試験面である丸棒表面の H は，

$$H = \frac{I}{2\pi a} \tag{5.21}$$

となる．したがって，試験体の外径に応じて，試験面上に必要な磁界の強さが得られるような励磁電流値を決定する必要がある．

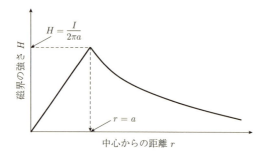

図 5.44 中実丸棒の内部および外部の磁界の分布

r が丸棒の内部にある場合は，丸棒内の電流密度は一様であるため，丸棒中の電流 I_in は，

$$I_\mathrm{in} = \left(\frac{r}{a}\right)^2 I \tag{5.22}$$

であり，丸棒中の H は次のように書ける．

$$H = \frac{I_\mathrm{in}}{2\pi r} = \frac{Ir}{2\pi a^2} \tag{5.23}$$

これらをまとめると，次のように書ける．

(i) $r \leqq a$ のとき

$$H = \frac{Ir}{2\pi a^2}$$

(ii) $r > a$ のとき

$$H = \frac{I}{2\pi r}$$

したがって，中実丸棒の内部および外部の磁界の分布は図 5.44 のようになる．

次に，図 5.45 のような内径 a_in，外径 a_out の中空丸棒（鋼管など）に電流 I を流し，軸通電法で磁化した場合を考える．中空部の $0 \leqq r < a_\mathrm{in}$ では $I = 0$ であるため磁界の強さ H は，

$$H = 0 \tag{5.24}$$

となる．中空丸棒の円筒部 $a_\mathrm{in} \leqq r \leqq a_\mathrm{out}$ では，円筒中を流れる電流 I_in は，

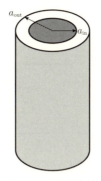

図 5.45 中空丸棒

$$I_{\text{in}} = \frac{r^2 - a_{\text{in}}^2}{a_{\text{out}}^2 - a_{\text{in}}^2} I \tag{5.25}$$

であり，円筒中の H は次のように書ける．

$$H = \frac{I_{\text{in}}}{2\pi r} = \frac{I\left(r^2 - a_{\text{in}}^2\right)}{2\pi r \left(a_{\text{out}}^2 - a_{\text{in}}^2\right)} \tag{5.26}$$

したがって，中空丸棒の内周面 $r = a_{\text{in}}$ での磁界の強さ H_{in} は，

$$H_{\text{in}} = 0 \tag{5.26-1}$$

中空丸棒の外周面 $r = a_{\text{out}}$ での磁界の強さ H_{out} は，

$$H_{\text{out}} = \frac{I}{2\pi a_{\text{out}}} \tag{5.26-2}$$

となる．つまり，軸通電法で中空丸棒の試験体を磁化した場合，試験体内周面は磁化されないため，内周面のきずを探傷することはできない．

$r > a_{\text{out}}$ における中空丸棒外部における H は，

$$H = \frac{I}{2\pi r} \tag{5.27}$$

となる．したがって，中空丸棒における磁界の分布は図 5.46 のようになる．

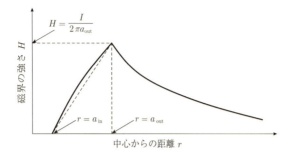

図 5.46　中空丸棒における磁界の分布

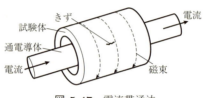

図 5.47　電流貫通法

(2) 電流貫通法

電流貫通法による試験体の磁化を図 5.47 に示す．電流貫通法では，穴の開いた中空の試験体を対象として，穴の中に通電導体を貫通させ，導体に電流を流すことで試験体を磁化する方法である．したがって，試験体の周方向に磁界が発生し，検出対象となるきずの方向は軸通電法と同じ，軸方向のきずとなる．この磁化方法では，軸通電法では対象外である管材の内周面の探傷も可能であり，管材の内外周面における軸方向のきず，および端面における径方向のきずが検出対象きずとなる．また，試験体には直接電流を流さないため，試験面を損傷することはない．

電流貫通法において試験体に与える磁界の強さは，軸通電法と同じように，アンペアの周回積分の法則から求められる．したがって，図 5.45 の内径 $a_{\rm in}$，外径 $a_{\rm out}$ の中空丸棒試験体を電流貫通法で磁化した場合，通電電流を I とすれば試験体外周面の磁界の強さ $H_{\rm out}$ および内周面の磁界の強さ $H_{\rm in}$ はそれぞれ，

$$H_{\rm out} = \frac{I}{2\pi a_{\rm out}} \tag{5.28}$$

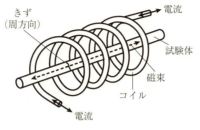

図 5.48 コイル法

$$H_{\text{in}} = \frac{I}{2\pi a_{\text{in}}} \tag{5.29}$$

と表すことができる．

試験体の穴が大きく，通電導体が穴に対して偏心して貫通する場合は，導体から遠い側の磁化が弱くなる．このような場合は，試験面をいくつかに分割し，強い磁化の得られる領域を用いて複数回に分けて探傷する必要がある．

(3) コイル法

コイル法による試験体の磁化を図 5.48 に示す．コイル法では，コイルの中に試験体を配置して，コイルに電流を流したときに発生するコイル軸方向の磁界を用いて，試験体を磁化する方法であるため，周方向のきずが検出できる．したがって，軸方向のきずが検査対象である軸通電法や電流貫通法と，コイル法を併用することで，軸方向と周方向の両方向のきずの検出が可能となる．

半径が r，長さが L，巻き数が N のコイルに電流 I を流した場合，コイル中心の磁界の強さは，

$$H = \frac{NI}{2\sqrt{r^2 + \left(\dfrac{L}{2}\right)^2}} \tag{5.30}$$

と表せる．

コイル法を用いた磁化では，試験体を軸方向に磁化するため，試験体の両端面に磁極が生じる．そのため，試験体には反磁界が生じ，試験体に作用する有効な磁界の強さは小さくなる．L/D（L：試験体中に生じた両磁極間の距離，D：

磁極が生じた部分の外径）が小さいほど，つまり偏平率が高い試験体ほど，反磁界の影響は大きくなる．

　反磁界の影響を少なくするには，L/D を大きくする必要がある．試験体の両端に，試験体よりも断面積の大きな継鉄棒を付加して磁化する，もしくは複数個の試験体がある場合は，複数の試験体を軸方向に接続して磁化することが有効である．これは，L/D の L を大きくする効果を得る．継鉄棒の材質は，試験体と同じものを用いるか，試験体よりも透磁率の高い材料を用いる．磁極の形成される試験体の端部付近においては，反磁界の影響が大きくなるため，L/D の大きい試験体であっても，試験体の端部周辺部を探傷する場合は，継鉄棒を使用する必要がある．

　L/D の D を小さくするためには，磁化に交流を用いることが有用である．交流磁化では表皮効果により，試験体中の磁束は表面近傍に集中するため，実効的な D が小さくなり，反磁界の影響を小さくすることができる．

　ここで，反磁界について考える．コイルの作る磁界の強さを H_0 とし，試験体に生じた磁極による磁界を H' とすると，実際に試験体に作用する磁界 H は，

$$H = H_0 - H' \tag{5.31}$$

となる．このように，試験体に生じた磁極により，印加磁界と逆向きに生じる磁界 H' のことを反磁界と呼ぶ．反磁界の強さ H' は磁化の強さ M に比例し，反磁界係数 N を用いて，

$$H' = \frac{NM}{\mu_0} \tag{5.32}$$

と表すことができる．この反磁界係数 N は L/D に依存し，L/D が小さいほど N は大きくなる．図 5.49 に反磁界係数と L/D の関係を示す．

　試験体の比透磁率を μ_r とすると，(5.31) の実際に試験体に作用する磁界 H は，(5.32)，$B = \mu H$ および $B = \mu_0 H + M$ を用いて，

$$H = \frac{H_0}{1 + N(\mu_r - 1)} \tag{5.33}$$

と書くことができる．

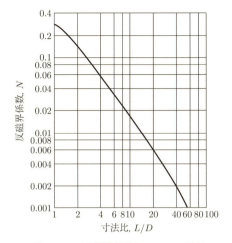

図 5.49 反磁界係数と L/D の関係
(出典:日本非破壊検査協会『磁粉探傷試験』, II p.14)

(4) 極間法

極間法による試験体の磁化を図 5.50 に示す.極間法では,電磁石または永久磁石と電磁鋼板などの強磁性体コア(ヨーク)で構成された磁化器を用いて試験体を磁化する方法である.極間法では,磁化器と試験体の間で閉磁路を構成するため,反磁界の影響は小さい.磁粉探傷試験には,磁束密度が高く磁束の方向がほぼ一様に分布する,磁化器の両磁極間を結ぶ線上の領域を用いるのが一般的である.極間法には,試験面を十分な強度で磁化できる範囲である探傷有効範囲がある.広い試験面を分割して試験する場合は,分割した探傷範囲が探傷有効範囲内に収まり,かつ探傷有効範囲の端がオーバラップするように磁極の配置(移動ピッチ)を決定する.

磁化器の磁極の周りは,試験体を最も強く磁化することができるが,磁束の向きが試験面に対して垂直で,また磁極周りの漏洩磁束により試験面に存在する磁粉を磁極に吸引してしまう領域がある.この部分は,不感帯と呼ばれ,磁粉探傷試験の試験範囲として用いることができない.不感帯領域の大きさは,各種試験条件により異なる(20 mm 以上になることもある).試験面と磁極の接触状態が悪い,直流よりも交流磁化,湿式よりも乾式の方が,不感帯領域は

314　第5章　電磁気応用非破壊検査

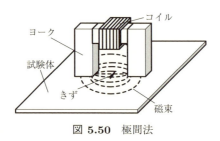

図 5.50　極間法

広範囲となる．

5.3.5　磁粉探傷試験の実際

非破壊検査は，製品の製造工程中検査および出荷検査である製造時の検査と，機器や構造物が供用後も健全性を維持していることを確認する保守検査に大別される．製造時の検査では，製品の内部および表面に存在するすべてのきずが対象であるのに対して，保守検査では特殊な例を除いて，表面に開口したきずが対象となる．

(1)　製造時の検査

a) 鋼板

鋼板は，厚板と薄板に大別される．ラミネーション，非金属介在物および圧延工程で発生するへげきずやロールきずが検査対象のきずとなる．磁化方法は，プロッド法または極間法が用いられる．

b) 棒鋼

棒鋼には断面形状により，丸棒，角鋼，六角鋼および平鋼などがある．棒鋼の表面きずは，圧延伸張における折り込みによる縦割れ，ロール穴型調整不良，地きずなどが検査対象のきずとなる．磁化方法は，軸通電法が一般的であるが，大径製品については極間法により部分的に順次探傷することもある．

c) 鋼管

溶接鋼管とシームレス鋼管に大別できる．溶接鋼管では，溶接部に発生するラミネーションなどのきずが対象となる．シームレス鋼管では，山へげ，線へげおよびシューマークなどのきずが対象となる．鋼管軸方向のきずを検出する

には，軸通電法または電流貫通法が用いられる．管端部の探傷には極間法が用いられる．ねじ部が存在する場合は，疑似模様の影響をなくすため，残留法が一般的に用いられる．

d) 鋳造品および鍛造品

鋳造品とは，溶湯を鋳型に流し込んで凝固させたものである．割れ，ピンホール，ブローホール，砂かみ，のろかみ，引け巣およびざく巣などが鋳造品の対象きずである．ここで，磁粉探傷試験の対象となるのは，表面または表層部の割れ状のきずである．

鍛造品とは，溶湯を金型に流し込んで鋼塊を形成し，その鋼塊をプレスやハンマで鍛錬成形し，熱処理をして鋳造品よりも強靭な材料にしたものである．割れ，かぶさり，砂きず，砂かみ，白点およびざくきずなどが鍛造品の対象きずである．ここで，磁粉探傷試験の対象となるのは，割れとかぶさりである．

鋳鍛造品は，表面はもちろん表面下のできるだけ深い位置までを探傷範囲とする．さらに，鋳鍛造品は形状が比較的複雑で，その大きさもさまざまである．特に，鋳造品は鍛造品に比べてより複雑な形状のものが多い．したがって，製品の各箇所に存在するきずを精度よく検出するため，電流貫通法，軸通電法，直角通電法，コイル法，プロッド法および極間法の複数の磁化方法を組み合わせて探傷される．また，表皮下のきずなども考慮し，超音波探傷や放射線透過試験などの他の試験方法を併用する必要もある．

e) 溶接部

溶接を行う場合には，以下に示す溶接の各段階で磁粉探傷試験が行われる．

①開先面の加工後

開先面の検査の段階で対象となるきずは，割れ，ラミネーション，非金属介在物およびブローホールなどである．一般的に開先形状は複雑ではないため，磁化方法は極間法またはプロッド法を用いる．

②裏はつりの完了後

溶接部の板厚が厚い場合，溶け込み不良を防ぐため，2～3層溶接したところで裏はつりを行い，溶け込み不良を除去してから，溶接作業を継続実施する場合が多い．このとき，裏はつり面を探傷して，溶け込み不良が完全に除去されているかを検査する．また，すでに溶接された部分において，割れやスラグ巻

き込みなどの有無も同時に探傷する．裏はつり面はＵ字形をしており，極間法の磁極が試験体と良好に密着できない場合が多く，また，対象きずがＵ字溝に平行方向の溶け込み不良であるため，極間法よりもプロッド法が一般的に多く用いられる．

③中間層の溶接終了後

　裏はつり完了後に溶接を再開した後，何層かの溶接を行った溶接面の探傷である．一般には，全溶接深さの1/2や1/3ごとに実施される．溶接の中間段階できずを発見できれば，補修することも容易であるため有効である．しかしその反面，溶接を中間で止め，磁粉探傷試験をすることで溶接部の温度を下げ，熱応力を繰り返し付加することになり，望ましくないという点を十分に理解したうえで，探傷作業を実施する必要がある．

④全溶接完了後

　溶接完了後における溶接表面での最終検査で，溶接部における磁粉探傷試験が最も多く実施されているのがこの検査である．対象となるきずのうち最も有害なものは，止端部に発生した割れである．そのほかに，アンダーカット，オーバラップも検査対象のきずである．溶接ビード上にある浅く微小な割れ，ピンホール，ブローホールおよびスラグなどは材料強度の面からほとんど問題とはならない．最終溶接面での磁化方法は，一般的に極間法が用いられる．

⑤溶接欠陥の除去後および補修溶接のための表面加工完了後

　磁粉探傷試験において得られる情報は，表面および表層部のきずの有無である．したがって，内部きずの有無を知るには，放射線透過試験や超音波探傷試験を実施する必要がある．

(2) 保守検査

　保守検査で対象となるきずは，稼働中の繰り返し応力により生じた疲労割れ，腐食環境下での引張応力により生じた応力腐食割れおよび過大応力による割れなどがある．稼働中に生じる割れは，応力集中部，打こんきず，非金属介在物，偏析および腐食孔などを起点として発生する表面きずであるため，磁粉探傷試験は適した非破壊検査方法である．

第5章 演習問題

演習問題 5.1

内径 a_{in}, 外径 a_{out}, 長さ L の円筒状の試験体に電流 I を流したとき, 円筒中の H を導け.

演習問題 5.2

ビオ・サバールの法則から (5.30) 式を導け.

演習問題 5.3

(5.31) 式から (5.33) 式を導け.

参考文献

1. JIS Z 2300 "非破壊検査用語" 非破壊検査
2. E. G. Stanford and J. H. Fearon: *Progress in non-destructive testing*, Vol. 1, pp. 59-109 New York, Macmillan (1959).
3. Anon., Nondestructive Testing, A Survey, SP-5113, NASA (1973).
4. D. H. Tomborlian: *Elctoric and Magnetic Fields*, Harcourt, Brace & World (1965).
5. 日本非破壊検査協会:『磁粉探傷試験Ⅱ』, 非破壊検査技術シリーズ, p.12, 日本非破壊検査協会 (2007).
6. 福岡克弘, 川越一平:「磁粉探傷試験におけるき裂の定量的評価に向けた付着磁粉の動画像計測と漏洩磁束密度の評価」, 日本 AEM 学会誌, Vol. 22, No. 2, pp. 176-182 (2014).
7. 福岡克弘, 川越一平:「磁粉探傷試験でのきず形状に対する磁粉付着量および漏洩磁束密度の関係評価」, 第 25 回電磁力関連のダイナミックスシンポジウム, pp. 242-243 (2013).
8. 福岡克弘, 川越一平:「磁粉付着過程の動画像計測ときず形状による漏洩磁束密度分布の評価」, 日本非破壊検査協会, 第 15 回 磁粉・浸透・目視部門・

電磁気応用部門・漏れ試験部門合同シンポジウム，pp. 3-6 (2012).

9. 川越一平，福岡克弘，作田健：「磁粉探傷試験における欠陥形状の定量的評価手法の検討」，日本非破壊検査協会，平成24年度春季講演大会，pp. 65-66 (2012).

10. JIS Z 2320-1 "磁粉探傷試験"

○ その他参考にした文献

11. 日本非破壊検査協会：『磁粉探傷試験I』，非破壊検査技術シリーズ，日本非破壊検査協会（2007）．

12. 日本非破壊検査協会：『磁粉探傷試験III』，非破壊検査技術シリーズ，日本非破壊検査協会（2009）．

13. 日本非破壊検査協会：『非破壊試験技術総論』，非破壊検査技術シリーズ，日本非破壊検査協会（2004）．

14. 日本非破壊検査協会：『非破壊評価工学』，日本非破壊検査協会（1998）．

15. 日本非破壊検査協会：『イラストで学ぶ非破壊試験入門』，日本非破壊検査協会（2002）．

16. 水谷義弘：『図解入門よくわかる 最新非破壊検査の基本と仕組み』，秀和システム（2010）．

17. 谷村康行：『絵とき 非破壊検査基礎のきそ』，日刊工業新聞社（2011）．

演習問題解答

第1章 演習問題の解答例

演習問題 1.1

導体内では導体内の電流密度の大きさに等しく $I/(\pi R^2)$ で，ベクトルとしての方向は図 1.3 に示した I の方向であり，導体外では零である．

演習問題 1.2

$\boldsymbol{A} = \frac{\mu_0}{4\pi} \int \frac{\boldsymbol{J}}{r} \mathrm{d}v$ において，Q 点にある $\boldsymbol{J}\mathrm{d}v$ に依って Q 点から r だけ隔たった P 点のベクトルポテンシャルを考えることにする．P 点の磁界ベクトルは，

$$\boldsymbol{H} = \frac{\boldsymbol{B}}{\mu_0} = \frac{1}{\mu_0} \nabla \times \boldsymbol{A} = \frac{1}{4\pi} \nabla \times \int \frac{\boldsymbol{J}}{r} \mathrm{d}v = \frac{1}{4\pi} \int \left(\nabla \times \frac{\boldsymbol{J}}{r} \right) \mathrm{d}v$$

であり，一般に，スカラー関数 ϕ とベクトル関数 $\boldsymbol{f}$ の積に対して

$$\nabla \times (\phi \boldsymbol{f}) = \phi \nabla \times \boldsymbol{f} + \nabla \phi \times \boldsymbol{f}$$

であるので，

$$\frac{1}{4\pi} \int \left(\nabla \times \frac{\boldsymbol{J}}{r} \right) \mathrm{d}v = \frac{1}{4\pi} \int \left\{ (\nabla \times \boldsymbol{J}) \frac{1}{r} + \nabla \left(\frac{1}{r} \right) \times \boldsymbol{J} \right\} \mathrm{d}v$$

となる．ここで，右辺の微分操作は P 点において行うものであり，Q 点にある $\boldsymbol{J}$ はこの微分操作に無関係なので，右辺の $\nabla \times \boldsymbol{J} = 0$ である．一方，

$$\nabla \left(\frac{1}{r} \right) = -\frac{\boldsymbol{r}}{r^3}$$

であるので，

$$\frac{1}{4\pi}\int\left\{(\nabla\times\boldsymbol{J})\frac{1}{r}+\nabla\left(\frac{1}{r}\right)\times\boldsymbol{J}\right\}\mathrm{d}v=\frac{1}{4\pi}\int\frac{-\boldsymbol{r}\times\boldsymbol{J}}{r^3}\mathrm{d}v=\frac{1}{4\pi}\int\frac{\boldsymbol{J}\times\boldsymbol{r}}{r^3}\mathrm{d}v$$

となる．ここで，

$$\boldsymbol{J}\mathrm{d}v=I\mathrm{d}\boldsymbol{s}$$

であるので，

$$\boldsymbol{H}=\frac{1}{4\pi}\int\frac{\boldsymbol{J}\times\boldsymbol{r}}{r^3}\mathrm{d}v=\frac{I}{4\pi}\int\frac{\mathrm{d}\boldsymbol{s}\times\boldsymbol{r}}{r^3}$$

となり，

$$\boldsymbol{A}=\frac{\mu_0}{4\pi}\int\frac{\boldsymbol{J}}{r}\mathrm{d}v$$

からビオ・サバールの法則が導出された．

演習問題 1.3

(1.10) 式

$$\mathrm{d}\boldsymbol{H}=\frac{I\mathrm{d}\boldsymbol{s}\times\boldsymbol{r}}{4\pi r^3}$$

において，電流 I とそれが流れる線素ベクトル $\mathrm{d}\boldsymbol{s}$ との積 $I\mathrm{d}\boldsymbol{s}$ は

$$I\mathrm{d}\boldsymbol{s}=\frac{\mathrm{d}Q}{\mathrm{d}t}\mathrm{d}\boldsymbol{s}=Q\frac{\mathrm{d}\boldsymbol{s}}{\mathrm{d}t}=Q\boldsymbol{V}$$

と書けるので，$\boldsymbol{B}=\mu_0\boldsymbol{H}$ を適用して $Q\boldsymbol{V}$ によって生ずる $\boldsymbol{B}$ を求めると，(1.35) 式

$$\boldsymbol{B}=\frac{\mu_0 Q\boldsymbol{V}\times\boldsymbol{r}}{4\pi r^3}$$

を得る．

演習問題 1.4

省略．

演習問題 1.5

デバイスや装置を小型化できるためであるが，それがなぜかは 1.5 節の内容から考察してほしい．

演習問題 1.6

省略.

演習問題 1.7

(1.141) 式 $N_1\phi = L_1 i_\mathrm{m}$ の i_m に (1.137) 式 $i_\mathrm{m} = i_1 - i_2'$ を代入すると,

$$N_1\phi = L_1(i_1 - i_2')$$

となる. 次に, (1.135) 式 $i_2' = \frac{N_2}{N_1} i_2$ を用いると,

$$N_1\phi = L_1\left(i_1 - \frac{N_2}{N_1} i_2\right)$$

を得る. この両辺に N_1 を乗ずると,

$$N_1^2 \phi = L_1(N_1 i_1 - N_2 i_2)$$

となり, 上式の両辺を L_1 で割ると,

$$\frac{N_1^2}{L_1}\phi = N_1 i_1 - N_2 i_2$$

となる. ここで, (1.64) 式 $L = N^2/\mathcal{R}$ を上式の左辺に適用すると,

$$\mathcal{R}\phi = N_1 i_1 - N_2 i_2$$

を得る. 上式の右辺は (1.33) 式 $\oint \boldsymbol{H} \cdot \mathrm{d}\boldsymbol{s} = \int \boldsymbol{J} \cdot \mathrm{d}\boldsymbol{S}$ の右辺に対応している. つまり, $N_1 i_1 - N_2 i_2$ は, (1.33) 式の左辺の積分路である磁路を潜る電流の総和となっている. 一方, $\mathcal{R}\phi = N_1 i_1 - N_2 i_2$ の左辺に (1.62) 式 $\mathcal{R} = d/\mu S$ を適用すると,

$$\mathcal{R}\phi = \frac{d}{\mu S}\phi = \frac{1}{\mu}\frac{\phi}{S}d = \frac{B}{\mu}d = Hd$$

となる. ここで, B および H はそれぞれコア内の磁束密度および磁界である. したがって, 上式は (1.33) 式の左辺を図 1.21 に示したコアの磁路 d に対して適用したものとなり, (1.141) 式が (1.33) 式に対応していることがわかる.

第2章 演習問題の解答例

演習問題 2.1

降圧コンバータにおいて，スイッチング素子がオンのとき，インダクタ L に電圧 $(V_{in} - V_{out})$ が加えられる．オン期間 T_{on} においてインダクタ L は電圧 $(V_{in} - V_{out})$ で励磁され，磁束の増加分は，

$$\Delta \phi_{on} = (V_{in} - V_{out})T_{on} \text{ となる}.$$

同様にして，スイッチング素子がオフのとき，インダクタ L に電圧 V_{out} がオン期間とは逆方向に加えられる．オフ期間 T_{off} においてインダクタ L は電圧 V_{out} でリセットされ，磁束の減少分は，

$$\Delta \phi_{off} = V_{out} T_{off} \text{ となる}.$$

定常状態では，インダクタ L の磁束の増加分と減少分が等しくなり，降圧コンバータの電圧変換率 G は次式で求められる．

$$G = V_{out}/V_{in} = T_{on}/(T_{on} + T_{off}) = D$$

演習問題 2.2

昇圧コンバータにおいて，スイッチング素子がオンのとき，インダクタ L に電圧 V_{in} が加えられる．オン期間 T_{on} においてインダクタ L は電圧 V_{in} で励磁され，磁束の増加分は，

$$\Delta \phi_{on} = V_{in} T_{on} \text{ となる}.$$

同様にして，スイッチング素子がオフのとき，インダクタ L に電圧 $(V_{out} - V_{in})$ がオン期間とは逆方向に加えられる．オフ期間 T_{off} においてインダクタ L は電圧 $(V_{out} - V_{in})$ でリセットされ，磁束の減少分は，

$$\Delta \phi_{off} = (V_{out} - V_{in})T_{off} \text{ となる}.$$

定常状態では，インダクタ L の磁束の増加分と減少分が等しくなり，昇圧コンバータの電圧変換率 G は次式で求められる．

$$G = V_{out}/V_{in} = (T_{on} + T_{off})/T_{off} = 1/(1-D)$$

演習問題 2.3

昇降圧コンバータにおいて，スイッチング素子がオンのとき，インダクタ L に電圧 V_{in} が加えられる．オン期間 T_{on} においてインダクタ L は電圧 V_{in} で励磁され，磁束の増加分は，

$$\Delta\phi_{on} = V_{in}T_{on} \text{ となる．}$$

同様にして，スイッチング素子がオフのとき，インダクタ L に電圧 V_{out} がオン期間とは逆方向に加えられる．オフ期間 T_{off} においてインダクタ L は電圧 V_{out} でリセットされ，磁束の減少分は，

$$\Delta\phi_{off} = V_{out}T_{off} \text{ となる．}$$

定常状態では，インダクタ L の磁束の増加分と減少分が等しくなり，昇降圧コンバータの電圧変換率 G は次式で求められる．

$$G = V_{out}/V_{in} = T_{on}/T_{off} = D/(1-D)$$

演習問題 2.4

$$\phi = B_m S = 0.45 \times 0.9 \times 10^{-2} = 0.405 \times 10^{-2} [\text{WB}]$$
$$R_m = l/(\mu_0 \mu_r S) = 84 \times 10^{-3}/(4\pi \times 10^{-7} \times 2500 \times 0.9 \times 10^{-2})$$
$$= 2.97 \times 10^3 [\text{AT/Wb}]$$

起磁力 F は，

$$F = R_m \phi = 2.97 \times 10^3 \times 0.405 \times 10^{-2} = 12.0 [\text{AT}]$$
$$i = 12.0/5 = 2.40 [\text{A}]$$

演習問題 2.5

Zeta 回路に対する双対回路は，Sepic 回路となる．2.1.3(2) 項を参照にして，双対変換の手順に従って変換し，2.1.3(2) 項に示す追加の回路変更を行う．

演習問題 2.6

Sepic 回路に対する電力の逆方向変換となるコンバータは，Zeta 回路である．2.1.3(4) 項に示す逆方向変換のための手順を参照して変換する．

演習問題 2.7

Q オン期間 $D_Q T$ の励磁電流 $i_{m(D_Q T)}$ は，励磁電流の初期値を $i_{m(0)} = 0$ として，

$$i_{m(D_Q T)} = (V_i/L_m)D_Q T$$

リセット期間を $D_{rst}T$ とすると，$i_{m(D_Q T + D_{rst}T)} = 0$ であるから，

$$0 = -\{(N_1/N_3)V_i/L_m\}D_{rst}T + i_{m(D_Q T)}$$

である．$i_{m(D_Q T)}$ を消去して，

$$D_{rst} = (N_3/N_1)D_Q$$

を得る．リセットがオフ期間に終了する条件は $D_{rst} < 1 - D_Q$ であるから，

$$(N_3/N_1)D_Q < 1 - D_Q$$

また，D_Q, V_i, V_o の関係は，(2.66) 式より，

$$D_Q = \frac{V_o}{(N_2/N_1)V_i}$$

であるから，D_Q を消去して，

$$N_3/N_1 < (1 - D_Q)/D_Q = \{(N_2/N_1)V_i - V_o\}/V_o$$

となる．

演習問題 2.8

節点 P での電流則は

$$N_p i_p - N_{s1} i_{s1} = i_1 + i_4 - i_5 - i_6$$

となる．ここで，仮想的な電流 i_1 によって実際の磁束 ϕ_1 が生ずると考え

演習問題解答　325

$L_1 i_1 = \phi_1$ とし，同様にして $L_4 i_4 = \phi_4$，$L_5 i_5 = \phi_5$ および $L_6 i_6 = \phi_6$ とすると，起磁力方程式は

$$N_\mathrm{p} i_\mathrm{p} - N_\mathrm{s1} i_\mathrm{s1} = R_1 \phi_1 + R_4 \phi_4 - R_5 \phi_5 - R_6 \phi_6$$

となる．これは図 2.33 の磁路 A–B–D–C–A の起磁力方程式と一致している．以下同様に，節点 Q での電流則は

$$N_\mathrm{p} i_\mathrm{p} - N_\mathrm{s1} i_\mathrm{s1} = i_1 + i_3$$

となり，起磁力方程式は

$$N_\mathrm{p} i_\mathrm{p} - N_\mathrm{s1} i_\mathrm{s1} = R_1 \phi_1 + R_3 \phi_3$$

となる．これは図 2.33 の磁路 A–B–A の起磁力方程式と一致している．
節点 R での電流則は

$$N_\mathrm{p} i_\mathrm{p} + N_\mathrm{s2} i_\mathrm{s2} = i_2 + i_4$$

となり，起磁力方程式は

$$N_\mathrm{p} i_\mathrm{p} + N_\mathrm{s2} i_\mathrm{s2} = R_2 \phi_2 + R_4 \phi_4$$

となる．これは図 2.33 の磁路 C–D–C の起磁力方程式と一致している．
節点 S での電流則は

$$N_\mathrm{p} i_\mathrm{p} + N_\mathrm{s2} i_\mathrm{s2} = i_2 + i_3 + i_5 + i_6$$

となり，起磁力方程式は

$$N_\mathrm{p} i_\mathrm{p} + N_\mathrm{s2} i_\mathrm{s2} = R_2 \phi_2 + R_3 \phi_3 + R_5 \phi_5 + R_6 \phi_6$$

となる．これは図 2.33 の磁路 C–A–B–D–C の起磁力方程式と一致している．

演習問題 2.9

式 (2.90)，式 (2.91)，式 (2.98) より次式を得る．

$$V_o = \frac{n_s}{n_p} \frac{D_a}{(1+D_a)^2} V_i$$

演習問題 2.10

比率 D, D'_{on2}, D'_{off} を用いて出力電圧 V_o は，次式で表される．

$$V_o = \frac{n_o}{n_p}(1-D)V_iD + \frac{n_s - n_o}{n_p}DV_iD'_{on2} + V_oD'_{off}$$

よって，次式を得る．

$$V_o = \frac{1}{1-D'_{off}}\left\{\frac{n_o}{n_p}(1-D)V_iD + \frac{n_s - n_o}{n_p}DV_iD'_{on2}\right\}$$

演習問題 2.11

電流 i_L のリップル電流の振幅 Δi_{Lrp} を用いて，出力電流 I_o は次式で表される．

$$I_o = \frac{1}{2}(D + D'_{on2})\Delta i_{Lrp}$$

ここでリップル電流の振幅 Δi_{Lrp} は次の関係式を満たす．

$$\Delta i_{Lrp} = \frac{1}{L_{ro}}\int_{b_0}^{b_1} v_{Lro}dt = \left\{\frac{n_o}{n_p}(1-D)V_i - V_o\right\}DT_s$$

よって次式を得る．

$$I_o = \frac{1}{2L_{ro}}(D + D'_{on2})\left\{\frac{n_o}{n_p}(1-D)V_i - V_o\right\}DT_s$$

演習問題 2.12

演習問題 2.10 と 2.11 の答えより，比率 D'_{off} と比率 D'_{on2} を消去して，次式を得る．

$$V_o = \frac{DV_i\{n_o(n_o - Dn_s)(1-D)DV_iT_s + 2(n_s - n_o)L_{ro}n_pI_o\}}{n_p\{(n_o - Dn_s)V_iD^2T_s + 2L_{ro}n_pI_o\}}$$

第 3 章 演習問題の解答例

演習問題 3.1

α が 80 のときの最大伝送効率の値は，0.8．

また，最大伝送効率が 0.9 となる α の値は，360．

演習問題 **3.2**

$$C_2 = \frac{Q_2}{\omega r_2 \left(1 + \alpha + Q_2^2\right)}$$

$$R_{opt} = r_2 \left(\sqrt{1+\alpha} + \frac{Q_2^2}{\sqrt{1+\alpha}}\right)$$

演習問題 **3.3**

式 (3.24), 式 (3.25), 式 (3.26) を参照して, キャパシタ C_p, C_s の行列を削除する.

$$F_{all} = \begin{bmatrix} 1 & \frac{1}{sC_r} \\ 0 & 1 \end{bmatrix} \begin{bmatrix} 1 & sL_r + R_i \\ 0 & 1 \end{bmatrix} \begin{bmatrix} 1 & 0 \\ \frac{1}{2sL_{mp}} & 1 \end{bmatrix} \begin{bmatrix} 1 & 0 \\ \frac{1}{2sL_{ms}} & 1 \end{bmatrix}$$
$$\begin{bmatrix} 1 & sL_{rs} + R_{is} \\ 0 & 1 \end{bmatrix} \begin{bmatrix} 1 & \frac{1}{sC_{rs}} \\ 0 & 1 \end{bmatrix} \begin{bmatrix} 1 & 0 \\ \frac{1}{R_{ac}} & 1 \end{bmatrix}$$

演習問題 **3.4**

演習問題 3.3 の解答での F_{all} において, $R_i = R_{is} = 0$ とおいて, 式 (3.27) から Z_{all} を求め, 虚部が 0 となる条件から導く. ただし, Lr=Lrs=Lp (1−k) =Ls (1−k), $L_{mp} = L_{ms} = kL_p = kL_s$ である.

$$f_{r1} = \frac{f_r}{\sqrt{1+k}}, \quad f_{r2} = \frac{f_r}{\sqrt{1-k}}$$

演習問題 **3.5**

演習問題 3.4 の解答から結合係数 k を消去する.

$$f_r = \frac{\sqrt{2}\, f_{r1}\, f_{r2}}{\sqrt{f_{r2}^2 + f_{r2}^2}}$$

演習問題 **3.6**

演習問題 3.4 の解答から共鳴周波数 f_r を消去する.

$$k = \frac{f_{r2}^2 - f_{r1}^2}{f_{r1}^2 + f_{r2}^2}$$

第4章 演習問題の解答例

演習問題 4.1

コイルの左端の座標を x_r とすれば、コイルの全鎖交磁束は

$$\Phi = N \int_{x_r}^{x_r+\tau} B(x,t)l \cdot dx = Nl \int_{x_r}^{x_r+\tau} B_m \cos\omega t \cdot \sin\left(\frac{\pi}{\tau}x\right) dx$$

$$= NlB_m \cos\omega t \int_{x_r}^{x_r+\tau} \sin\left(\frac{\pi}{\tau}x\right) dx$$

$$= NlB_m \cos\omega t \left[-\frac{\tau}{\pi}\cos\left(\frac{\pi}{\tau}x\right)\right]_{x_r}^{x_r+\tau}$$

$$= N\phi_m \cos\omega t \cdot \cos\left(\frac{\pi}{\tau}x_r\right) = \Phi(x_r, t)$$

ここで、$\phi_m = \frac{2\tau l B_m}{\pi}$

したがって、誘起起電力は、$e = -\frac{d\Phi(x_r,t)}{dt} = -\frac{\partial \Phi(x_r,t)}{\partial t} - \frac{\partial \Phi(x_r,t)}{\partial x_r} \cdot \frac{dx_r}{dt} = e_t + e_s$

より、

$$e_t = -\frac{\partial \Phi(x_r,t)}{\partial t}$$

$$= \omega N\phi_m \sin\omega t \cdot \cos\left(\frac{\pi}{\tau}x_r\right) \cdots 変圧器起電力$$

$$e_s = -\frac{\partial \Phi(x_r,t)}{\partial x_r} \cdot \frac{dx_r}{dt} = N\phi_m \cos\omega t \cdot \frac{\pi}{\tau}\sin\left(\frac{\pi}{\tau}x_r\right) \cdot v$$

$$= \frac{\pi v}{\tau} N\phi_m \cos\omega t \cdot \sin\left(\frac{\pi}{\tau}x_r\right) \cdots 速度起電力$$

演習問題 4.2

鉄心の透磁率は ∞ なので、空隙部分の磁気抵抗のみ考えればよい。すなわち

$$R(x) = \frac{x}{\mu_0 S} \text{ [A/wb]}$$

ここで $\mu_0 = 4\pi \times 10^{-7}$ [H/m]

$Ni = R(x)\phi$ より、$\phi = \frac{Ni}{R(x)} = \frac{\mu_0 S Ni}{x}$ [Wb]

したがって磁気エネルギーは、

$$W_F = \frac{1}{2}R(x)\phi^2 = \frac{1}{2}\frac{x}{\mu_0 S}\frac{(\mu_0 SNi)^2}{x^2} = \frac{1}{2}\frac{\mu_0 SN^2}{x}i^2$$

$$= \frac{1}{2}L(x)i^2 = W_F'(i,x) \text{ [J]}$$

よって，
$$f = \left[\frac{\partial W'_F(i,x)}{\partial x}\right]_{i=-\text{定}} = -\frac{1}{2}\mu_0 SN^2 i^2 \frac{1}{x^2} \text{ [N]}$$

上式の負号は力が x 方向と反対方向（x が減少する方向）に働いていることを示す．

演習問題 4.3

$L_a = 0$ かつ機械的負荷もゼロなので，電気的等価回路は図 k4.1 のようになる．ここで，

$$E_a = 100[\text{V}], r_a = 0.5\ [\Omega]$$

$$C = \frac{J}{K_1\Phi \times K_2\Phi} = \frac{1}{1.8^2} = 0.309\ [\text{F}]$$

$$R = \frac{1}{G} = \frac{K_1\Phi \times K_2\Phi}{r_f} = \frac{1.8^2}{0.02} = 162\ [\Omega]$$

である．C および R の電流を i_1, i_2 とすれば，

$r_a i_a + R i_2 = E_a$, $\frac{1}{C}\int i_1 = R i_2$, $i_1 + i_2 = i_a$ (1)

これらの式から i_2 に関する微分方程式を導くと，

$r_a RC \frac{di_2}{dt} + (r_a + R)i_2 = E_a$ (2)

これを解いて，

$i_2 = \frac{E_a}{r_a + R}\left(1 - \varepsilon^{-\frac{r_a+R}{r_a RC}t}\right)$ (3)

$i_1 = RC\frac{di_2}{dt}$ より $i_1 = \frac{E_a}{r_a}\varepsilon^{-\frac{r_a+R}{r_a RC}t}$, $i_a = i_1 + i_2$ なので

$i_a = \frac{E_a}{r_a + R}\left(1 + \frac{R}{r_a}\varepsilon^{-\frac{r_a+R}{r_a RC}t}\right)$ (4)

$e_0 = K_1\Phi\omega = 2\pi K_1\Phi n = Ri_2 = \frac{RE_a}{r_a+R}\left(1 - \varepsilon^{-\frac{r_a+R}{r_a RC}t}\right)$ より，

$n = \frac{1}{2\pi K_1\Phi} \times \frac{RE_a}{r_a+R}\left(1 - \varepsilon^{-\frac{r_a+R}{r_a RC}t}\right)$ (5)

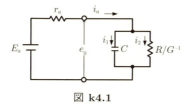

図 k4.1

$T_m = K_2 \Phi i_a$ より，$T_m = \frac{K_2 \Phi \times E_a}{r_a + R}\left(1 + \frac{R}{r_a}\varepsilon^{-\frac{r_a+R}{r_a RC}t}\right)$ (6)

$E_a = 100$，$r_a = 0.5$，$R = 162$，$C = 0.309$，$K_1\Phi = K_2\Phi = 1.8$ を代入して

$$n = 8.82\left(1 - \varepsilon^{-6.49t}\right)[\mathrm{s}^{-1}], T_m = 1.11\left(1 + 324\varepsilon^{-6.49t}\right)[\mathrm{N\cdot m}]$$

図 k4.2 に回転数とトルクの変化を示す．

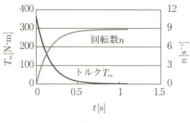

図 k4.2

第5章 演習問題の解答例

演習問題 5.1

円筒試験体の中心軸から，r 離れた位置を流れる電流 I_{in} は，

$$I_{\mathrm{in}} = \frac{r^2 - a_{\mathrm{in}}^2}{a_{\mathrm{out}}^2 - a_{\mathrm{in}}^2} I$$

である．アンペアの周回積分の法則から円筒中の磁界 H は，

$$H = \frac{I_{\mathrm{in}}}{2\pi r}$$

と書けるので，I_{in} を代入して

$$H = \frac{I\left(r^2 - a_{\mathrm{in}}^2\right)}{2\pi r\left(a_{\mathrm{out}}^2 - a_{\mathrm{in}}^2\right)}$$

と導出される．

演習問題 5.2

図 k5.1 に示すように，単位長さ当たりの巻き数を n とすると $n = N/L$ で，

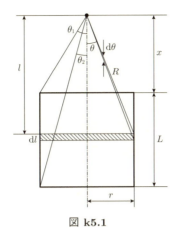

図 k5.1

ビオ・サバールの法則に従って，点 P から l の距離の dl 部分の電流によって点 P に生じる磁界 dH は，

$$dH = \frac{nIdl}{2} \cdot \frac{r^2}{R^3}$$

ここで $r/L = \tan\theta$ とおくと

$$dl = -\frac{r}{\sin^2\theta}d\theta$$

$$R = \frac{r}{\sin\theta}$$

となるので点 P の磁界 H は

$$H = \frac{nIr^2}{2}\int_{\theta_1}^{\theta_2} \frac{\sin^3\theta}{r^3} \cdot \frac{-r}{\sin^2\theta}d\theta = \frac{nI}{2}(\cos\theta_2 - \cos\theta_1)$$

$$= \frac{NI}{2L}\left[\frac{x+L}{\sqrt{(x+L)^2+r^2}} - \frac{x}{\sqrt{x^2+r^2}}\right]$$

$x = -L/2$ とすると，コイル中心の磁界 H_0 が求まり，

$$H_0 = \frac{NI}{2\sqrt{r^2+\left(\dfrac{L}{2}\right)^2}}$$

が導ける.

演習問題 5.3

$B = \mu_0 H + M$ に $H' = \dfrac{NM}{\mu_0}$ を代入すると,

$$B = \mu_0 \left(H + \frac{H'}{N} \right)$$

となり,

$$H' = \frac{N}{\mu_0} (B - \mu_0 H)$$

となる. ここで, $B = \mu H$ の関係から,

$$\begin{aligned} H &= H_0 - H' \\ &= H_0 - \frac{N}{\mu_0} (\mu H - \mu_0 H) \end{aligned}$$

となる. これを整理すると,

$$\begin{aligned} H &= \frac{H_0}{1 + \dfrac{N}{\mu_0} (\mu - \mu_0)} \\ &= \frac{H_0}{1 + N (\mu_r - 1)} \end{aligned}$$

が導かれる.

索　引

欧数字

AE(acoustic emission testing)　264, 266
Ampere　62
average magnetization curve　64

Biot-Savart law　5
boost　53
boundary condition　23
buck　53
buck-boost　54

capacitance　23
CCM(continuous conduction mode)　86, 93
coercivity　63
conductance　23
conduction current　9
conductivity　17
Coulomb force　13
coupling factor　39
current density vector　3

DCM (discontinuous conduction mode)　86, 93
defect　266
displacement current　8
divergence theorem　25
duality　67

eddy current　42
eddy current loss　42
EIE-core　253
electric displacement vector　8

electric field vector　13
electromagnetic induction　147
electrostatic potential　7
ET (eddy current testing)　265, 267

ferro-resonance　246
FES (functional electrical stimulation)　159
flaw　266
Fleming's left-hand rule　14
FRA　179
frequency multiplier　246

Galfenol　238
GaN FET (gallium nitride field effect transistor)　184

HRA　179
hysteresis loop　43
hysteresis loss　42

inductive power transmission　148
iron loss　39
ISM (industry-science-medical)　166

Laplace's equation　8
law of conversation of energy　15
Lenz's law　16
LINAC　163
linked flux　25
Lorentz force　13

magnetic amplifier　246
magnetic circuit　39

334　索引

magnetic field　1
magnetic flux density　2
magnetic force　12
magnetic induction　2
magnetic reluctance　25, 58
magnetic resistance　25, 58
magnetizing current　39
magnetomotive force　24
medical - linear accelerator　163
microwave power transmission　140
MOS (metal oxide semiconductor)　76
MOS FET　76, 99
motional electromotive force　21
MRA　179
MT (magnetic particle testing)　265
mutual inductance　39

NDE (nondestructive evaluation)　263, 264
NDI (nondestructive inspection)　263, 264
NDT (nondestructive testing)　263
Nikola Tesla　135
normal magnetization curve　64

Ohm's law　17
ORM (on-period ratio modulation)　117
orthogonal-core　247

parametric oscillation　247
periodic state dividing method　112, 175
permeability　5, 15
permeability of vacuum　2
permeance　61
permittivity　23
permittivity of free space　7
PET (positron emission tomography)　162
phase converter　247
phased array antenna　141

Poisson's equation　7
power electronics　53
principle of superposition　8
principle of virtual displacements　15
PT (penetrant testing)　265
PWM (pulse width modulation)　84, 99, 116

RCM (regenerative current mode)　111
rectenna　141
relative permeability　15
retentivity　63
RNA (reluctance network analysis)　221, 228
RT (radiographic testing)　265

saturation flux density　63
saturation magnetization　63
self-inductance　17
self-induction　17
skin depth　34
skin effect　32
SM (strain measurement)　264, 265
SPICE (simulation program with integrated circuit emphasis　225
SSPS (space solar power systems)　142
Stokes' theorem　3
switched-mode power supply　51

TDM (time division multiplexing)　161
TETS (transcutaneous energy transmission system)　156
three-phase-laminated-core variable inductor　253
topology　57
transformer　39
transformer electromotive force　22

UT (ultrasonic testing)　265

索引　335

voltage regulator　247
volume charge density　7
VT（visual testing）　264

wave equations　32
wireless power transfer via electric resonant coupling　143
wireless power transfer via magnetic resonant coupling　145

ZCS（zero current switching）　170
ZVS（zero voltage switching）　109, 170

あ行

ISM 周波数帯　141
アコースティック・エミッション試験　264, 266
アンペアの周回則　62
アンペールの法則　3, 6, 9, 46
インダクタ
　可変——　248, 254
　3 相一体構造可変——　253, 254
　単相可変——　253
インダクタンス　16
　外部——　36
　可変——　248
　自己——　17
　相互——　39
　内部——　36
インピーダンス　138
渦電流　42
　——試験　265
　——損失　42
渦電流試験　267
宇宙太陽光発電　142

エネルギー伝搬　138
エネルギー保存の法則　15

F 行列共鳴解析　179
LC 共振　145
　集中定数型——　146
　分布容量型——　145
円柱座標系　45
遠方界　138

オームの法則　17
オン期間比制御　117

か行

回転　45
回路トポロジー　57
ガウスの定理　25, 31
重ね合わせの原理　8
仮想変位の方法　15

起磁力　24, 194
きず　266
機能的電気刺激　159
逆起電力　195
逆磁歪効果　238
ギャップ　97
球座標系　45
境界条件　23, 28
共振器　145
共鳴周波数　181
極間法　313
キルヒホッフの法則　61
金属酸化物半導体　76
金属探知機　266
近傍界　139

クーロン力　13, 14

経皮的電力伝送　156
欠陥　266
結合係数　39, 150

コイルエンド　212

コイル法　311
高周波パワーエレクトロニクス　166, 168
勾配　44
コンダクタンス　23
コンバータ　51
　アクティブクランプ方式フォワード――　99
　降圧――　53, 54
　昇圧――　53, 55
　昇降圧――　54
　スイッチング――　83
　絶縁形――　55
　ZVS――　109
　DC-DC――　98
　ハイブリッド型 DC-DC――　99
　フォワード――　88
　フライバック――　84

さ行

最適負荷　150
鎖交　16
　――磁束　16

磁界　1
　――共振結合送電方式　145
　――源　18, 22
　――ベクトル　5, 24
磁化電流　39
磁気回路　39, 58
　――法　220
磁気系オームの法則　61, 65
磁気結合　145
磁気式周波数逓倍器　246
磁気随伴エネルギー　198
磁気増幅器　246
磁気抵抗　25, 58, 61, 196
磁気ヒステリシス曲線　63
磁気リラクタンス　58, 196
軸通電法　307
自己共振周波数　176

自己誘導　17
磁束　16
　――鎖交数　25, 39
　――の連続性　28
磁束密度　2, 12
　残留――　63
　――ベクトル　17, 25, 27
　飽和――　63
時比率　55
磁粉　285
　――探傷試験　265, 297
　――の適用　301
時分割多重　161
周期状態区分法　112, 175
出力電圧特性　118
常規磁化特性　64
磁路断面積　25
磁歪効果　238
磁歪式発電デバイス　239
浸透探傷試験　265
振動発電　237, 244
浸透深さ　299

スイッチング電源　51, 53
ストークスの定理　3, 6, 10

静電容量　23
性能指標　151
ZCS 動作　170
ZVS 動作　170

相数変換器　247
双対回路　70
双対性　67
双対電磁回路解析法　76
双峰特性　181
速度起電力　196
速度誘起電力　21
ソフトスイッチング　170

た行

田形磁心　253, 254
多重周波数法　281
単峰特性　181

超音波探傷試験　265
調波共鳴解析　179
直接給電法　160
直流共鳴ワイヤレス給電システム　165,
　　171, 173
直交磁心　247, 249

DC-AC 電力変換器　247
定電圧電源　247
デカルト座標系　45
鉄共振　246
鉄損　39, 42
デバイス等価回路　241
電圧加算整流回路　110
電圧変換率　180
電圧方程式　16
電圧利得　180
電位　7
電界共振結合送電方式　143
電界結合　143
電界ベクトル　13, 19, 23
電荷密度　7
電機子　209
電磁界共鳴　173
電磁界結合　146
電磁誘導　147
　　——型送電方式　148
　　——方式　136
電磁力　12
伝送効率　149
　　最大——　150
電束密度ベクトル　8, 23, 26
伝導電流　9
電流貫通法　310
転流期間　126

電流不連続モード　86, 93
電流密度　17
　　——ベクトル　3, 25
電流連続モード　86, 93

同期検波　276
同期速度　210
動作モード　111
透磁率　5, 15, 194
　　真空の——　2
導電率　17
特殊相対性理論　14
突極比　217
トルク　203
　　コギング——　213
　　マグネット——　212
　　——リプル　213
　　リラクタンス——　206, 215

な行

ニコラ・テスラ　135
2次電流回生モード　111
2鉄心形回路　248

は行

波長　138
発散　26, 44
波動方程式　32
パーミアンス　61
パラメトリック発振　247
パルス渦電流試験　283
パルス幅変調　84
　　——制御　116
パワーエレクトロニクス　53
反磁界　312

ビオ・サバールの法則　5, 6
ヒステリシス曲線　63
ヒステリシス損失　42
ヒステリシスループ　43

ひずみゲージ 266
ひずみ測定 264, 265
非絶縁形コンバータ 53
非接触電力伝送技術 135
非線形磁気応用 246
非線形磁気素子 247
比透磁率 15
非破壊検査 263, 264
非破壊試験 263
非破壊評価 263, 264
非保存力の場 20
表皮効果 32, 34, 273
表皮の深さ 34, 273, 299

ファラデーの電磁誘導の法則 16, 18, 46, 139
フェーザ 32
フェーズドアレーアンテナ 141
複共振回路解析 179
複合トランス 77, 120
ブリッジ回路 274
フレミングの左手の法則 14
プローブ 277
　同軸—— 278
　特殊—— 278
　——の検出特性 279
　——の特性 279
　平板—— 277
分布容量 146

平均磁化特性 64
ベクトル制御 212
ベクトルの回転 3, 5
ベクトルポテンシャル 6
変圧器 39
　——起電力 22, 196
変位電流 8, 137

ポアソンの方程式 7
ポインティングベクトル 138

放射線透過試験 265
飽和磁化 63
保磁力 63
保存力の場 18, 19
ホプキンソンの法則 61, 65

ま行

マイクロ波 140
マイクロ波送電方式 140
マックスウェルの方程式 31, 137

目視試験 264
モータ 208, 209
　交流—— 210
　スイッチトリラクタンス—— 217
　直流—— 209
　同期—— 210
　同期リラクタンス—— 216
　PM—— 212
　誘導—— 211
　リラクタンス—— 204, 206, 216

や行

誘電率 23
　真空の—— 7

4脚トランス 100

ら行

ラプラスの方程式 8

リアクトル 194
リップル 57
リモートフィールド渦電流試験 284
リラクタンスネットワーク解析 221, 228

レクテナ 141
レンツの法則 16, 22

ローテーション 3

ローレンツ収縮　14
ローレンツ力　13

わ行

ワイヤレス給電システム　166
ワイヤレスセンサモジュール　244

著者一覧

(代表：早乙女英夫)

第1章
早乙女英夫（さおとめ　ひでお）　千葉大学大学院工学研究科電気電子系コース

第2章
細谷達也（ほそたに　たつや）　（株）村田製作所技術・事業開発本部 [2.1, 2.4節]
矢野康司（やの　やすじ）　TDKラムダ（株）技術統括部技術開発部（現在 TDKテクノ（株））[2.2節]
海野　洋（うんの　ひろし）　新電元工業（株）技術開発センター [2.3節]

第3章
松木英敏（まつき　ひでとし）　東北大学大学院医工学研究科医工学専攻 [3.1節]
田倉哲也（たくら　てつや）　東北工業大学工学部環境エネルギー学科 [3.2節]
佐藤文博（さとう　ふみひろ）　東北学院大学工学部電気情報工学科 [3.3節]
細谷達也（ほそたに　たつや）　（株）村田製作所技術・事業開発本部 [3.4節]

第4章
一ノ倉　理（いちのくら　おさむ）　東北大学大学院工学研究科電気エネルギーシステム専攻 [4.1, 4.2節]
中村健二（なかむら　けんじ）　東北大学大学院工学研究科電気エネルギーシステム専攻 [4.3節]
上野敏幸（うえの　としゆき）　金沢大学理工研究域電子情報学系 [4.4節]
田島克文（たじま　かつぶみ）　秋田大学大学院工学資源学研究科共同ライフサ

イクルデザイン工学専攻 [4.5 節]

第 5 章
福岡克弘（ふくおか　かつひろ）　滋賀県立大学工学部電子システム工学科 [5.1, 5.3 節]
橋本光男（はしもと　みつお）　職業能力開発総合大学校能力開発院能力開発応用系 [5.2 節]
小坂大吾（こさか　だいご）　アイオワ州立大学非破壊評価センター [5.2 節]

現代講座・磁気工学 5 Modern Institute: Magnetics Vol.5 パワーマグネティクスのための **応用電磁気学** *Magnetics for Power* *Applications*	編　者　日本磁気学会 著　者　（代表）早乙女英夫　ⓒ 2015 発行者　南條光章 発行所　**共立出版株式会社** 〒112-0006 東京都文京区小日向 4 丁目 6 番 19 号 電話（03）3947-2511（代表） 振替口座 00110-2-57035 www.kyoritsu-pub.co.jp
2015 年 11 月 25 日　初版 1 刷発行	印　刷　藤原印刷株式会社 製　本　ブロケード
検印廃止 NDC 427,541 ISBN 978-4-320-08591-6	一般社団法人 　　　　　自然科学書協会 　　　　　会員 Printed in Japan

---

[JCOPY] ＜出版者著作権管理機構委託出版物＞
本書の無断複製は著作権法上での例外を除き禁じられています．複製される場合は，そのつど事前に，出版者著作権管理機構（TEL：03-3513-6969，FAX：03-3513-6979，e-mail：info@jcopy.or.jp）の許諾を得てください．